市政工程工程量清单计价与实务

陈伯兴　张倩倩　张　超　编著

中国建筑工业出版社

图书在版编目(CIP)数据

市政工程工程量清单计价与实务/陈伯兴等编著. —北
京：中国建筑工业出版社，2010.11
　ISBN 978-7-112-12447-3

　Ⅰ. ①市… 　Ⅱ. ①陈… 　Ⅲ. ①市政工程-工程造价
Ⅳ. ①TU723.3

中国版本图书馆 CIP 数据核字(2010)第 183913 号

本书根据国家标准《建设工程工程量清单计价规范》GB 50500—2008 编制。全书
系统地介绍市政工程工程量清单计价的基础知识、造价费用的构成，计算方法以及材
料价差的调整方法，并根据理论与实践相结合原则，提供众多计算实例，供读者学习
参考。本书集理论与实务一体，有较强的实践性，既可作为从事工程造价工作的相关
人员参考用书，也可作为高等院校市政相关专业的学生们学习造价知识的教科书。

* 　 * 　 *

责任编辑：张伯熙
责任设计：张　虹
责任校对：张艳侠　刘　钰

市政工程工程量清单计价与实务
陈伯兴　张倩倩　张　超　编著

*

中国建筑工业出版社出版、发行(北京西郊百万庄)
各地新华书店、建筑书店经销
北 京 天 成 排 版 公 司 制 版
世界知识印刷厂印刷

*

开本：787×1092 毫米　1/16　印张：17　字数：424 千字
2010 年 12 月第一版　　2010 年 12 月第一次印刷
定价：39.00 元
ISBN 978-7-112-12447-3
(19735)

前　言

　　本书是根据中华人民共和国国家标准《建设工程工程量清单计价规范》GB 50500—2008 推行实施的工程量清单计价的适用于道桥专业的教材和教学参考书籍，也是从事市政工程造价人员的实务书。

　　本书系统介绍了市政工程工程量清单计价的基本知识、费用组成、各组成部分的清单工程量计算和计价方面有关道路、桥梁、市政管网专业基础知识。书中着重阐述市政工程工程量清单项目设置、工程量计算、工程量清单的编制和方法。为使市政工程计价人员明了、得法编制出正确的工程量清单，书中各章节先介绍相关专业知识；后论述清单工程量计价方法及步骤；再用实例分析计算，加深理解。集理论和实务于一体，同时让大家知道工程量清单计价的难点在于清单工程量与施工工程量的计算、清单项目综合单价分析、措施项目分析、材料预算价格的确定。

　　由于编者水平有限和时间的限制，虽然经过反复实践与修改并在高等院进行授课，但书中难免有错误与不妥之处，望广大同仁和读者批评指正。

目　　录

第一章 绪 论

知识目标：

● 了解市政工程及市政工程造价的概念；

● 了解市政工程计价方式和各类费用组成；

● 掌握《建设工程工程量清单计价规范》GB 50500—2008 的专用术语、内容；

● 掌握市政工程计价表的内容；

● 掌握市政工程计量的方法。

能力目标：

● 能叙述市政工程两种计价方法；

● 能叙述《建设工程工程量清单计价规范》GB 50500—2008 的专用术语；

● 能解释市政工程工程类别的划分；

● 能根据市政工程管理费、利润、措施项目、其他项目等费率及工程造价计算顺序计算市政工程造价；

● 能按清单计价规范与计价表计算规则计算市政工程清单工程量和清单计价工程量。

第一节 市 政 工 程

在政府统筹规划管理下，为满足城市经济建设需要而修建的基础设施和城市居民生活所必需的公共设施称为市政工程。

1. 市政工程分类为

（1）大市政：城市道路、桥梁、给排水、煤气管道、电力通信、轨道交通、公园绿地等。

（2）小市政：道路、桥梁、排水工程。

2. 市政工程建设特点

投资大，固定性；工程类别多，工程量大；点、线、片型工程都有，结构复杂且不单一；系统性强。

3. 市政工程施工特点

（1）流动性：市政项目不固定在某一区域内，一个项目竣工又搬到他处施工。

（2）一次性：市政项目竣工后标志项目结束，不会再出现项目相同的另一个市政项目任务。

（3）工期长，结构复杂，工程量大，投入人、物、财多。

（4）连续性：市政项目工期紧，不能停停做做，要连续施工。

（5）露天作业：市政项目不在工厂而在野外，工人作业头顶青天脚踏泥土。

（6）季节性强：市政项目施工经历春、夏、秋、冬四季，同时受到风吹、雨打和日晒，很受季节影响。

因此须尊重市政工程的客观规律性，严格按照程序办事。

4. 市政工程作用

（1）市政工程是国家基本建设，是组成城市的重要部分，又是城市基础设施和供城市生产和人民生活的公用工程。

（2）市政工程不但解决城市交通运输、给排水问题，促进工农业生产，还改善城市环境卫生，提高了城市文明程度。

（3）市政工程使得城市林荫大道成网，使得给排水管网成为系统，绿地成片，水源丰富，光源充足，堤防巩固，而且供气、供热，起到了为工农业生产服务，为人民生活服务，为交通运输服务，为城市文明建设服务。

第二节 市 政 工 程 造 价

1. 工程造价概念

工程造价直意是工程建造价格，即工程投资的全部费用。

工程造价含义有两个：

（1）建设某一工程预期开支或实际开支的全部固定资产投资费用。也就是投资者选定一个投资项目所支付的全部费用开支。

（2）工程价格，即为建成一项工程，预计或实际在土地市场、设备市场、技术劳务市场以及承包市场等交易活动中所形成的建安工程的价格和建设工程总价格。

工程造价的特点为：

（1）大额性。工程造价的数额巨大，多为几十万、几百万、几千万、几十亿元，甚至上千亿元的数额。

（2）个别性、差异性。每个工程的用途、功能、规模是特定的；因此其造型、结构、设备、房子结构大小不同；加上工程所在地的地质、水文、气候、自然条件等不同，因此各工程存在个别性、差异性也决定了工程造价的个别性、差异性。

（3）动态性。在建时间长，存在许多影响工程造价不确定因素，直至决算才能最终确定工程实际造价。

（4）层次性。一个项目有单位工程、分项工程、分部工程。因此造价有多层次。

（5）兼容性。造价构成有广泛性，盈利构成较为复杂性，资金成本较大。

工程造价的特征归纳有以下5个方面：

（1）计价单件性。只能根据建设工程项目的具体设计资料和当地实际情况单独计算工程造价。

（2）计价多次性。一般工程建设是分阶段进行的，必然在不同阶段多次计价。

（3）造价组合性。建设项目由单项工程，单位工程，分部项目，分项项目等组成；决定了计价过程也是组合式的过程。

（4）方法多样性。由于多次计价有不同计价依据，且对多次计价精确度要求不高，故计价方法有多样性特征。

（5）依据复杂性。不仅计算过程复杂，且依据不同，有一定复杂性。

2. 市政工程造价计价方式

工程计价(亦称工程估价)——即对投资项目造价(或价格)计算。目前有定额计价模式和工程量清单计价模式两种。定额计价模式采用工料单价法，工程量清单计价模式采用综合单价法。

工程计价方式是根据计价模式的不同，其造价的费用计算程序也不同。

定额计价方式以直接费单价计价。

(1) 计算工程量。

(2) 查定额基价。

(3) 得出分部分项人工费，材料费，机械费。即分部分项工程直接费。

(4) 再计算其他直接费，现场经费，间接费，利润，税金。

(5) 将上述费用相加。

工程量清单计价方法用综合单价计价。综合单价是一种完全价格形式，因为它的单价中不仅包括直接费，现场经费，其他直接费，间接费，利润，税金，也包括合同约定的所有工料价格变化风险等一切费用。

工程量清单计价程序：分部分项工程单价→单位工程造价→单项工程造价→建设项目总价

3. 工程造价管理

工程造价管理是指提高投资效益和经济效益的业务行为和组织行为。可概括其为"八"个字。即：

(1) 遵循。工程造价的客观规律和特点；

(2) 运用。科学技术原理和经济、法律等管理手段；

(3) 解决。工程建设活动中的造价确定与控制、技术与经济、经营与管理等实际问题；

(4) 目的。合理使用人、财、物。

工程造价的内容：一是投资管理，二是价格管理。它们都有宏观管理和微观管理。具体可以是以下的：

1) 投资管理

(1) 宏观投资管理——合理确定投资规模和方向，提高经济利益。

(2) 微观投资管理——投资项目管理；投资者对自己投资的管理，做好规划、组织、监督。

2) 价格管理

(1) 宏观管理——根据经济发展要求，利用规律、经济、行政手段，政府建立并规范市场主体的行为。

(2) 微观管理——市场交易主体各方在遵守交易规则前提下，对建设产品的价格进行能动的计划、预测、监控、调整并接受价格对生产的调节。

工程造价管理是投资者与承包商共同关注的问题。投资者的期望是质量好、成本低、工期短、项目功能完善。而承包商的期望是利润高。

造价管理的作用

① 从宏观上对国家的固定资产投资进行调控。

② 规范建筑市场，为公平竞争提供保证。

③ 维护当事人和国家及社会公共利益。

④ 为建设项目的正确决策提供依据。

⑤ 通过合理确定和有效控制，提高投资的经济效益。

⑥ 规范和约束市场主体行为，提高投资利用率。

⑦ 促进承包商加强管理，降低工程成本。

⑧ 促进工程造价工作的健康发展。

我国的经济经历了不同的发展阶段，因此造价管理也经历了曲折。

建国初期，引进前苏联一套市场管理模式作为建设项目的建设资金控制依据。

1958～1966 年概预算投资作用被削弱，只算政治账，不讲经济账。

1966～1976 年概预算投资作用被废除，实行"实报实销"。

1977～1992 年概预算投资又恢复并得到发展，"三算"在基本建设管理中得到肯定，国家发布了许多这方面的规定，例如：①关于加强基本建设概预算管理工作的几项规定；②关于改进工程建设概预算工作的若干规定；③中华人民共和国经济合同法。

1988 年后各部委建立了定额管理和预算管理的文件及大量的预算定额、概算定额、估算指标。像江苏省市政 1996 定额，2001 定额。现在正在用的是《江苏省市政工程计价表》（2004）。

20 世纪 90 年代，随着中国加入 WTO 组织，与国际惯例接轨的要求，实行清单计价的模式。

江苏省目前实行的计价方式

（1）工程量清单计价方式——由业主提供工程量清单，承包人自主报价。

（2）计价表计价方式——计算工程量，再乘以定额子目计算出分部分项工程费，措施项目费，其他费，规费，税金〔其中材料价格按市场指导价(信息价)〕。

（3）适用范围（应遵守计价规范）：

① 招标工程应用工程量清单计价方式。

② 不招标工程应用工程量清单计价或计价表方式（施工图预算）。

工程造价管理层次

我国工程造价管理的层次有政府管理、造价管理协会、中介机构及承包商。他们有各自的职能：

（1）政府是既为宏观管理主体，又是微观管理主体，设多层管理机构。

建设部标准定额司是领导机构。

① 制定造价管理的法规，全国统一计价规范。

② 部管行业经济定额。

③ 负责管理咨询单位及造价专业人员的资质。

专业部即交通部和水利部等，为造价管理机构。

各省市、自治区和行业主管部门在其管辖范围内行使管理职能。

各省辖市、地区和造价管理部门在所辖区域内行使管理职能。

（2）造价管理协会即社会团体，为非赢利性社会组织。

（3）设计单位、咨询单位即中介机构，为进行造价控制服务单位。

（4）承包商为利润奋斗的单位。

4. 工程造价构成

1）建设项目总价：总价是指完成某项工程所需各项费用总和。

建设项目总价组成：

（1）建安费

（2）设备，工器具及生产家具的购置费：不在建安工程费内的，主要是业主为项目生产运营配套的设备、工器具及办公器具的购置费（也包括设备原价及其对应运杂费）。

（3）其他费用

① 土地使用费

就是土地使用时所付的征地，迁移补偿费。它的组成包括土地征用及迁移补偿费和土地使用权出让金。

② 与项目建设有关其他费用

A. 建设单位管理费

是项目从立项，筹建，建设，试运转，竣工验收，交付使用全部费用。其内容是建设单位开办费和建设单位经费。

B. 勘测设计费

勘测设计过程中所支付费用。其组成为：项目建议书编制、可行性研究报告、投资估算、工程咨询费用；评价所进行勘测、设计、研究试验所需费用；委托勘测设计单位进行设计，概算编制费用；在规定范围内的由建设单位自行完成勘测设计所需的费用。

C. 研究试验费。

D. 临时设施费。

E. 工程监理费。

F. 工程保险费。

G. 供电贴费。

H. 施工机构迁移费。

I. 引进技术和进口设备费。

J. 审计费。

K. 财务费用。

（4）未来企业生产有关费：有联合试运转费；生产准备费；办公和生活家具购置费；经营项目铺底流动资金。

（5）预备费：有基本预备费、工程造价调整预备费。

2）市政工程费用：

（1）组成：按费用性质由直接费、间接费、规费、利润、税金组成。

（2）概预算定额计价模式下的费用构成如图1-1所示。

（3）清单计价模式下的费用

由分部分项工程费（含价差、管理费及利润）、措施项目费、其他项目费、规费和税金组成。费用构成如图1-2所示。

（4）两种计价模式下费用构成比较（表1-1）。

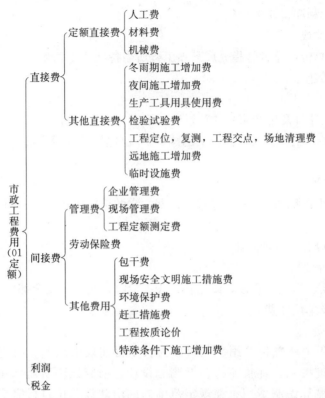

图 1-1　定额计价模式下的费用构成示意图

市政工程费用 (GB 50500—2008)

分部分项工程费
> 人工费
> 材料费（可调整）
> 施工机械费
> 管理费：管理人员工资；办公费；差旅费；固定资产使用费；工具用具使用费；劳动保险费；工会经费；职工教育经费；财产保险费；财务费；其他
> 利润

措施项目费：现场安全文明施工；基本费；考评费；奖励费；夜间施工；二次搬运；冬、雨期施工；大型机械设备进出场及安拆；施工排水；施工降水；地上、地下设施；建筑物临时保护设施；已完工程及设备保护费；各专业工程的措施项目费；临时设施；材料与设备检验试验；赶工措施；工程按质论价；特殊条件下施工

其他项目费：暂列金额；暂估价（包括材料暂估价、专业工程暂估价）；计日工；总承包服务费；其他；索赔、现场签证

规费：工程排污费；工程定额测定费；社会保险费（养老保险费，失业保险费，医疗保险费）；住房公积金；危险作业意外伤害保险

税金：营业税；城市维护建设税；教育费附加

图 1-2　市政工程工程量清单计价模式下的费用构成示意图

构 成 比 较 表　　　　　　　　　　　　　　表 1-1

定额计价模式下的费用	构成	直接费		间接费		利润	税金
	两者比较异同	将措施费并入直接费		将规费，施工管理费合并为综合间接费		集中单列计算	相同
清单计价模式下的费用	构成	分部分项工程费	措施项目费	其他项目费	规费	利润	税金

续表

定额计价模式下的费用	构成	直接费		间接费		利润	税金
	两者比较异同	将措施费并入直接费		将规费，施工管理费合并为综合间接费		集中单列计算	相同
	两者比较异同	为综合费用，含直接费、管理费利润	单列，隐含直接费、管理费、利润	将间接费中的部分其他费用单列	单列	不单列，分解隐含在对应费用中	相同

第三节　市政工程计价表和市政工程工程量清单计价规范

1. 市政工程计价表

1）概述

为贯彻执行建设部《建设工程工程量清单计价规范》，适应江苏省建设工程计价改革的需要，江苏省建设厅编制了《江苏省市政工程计价表》（2004）。

由江苏省建设厅发布的关于"计算市政工程计价时规定的社会平均消耗量"表称为计价表。其作用有3点：

（1）编标底时

① 计价表中人、材、机消耗为指导依据。

② 人、机、台班单价管理费，利润等费用标准为参考。

③ 材料价格用市场信息价。

④ 规费、税金按规定计算。

（2）投标时

① 定额编号，定额子目工作内容，工程量计算规则，计量单位，措施费划分及规费、税金按计价表规定执行。

② 人、材、机单价，管理费，利润，措施费自主确定。

③ 人、材、机耗用量可适当调整。

（3）审计时

合同约定的按合同执行，合同无约定时按计价表执行。

市政工程计价表适用新建、扩建、大中修市政工程。不适用养护维修工程。

《江苏省市政工程计价表》（2004）有八册：第一册为通用项目、第二册为道路工程、第三册为桥涵工程、第四册为隧道工程、第五册为给水工程、第六册为排水工程、第七册为燃气与集中供热工程、第八册为路灯工程。

《江苏省市政工程计价表》（2004）编制依据：《全国统一市政工程预算定额》（1988年）、《全国统一建筑工程基础定额》（1995年）、《全国统一安装工程基础定额》、《全国统一市政工程劳动定额》。

2）《江苏省市政工程计价表》（2004）编制方法：

（1）按正常施工条件，多数企业机械装备程度，合理的施工工期、施工工艺、劳动组织编制的，其反映了社会平均消耗水平。

（2）根据国家有关现行产品标准、设计规范和施工验收规范，质量评定标准，安全技术操作规程编制，并适当参考了行业、地方标准以及有代表性的工程设计、施工资料和其他资料。

3)《江苏省市政工程计价表》(2004)有关说明：

(1) 计价表中的人工：不分工种、技术等级，以综合工日表示。内容包括基本用工、超运距用工、人工幅度差和辅助用工。2008 年 5 月 1 日后人工费已调到 44 元/工计算。

(2) 计价表中的材料：材料消耗包括主材、辅材消耗。其消耗既包括消耗量也包括耗损量在内，周转材料按周转次数也已列入摊销中。

(3) 计价表中的机械已考虑了种类、型号、功率及合理的机械配备，不得因型号不同而调整。

(4) 材料中关于商品混凝土与现拌混凝土之间的调整为：

① 泵送混凝土：人工扣 15%，机拌台班全扣，水平垂直运输机械扣 50%，商品与现拌价差及泵送作独立费计算。

② 非泵送混凝土：人工扣 15%，机拌台班全扣，商品与现拌之差价作独立费计算。

(5) 水电应由现场业主自主解决，如自发电或承包商自主解决应按独立费计算。

(6) 根据《江苏省市政工程计价表》(2004)第一册通用项目(本书简称通用项目)P246 中说明"二"规定：人力场内材料搬运是指材料的第二次搬运费(即超过定额中规定 150m 运距的场内超运费用)。

建设部修改《建设工程工程量清单计价规范》(GB 50500—2003)规范后又颁布了《建设工程工程量清单计价规范》(GB 50500—2008)规范(本书简称 08 规范)。江苏省为贯彻 08 规范及时颁布了苏造价(2009)107 号文规定。

江苏省市政工程计价表中规定的费用计算规则(2009 年调整)为：

工程类别划分(表 1-2)

工 程 类 别 划 分   表 1-2

序号	项 目		单位	一类工程	二类工程	三类工程
一	道路工程	结构层厚度	cm	≥65	≥55	<55
		路幅宽度	m	≥60	≥40	<40
二	桥梁工程	单跨长度	m	≥40	≥20	<20
		桥梁总长	m	≥200	≥100	<100
三	排水工程	雨水管道直径	mm	≥1500	≥1000	<1000
		污水管道直径	mm	≥1000	≥600	<600
四	水工构筑物 (设计能力)	泵站(地下部分)	万 t/d	≥20	≥10	<10
		污水处理厂(池类)	万 t/d	≥10	≥5	<5
		自来水厂(池类)	万 t/d	≥20	≥10	<10
五	防洪堤、挡土墙	实浇(砌)体积	m³	≥3500	≥2500	<2500
		高度	m	≥4	≥3	<3
六	给水工程	主管直径	mm	≥1000	≥800	<800
七	燃气与集中供热工程	主管直径	mm	≥500	≥300	<300
八	大型土石方工程	挖或填土(石)方容量	m³		≥5000	

市政工程类别划分说明:

① 工程类别划分是根据不同单位工程的施工难易程度等,结合市政工程实际情况划分确定的。

② 工程类别划分以单位工程为准,一个单项工程中如由几个不同类别的单位工程组成,其工程类别分别确定。

③ 单位工程的类别划分按主体工程确定,附属工程按主体工程类别取定。

④ 通用项目的类别划分按主体工程确定。

⑤ 凡工程类别标准中,道路工程、防洪堤防、挡土墙、桥梁工程有两个指标控制的必须同时满足两个指标确定工程类别。

⑥ 道路路幅宽度为包含绿岛及人行道宽度即总宽度,结构层厚度指设计标准横断面厚度。

⑦ 道路改造工程按改造后的道路路幅宽度标准确定工程类别。

⑧ 桥梁的总长度是指两个桥台结构最外边线之间的长度。

⑨ 排水管道工程按主干管的管径确定工程类别。

⑩ 箱涵、方涵套用桥梁工程三类标准。

⑪ 市政隧道工程套用桥梁工程二类标准。

⑫ $10000m^2$ 以上的广场为二类,以下为三类。

注:道路主体工程是指路基路面;附属工程是指挡墙,侧平石等人工构造物;桥梁主体工程是指上、下部结构;附属工程是指锥坡、护岸、导流构筑物;排水工程主体工程是指管道,附属工程指各类检查井,进出水口结构物。

【例题 1-1】 某路长 2500m,宽 25m,结构层为 10cm 沥青混凝土+35cm 水泥稳定碎石+8%灰土 30cm 厚+土基,其为(C)类工程。

(A) Ⅰ   (B) Ⅱ   (C) Ⅲ

【例题 1-2】 无锡市高墩桥为(8+25+10)m 的三跨预应力连续桥面,其为(C)类工程。

(A) Ⅰ   (B) Ⅱ   (C) Ⅲ

【例题 1-3】 某下水道总长为 130m,其中 $D450$ 为 30m,$D600$ 为 60m,$D1000$ 为 40m,其为(B)类工程。

(A) Ⅰ   (B) Ⅱ   (C) Ⅲ

4) 计算规则说明:

(1) 人工工资标准为三类,根据"苏建价"【2008】66 号为一类工 47 元/工日,二类工 44 元/工日,包工不包料,点工按上述文件为 58 元/工日,其中包括了管理费,利润,劳动保险费。

市政工程管理费和利润计价标准(表 1-3)。

市政工程管理费和利润计价标准 表 1-3

序号	项目名称	计算基础	管理费费率(%)			利润率(%)
			一类工程	二类工程	三类工程	
一	通用项目、道路、排水工程	人工费+机械费	25	22	19	10
二	桥梁、水工构筑物	人工费+机械费	33	30	27	10

续表

序号	项目名称	计算基础	管理费费率（%）			利润率（%）
			一类工程	二类工程	三类工程	
三	给水、燃气与集中供热	人工费	44	40	36	13
四	路灯及交通设施工程	人工费		42		13
五	大型土石方工程	人工费＋机械费		5		3

注：意外伤害保险费在管理费中列支，费率不超过税前总造价的 0.6‰。

（2）措施项目费取费标准及规定，见表1-4、表1-5、表1-6。

措施项目费费率标准 表 1-4

项目	计算基础	费率（%）					
		建筑工程	单独装饰	安装工程	市政工程	修缮土建修缮（安装）	仿古（园林）
现场安全文明施工措施费	分部分项工程费	（现场安全文明施工措施费费率标准）					
夜间施工增加费		0～0.1	0～0.1	0～0.1	0.05～0.15	0～0.1	0～0.1
冬雨期施工增加费		0.05～0.2	0.05～0.1	0.05～0.1	0.1～0.3	0.05～0.2	0.05～0.2
已完工程及设备保护费		0～0.05	0～0.1	0～0.05	0～0.02	0～0.05	0～0.1
临时设施费		1～2.2	0.3～1.2	0.6～1.5	1～2	1～2（0.6～1.5）	1.5～2.5（0.3～0.7）
检验试验费		0.2	0.2	0.15	0.15	0.15（0.1）	0.3（0.06）
赶工费		1～2.5	1～2.5	1～2.5	1～2.5	1～2.5	1～2.5
按质论价费		1～3	1～3	1～3	0.8～2.5	1～2	1～2.5
住宅分户验收		0.08	0.08	0.08	—	—	—

现场安全文明施工措施费费率标准 表 1-5

序号	项目名称	计算基础	基本费率（%）	现场考评费率（%）	奖励费（获市级文明工地或获省级文明工地）（%）
一	大型土石方工程	分部分项工程费	1	0.6	—
二	市政工程		1.1	0.6	0.2/0.4
三	园林绿化工程		0.7	0.4	—

社会保障费费率及公积金费率标准 表 1-6

序号	工程类别	计算基础	社会保障费费率（%）	公积金率（%）
1	道路、市政排水工程	分部分项工程费＋措施项目费＋其他项目费	1.8	0.31
2	市政给水、燃气、路灯工程		1.9	0.34
3	大型土石工程		1.2	0.22
4	桥梁、水工程		2.5	0.44

① 措施费计算分为两种形式：一种是以工程量乘以综合单价计算，另一种是以费率计算。

② 部分以费率计算的措施项目费率标准见表1-4、表1-5、表1-6。

③ 二次搬运费、大型机械设备进出场及安拆费，施工排水、已完工程及设备保护费、

特殊条件下施工增加费、地上、地下设施、建筑物的临时保护设施费以及专业工程措施费，按工程量乘以综合单价计取。

（3）其他项目费标准及规定

① 暂列金额、暂估价按发包人给定的标准计取，不宜超过分部分项工程费10%。

② 计日工：由发承包双方在合同中约定。

③ 总承包服务费：招标人应根据招标文件列出的内容和向总承包人提出的要求参照下列标准计算：

A. 招标人仅要求对分包的专业工程进行总承包管理和协调时，按分包的专业工程估算造价的1%计算。

B. 招标人要求对分包的专业工程进行总承包管理和协调，并同时要求提供配合服务时，根据招标文件中列出的配合服务内容和提出的要求，按分包的专业工程估算造价的2%～3%计算。

C. 规费项目取消了《建设工程工程量清单计价规范》GB 50500—2003规范中"工程定额测定费"，增加了"安全生产监督费、工程排污费、社会保障费、危险作业意外伤害保险费"。

D. 税金按国家规定，各地可不同。

5）道路、桥梁、给排水工程造价计算程序（表1-7）

道路、桥梁、给排水工程造价计算程序　　　　　　　表1-7

序号	费用名称		计算公式	备注
一	分部分项工程量清单费用		工程量×综合单价	
	其中	1. 人工费	人工消耗量×人工单价	
		2. 材料费	材料消耗量×材料单价	
		3. 机械费	机械消耗量×机械单价	
		4. 企业管理费	(1+3)×费率或(1)×费率	
		5. 利润	(1+3)×费率或(1)×费率	
二	措施项目清单费用		分部分项工程费×费率或综合单价×工程量	
三	其他项目费用			
四	规费			
	其中	1. 工程排污费	(一+二+三)×费率	按规定计取
		2. 建筑安全监督管理费		
		3. 社会保障费		
		4. 住房公积金		
五	税金		(一+二+三+四)×费率	按当地规定计取
六	工程造价		一+二+三+四+五	

2. 市政工程量清单计价规范

计价规范是根据《中华人民共和国招标投标法》，建设部第107号令——《建筑工程施工发包和承包计价管理办法》等法规、规定，用以指导我国建设工程计价做法，约束计价市场行为的规范性文件。建设部在 2003 年出台了《建设工程工程量清单计价规范》GB 50500—2003 规范，经过几年运作后，又颁布了《建设工程工程量清单计价规范》GB 50500—2008 规范。

1）执行清单计价规范的目的

（1）改革长期以来我国发承包计价、定价以"工程预算定额"作为主要依据的计价模式，从而使工程造价管理由静态管理模式逐渐变为动态管理模式。

（2）规范建设工程工程量清单计价行为，统一建设工程工程量清单的编制和计价方法。有利于发挥企业自主报价的主观能动性，实现政府定价到市场定价的转变；有利于规范业主在招标中的行为，有效改变招标单位在招标中盲目压价的行为，从而真正体现公开、公平、公正的原则，反映市场经济规律。

（3）促进市场有序竞争和企业发展的需要。工程量清单是公开的。因此招标单位要编出准确的工程量清单；承包企业报价时依据工程量清单，通盘考虑工程的成本，对利润进行分析。精心选择施工方案，并根据企业自己的定额合理确定人工、材料、施工机械等要素的投入与配置，优化组合，合理控制现场费用和施工技术措施费用，确定投标价。

（4）有利于政府管理职能转变，也适应加入 WTO 后我国企业走出国门参与国际化竞争能力，融入世界大市场的要求。

2）清单计价规范的特点

（1）强制性：国有资金的大中型建设项目应坚决地执行"计价规范"；编工程量清单时应做到四个统一：统一项目编码、统一项目名称、统一计量单位、统一工程量计算规则。

（2）实用性：附录中工程量清单项目及计算规则的项目名称表现的是实体项目。

（3）竞争性：

① 措施项目：是企业竞争项目。企业可根据施工组织设计对模板、脚手架、临时设施、施工排水等内容，采用不同方法实施，从而报价不一。

② 报价权为企业所有。这是因为计价规范中人、材、机无具体消耗量，企业可根据本单位自主定额和市场信息价，参考社会平均消耗量进行报价。

（4）通用性：将工程量清单计价方法标准化，计价统一化。

3）清单计价规范编制指导思想和原则

（1）指导思想：按照政府宏观调控，市场竞争形成价格的要求，创造公平、公正、公开竞争的环境，以建立全国统一的、有序的建筑市场；既与国际惯例接轨，又考虑到我国实际情况。

（2）原则：政府宏观调控，企业自主报价，市场竞争形成价格；与现行预算定额有机结合又有区别；既考虑工程造价管理现状，又可能与国际原则接轨。

4）清单计价规范内容

（1）名词解释：

① 工程量清单：由招标人按照 08 规范附录中统一项目编码、项目名称、计量单位和工程量计算规则进行编制，是表现拟建工程的分部分项工程项目、措施项目、其他项目名称和规费项目和税金项目的名称和相应数量的明细清单。

② 工程量清单计价：指投标人完成由招标人提供的工程量清单所需的全部费用。包

括分部分项工程费，措施项目费，其他项目费，规费和税金。计价采用综合单价计价。

③ 工程量清单计价的方法：是建设工程招投标中，招标人或委托具有资质的中介机构编制反映工程实体消耗和措施消耗的工程量清单，并作为招标文件的一部分提供给投标人，由投标人依据工程量清单自主报价的计价方式。

④ 综合单价：指完成工程量清单中一个规定计量单位的分部分项工程量清单项目或措施清单项目所需的人工费，材料费，机械使用费，管理费和利润，以及一定范围内的风险费用。

⑤ 项目编码：采用十二位阿拉伯数字表示，一至九位为统一编码；其中一、二位为附录顺序码，三、四位为专业工程顺序码，五、六位为分部分项工程顺序码，十至十二位为清单项目名称顺序码。

⑥ 措施项目：为完成工程项目措施，发生于该工程施工前和施工过程中技术、生活、安全方面的非工程实体项目。招标人可根据工程实际情况进行列项，投标人可根据工程实际与施工组织设计进行增补，但不应更改招标人已列措施项目的序号。

⑦ 其他项目：

A. 暂列金额：为施工中可能发生的工程量变更合同约定调整因而发生的工程价款的索赔，现场签证确认的费用（由招标人预留）。通常情况下，暂列预留金不宜超过分部分项工程费的 10%。

B. 总承包服务费：为配合协调招标人进行工程分包和材料所需费用。

C. 零星工作项目费：完成招标人提出的，工程量暂估的零星工作所需费用。

D. 材料购置费：购置材料费用。

E. "专业工程暂估价"项目是必然发生的，但暂时不能确定价格，其不包含规费和税金。

F. 暂估价材料由招标人提供。材料单价中应包括场外运输与采购保管费。

⑧ 规费项目清单是：工程排污费、安全生产监督费、社会保障费、危险作业意外伤害保险费。

⑨ 消耗量定额：

A. 建设行政主管部门根据合理的施工组织设计，根据正常施工条件下制定的，生产一个规定计量单位工程合格产品所需人工、材料、机械台班的社会平均消耗量。

B. 目前江苏省统一采用《江苏省市政工程计价表》(2004)。

⑩ 企业定额：施工企业根据本企业施工技术水平和管理水平，以及有关工程造价资料制定的，供本企业使用的人、材、机的消耗量。

（2）主要内容

08 规范有正文和附录两大部分，二者均有同等效力。

正文由总则，术语，工程量清单编制，工程量清单计价，工程量清单及计价表格组成。并分别就 08 规范的适用范围，遵循规则，编制工程量清单应遵循的规则，工程量清单计价活动的规则，工程量清单及其计价格式作了明确规定。

附录以表格形式列出每个清单项目的项目编码，项目名称，项目特征，工作内容，计量单位和工程量计算规则。并由建筑工程，装饰工程，安装工程，市政工程，园林工程五个附录组成。

（3）附录章节划分介绍

① 附录中将工程对象相同的尽量划归在一起。如土石方工程，钢筋工程，拆除工程等。

② 按市政工程的不同专业分道路，桥涵护岸，隧道，管网，地铁等工程。

③ 各章中的节是按工程对象和施工部位及施工工艺不同来划分的。

例如：

第二章 D.2 道路工程分为五节：第一节 D.2.1 路基处理——将工程对象为路基处理的不同清单项目都集中划归在这一节里；第二节 D.2.2 道路基层——将不同的道路基层清单项目都划归在这一节中；第三节 D.2.3 道路面层；第四节 D.2.4 人行道及其他；第五节 D.2.5 交通设施。

第三章，第四章，第五章都按市政工程划分归类，当编制道路工程清单时，除路基土石方的清单项目要到第一章土石方工程中去找外，其余所有清单项目都可在这一章中找到。这样层次分明，使用起来比较方便。

其他各章也按上述原则来划分节。

（4）清单项目

① 设置的原则：清单项目是以形成工程实体为基础设立的，按计算容易、比较直观的原则来设置的。

例如：打预制钢筋混凝土桩的清单项目设置是按桩打到设计要求，以长度来计算的。包括了可能发生的从打桩工作平台，制桩，运桩，打桩，接桩，送桩，凿除桩头，废料处理的全部内容。

至于使用什么机械，用什么方法，采用什么措施均由投标人自主决定，在清单项目设置中不作规定。

② 表现形式

A. 清单项目划分和设置是用表格形式来表达的。

B. 表格分为六列

第一列是项目编码：共分五级 12 位编码，前四级 9 位编码是统一的，第五级 3 位编码由清单编制人根据工程特性自行编排。

第二列是项目名称：是以形成工程的名称来命名的。

第三列是项目特征：是相对于同一清单项目名称，影响这个清单项目价格的主要因素的提示，按特征不同的组合由清单编制者自行编排第五级编码。

例如，道路工程第二节 D.2.2 道路基层中有如下项目（表 1-8）。

市政工程清单项目内容　　　　　　　　　表 1-8

工程名称：某某道路

项目编码	项目名称	项目特征	计量单位	工程量计算规则	工程内容
040202003	水泥稳定土	1. 厚度 2. 水泥含量	m²	按设计图示对以面积计算，不扣除各种井所占的面积	运料，拌合，铺筑，找平，碾压，养护

第四列是计量单位：是按第五列工程量计算规则计算的工程量的基本单位列出的。

第五列是工程量计算规则：是按形成工程实物的量的计算规定。规定的目的是要使工程各方当事人对同一工程设计图纸进行工程量计算，结果其量是一致的，避免因此而出现歧义。

工程量计算规则绝大部分是与过去的预算定额中工程量计算规则是一致的，只有少数与过去的预算定额中的计算规则不同。

例如：桩基工程，过去预算定额是按 m^3 这次除板桩外都是按不同的断面规格以长度计算。管网工程中管道铺设工程量中不扣除井的内壁所占长度，这些修改主要是吸取了市场上通常的习惯做法，使其计量容易，比较直观。

第六列为工程内容：是提示完成这个清单项目可能发生的主要内容。为编制标底和报价时需要考虑可能发生的主要工程内容提示。

【例题 1-4】 某道路工程，有两层水泥稳定土基层，第一层为 30cm 厚，水泥含量为 8%；第二层为 20cm 厚，水泥含量为 12%；工程量各为 $10000m^2$，我们可以根据这个工程要求，按附录的要求编出清单表(表 1-9)。

分部分项工程量清单表　　　　　　　　　　　　　　　　表 1-9

工程名称：某某道路工程

项目编码	项目名称	计量单位	工程数量	金额(元)	
				综合单价	合价
040202003001	水泥稳定土(30cm 厚，水泥含量 8%)	m^2	10000		
040202003002	水泥稳定土(20cm 厚，水泥含量 12%)	m^2	10000		
合　计					

3. 市政工程工程量清单计价中综合单价计算及示例

市政工程清单计价是根据工程量清单自主报价。而报价采用"综合单价"的。这是关键，在做出综合单价后即可完成：分部分项工程量清单计价表；措施项目清单计价表；其他项目清单计价表。

1) 综合单价的内容

(1) 分部分项工程主项的一个清单计量单位的人工、材料、机械、管理费和利润。

(2) 与该主项一个清单计量单位所组合的各项工程的人工、材料、机械、管理费和利润。

(3) 在不同条件下施工需增计的人工、材料、机械、管理费和利润。

(4) 人工、材料、机械动态价格调整与相应的管理费、利润调整。

2) 综合单价确定方法

(1) 可采用《江苏省市政工程计价表》(2004)或《企业定额》分析计算综合单价。例如：招标工程标底可用《江苏省市政工程计价表》(2004)和 08 规范的计算规则来进行分析计算综合单价。企业投标可用《江苏省市政工程计价表》(2004)或自主确定采用消耗量定额，并考虑一定的风险因素，分析计算综合单价或自主报价。

(2) 运用《江苏省市政工程计价表》(2004)分析计算综合单价，实际上就是分解细化每个分部分项工程应包括哪些具体的定额子项工作内容，并对应套用计价表分析计算，然后将各子目费用组合汇总，形成综合单价——即"先分解细化，后组合汇总"。分解的目的便于套用计价表，组合结果形成综合单价。

3) 综合单价计算的要求:

(1) 工程量清单规则内容包含的项目较多,完成工作内容有许多施工工序,进行单价分析时,应根据清单工作内容编制,防止漏项或重报。

(2) 工程量清单没考虑施工过程中损耗,因此定综合单价时,要在材料消耗量中考虑施工过程的施工损耗。

(3) 属于措施项目费的(模板制安,脚手架制安等)不在综合单价中计算。

(4) 对大的市政项目要作专题分析。可考虑现场情况、气候、地貌、地质条件及工期、工程复杂程度、合同价格调整条件、主要投标对手和自身状况等问题。还应对工效、材料来源和当前价格及施工期间发生的浮动幅度调研后做出全面考虑。对于有些材料和设备应及时询价,从而分别定出比较合适的材料、设备单价,然后逐一确定各项综合单价。

(5) 计算中可采用过渡性表格,分析计算综合单价时按表 1-10 格式进行。

分部分项工程量清单综合单价计算表

表 1-10

计量单位:

序号	定额编号	工程内容	单位	数量	综合单价组成					
					人工费	材料费	机械费	管理费	利润	分项单价
		合价								
		单价								

对于表 1-10 中:

① 表头各项(除综合单价外),均按业主提供的工程量清单编写。

② 定额编号,应按采用计价表中所采用的消耗量定额编号规则填写。

③ 工程内容,根据分部分项工程分解细化列出的施工项目填写,每项施工项目应简要写明施工项目名称、施工方法、定额子目、特征要素等。

④ 工程量,以所采用的计价表中消耗量定额为计量单位的工程数量。例如:路床整形图纸工程为 $1000m^2$,而定额单价为 $100m^2$,则工程量为"10"。

⑤ 人工费,材料费,机械费,管理费直接从《市政计价表》中相对应项目工程内容对应的定额子目表中值填入。

⑥ 管理费与利润=(人工费+机械费)×费率。

⑦ 分项合价=工程量×Σ(人工费+材料费+机械费+管理费+利润)。

⑧ 合价:人工费合价=Σ(工程量×人工费)。

材料费合价=Σ(工程量×材料费)。

机械费合价=Σ(工程量×机械费)。

管理费合价=Σ(工程量×管理费)。

利润合价=Σ(工程量×利润)

⑨ 单价:人工费单价=人工费合价÷表头工程数量。

材料费单价=材料费合价÷表头工程数量。

机械费单价=机械费合价÷表头工程数量。

管理费单价＝管理费合价÷表头工程数量。

利润单价＝利润合价÷表头工程数量。

⑩ 综合单价＝(人工费单价＋材料费单价＋机械费单价＋管理费单价＋利润单价)÷表头工程数量。

4) 综合单价计算方法与示例

(1)【方法 A】利用计价表中定额消耗量乘以工程量及单价来演算即为直接算出法。

① 根据题意或招标中提供的工程量清单列为"分部分项工程量清单"。

② 根据分项中每个施工方案列出其子目，并计算其施工工程量。

③ 根据每个子目查计价表中的人工、材料、机械、管理、利润的定额消耗量，然后乘以施工工程量，再乘以各费中规定单价。

④ 将各子目中的人工、材料、机械、管理、利润值相加，得出"分项"的人工、材料、机械、管理、利润值，并相加得到该分项的总价。

⑤ 将该分项总价除以清单工程量，即为综合单价。

(2)【方法 B】先利用计价表中的人工、材料、机械的基价乘以工程量，再用目前市场价与计价表制定时的价格之差乘以工程量。这两笔价格加起来再除清单工程量即为综合单价。

【例题 1-5】　某招标工程分部分项工程量清单——挖Ⅲ类土方计 $10277m^3$，根据施工方案土方采用机械施工，挖方 50％用于填方，进出土方运距均为 1km，求其综合单价？以下我们分别用两种解法来计算演示。

【方法 A】解：施工单位确定挖一般土方时采用 $1m^3$ 正铲挖掘机，并用 8t 自卸汽车运土。

此时挖一般土方可由两个子目组成；从江苏省市政工程计价表中查出。

(1-225)正铲挖掘机($1m^3$)挖Ⅲ类土并装车，工程量为 $10277m^3$。

(1-290)自卸汽车 8t 运土 1km 内，运量为 $5140m^3$(为挖的 1/2)

从省 04 市政计价表第一册 P82 得到：正铲挖掘机($1m^3$)挖Ⅲ类土装车的，人工定额为 5.4 工/$1000m^3$×37＝199.8 元，机械费：①挖机 2.24 台班×1048.01＝2347.54(元)。②推土机 2.02 台班×609.86＝1231.92 元，合计 3579.46 元。

管理费：(199.8＋3579.46)×12.87％＝484.88 元。

利润：(199.8＋3579.46)×3.51％＝132.65 元。

Σ(1-225)＝人工费为 5.4×10.277×37＝2053.34 元＋机械费为 2.24 台班×10.277×1048.01＝24125.69＋2.02 台班×10.277×609.86＝12660.41 元＋管理费为 (2053.34＋24125.69＋12660.41)×12.87％＝4998.64 元＋利润为 38839.44×3.51％＝1363.26 元。

Σ＝2053.34＋24125.69＋12660.41＋4998.64＋1363.26＝45201.3 元。

同时从计价表第一册 P104 的(1-290)得：

水费为：12 工/$1000m^3$×37×5.14m/$1000m^3$＝172.04 元。

自卸汽车 8t：9.169 台班/$1000m^3$×5.14×590 元/台班＝27805.9 元。

洒水车 4000(L)：0.51 台班/$1000m^3$×5.14×420.34 元/台班＝1101.88 元。

Σ(1-290)＝材料费为 172.04＋机械费为 27805.91＋1101.88＝28907.79 元＋管理费为 28907.79×12.87％＝3720.45＋利润为 28907.79×3.51％＝1014.66 元合计 33814.94 元。

(1) 将 Σ(1-225)＋Σ(1-290)＝79016.24 元。

(2) 79016.24÷10277＝7.69 元/m^3 为综合单价。

整理成表 1-11、表 1-12、表 1-13：

分部分项工程量清单计价表

表 1-11

序号	项目编号	项目名称	单位	数量	金额/元	
					综合单价	合价
1	040101001001	挖一般土方	m³	10277	7.69	78989.16

分部分项工程量清单综合单价分析表

表 1-12

（单位：元）

序号	项目编号	项目名称	单位	数量	综合单价组成					综合单价
					人工费	材料费	机械费	管理费	利润	
1	040101001001	挖一般土方	m³	10277	2053.34	172.04	65693.89	8691.97	2377.92	
	(1-225)	正铲挖机挖Ⅲ类土装车	m³	10277	2053.34		36786.1	4983.1	1363.26	78989.16÷ 10277=7.69
	(1-290)	8t 自卸汽车运 1km 内	m³	5140		172.04	28907.79	3708.87	1014.66	

挖一般土方根据施工方案由以下子目组成计算表

表 1-13

	(1-225)	(1-290)
	正铲挖机挖Ⅲ类土 10277m³ 装车	8t 自卸汽车运 1km 内(运量 5140m³)
人工费	5.4 工日×10.277×37 元=2053.34	
材料费		12×2.8×5.14=172.704
机械费	挖机：2.24 台班×10.277×1048.01 元/台班= 24125.69 元	8t 汽车：9.169 台班×5.14×590 元/台班= 27805.91 元
	推土机：2.02 台班×10.277×609.86 元/台班= 12660.41 元	洒水车(4000L)：0.51 台班×5.14×420.34 元/ 台班=1101.88
管理费	(2053.34＋24125.69＋12660.41)×12.87%= 4998.64 元	(27805.91＋1101.88)×12.87%=3720.45 元
利润	38839.44×3.51%=1363.26 元	28907.79×3.51%=1014.66 元

注：1. 表 1-12 中(1-225)中第一个数据从省市政计价表 P82 中查得；

2. 表 1-12 中(1-290)中第一个数据从省市政计价表 P104 中查得。

用【方法 B】来做——利用计价表数据，再结合市场计价进行调差的方法（表 1-14）

表 1-14

（单位：元）

序号	项目编码	项目名称	单位	数量	综合单价组成				
					人工费	材料费	机械费	管理费	利润
	040101001001	挖一般土方	m³	102771					
1	1-225	正铲挖机 1m³ 挖Ⅲ类 土并装车	1000m³	10.277	(140.4) 1442.89		(2635.94) 27089.56	(357.32) 3672.18	(97.45) 1001.49
2	(1-290)	8t 自卸汽车 运 1km 内	1000m³	5.14	(33.6) 172.70	(4454.47) 22895.98	(573.29) 2946.71	(156.35) 803.54	

表 1-14 中：(1-225)合价 33206.02 元。

(1-290)合价 26819.03 元。

计价表计算单价$\Sigma = (33206.02 + 26819.03) \div 10277 = 5.84$ 元/m³

① 调差：人工 $5.4 \times (37 - 26) = 59.4$ 元 $\times 10.277 = 610.45$ 元。

② 机械：(1-225)正铲挖机 1m³ 履带式挖机：

$(1048.01 - 781.1) \times 10.277 = 2743.03$ 元 $\times 2.24 = 6144.39$ 元。

75kW 推土机：

$(609.86 - 438.75) \times 10.277 = 1758.50$ 元 $\times 2.02 = 3552.17$ 元。

(1-290)水$(+2.8) \times 5.14 \times 12 = 172.7$ 元。

4000L 洒水车$(420.34 - 332.58) \times 5.14 \times 0.51 = 230.06$ 元。

8t 自卸汽车$(590 - 467.37) \times 5.14 \times 9.169 = 5779.39$ 元。

$\therefore \Sigma = 610.45 + 6144.39 + 3552.17 + 172.71 + 230.06 + 5779.4 = 16489.17$ 元。

③ 管理费：$(16489.17 - 172.71) \times 12.87\% = 2099.93$ 元。

④ 利润：$16316.46 \times 3.51\% = 572.71$ 元。

$\therefore (16489.17 + 2099.93 + 572.71) = 19161.82$ 元。

调差每立方单价：$\Sigma = 19161.81 \div 10277 = 1.86$ 元/m³。

综合单价为计价表计算单价＋调差后单价：$5.84 + 1.86 = 7.70$ 元/m³。

(3)【方法C】利用表格法

① 先根据施工方案确定子目。

② 根据子目查计价表中的人工费、材料费、机械费、管理费、利润。

③ 把每个子目的施工工程量乘以上述各类费得到新的各类费。

④ 把每个子目各类费相加，得到该项目编码的各类费。

⑤ 把各类费综合再除以清单量即为综合单价。

【例题 1-6】 搭脚手架 60m² 的综合单价：第一册 P21 定额号(1-630)——双排钢管脚手架 8m 内基价为 574.85 元/100m² $\times 0.6 = 344.91$ 元。

【例题 1-7】 水中打桩(竖拆卷扬机拔桩架 1 次时，可查)：第一册 P152 定额号(1-454)竖拆卷扬机拔桩架为 $2599.41 \times 1 = 2599.41$ 元。

4. 清单计价步骤：

(1)列项目编码(列出分部分项工程量清单项目名称)。

(2)计算工程量：根据先分解后组合办法计算其综合单价。

(3)填写分部分项清单综合单价分析表。

(4)填写分部分项清单计价表。

(5)填写措施项目计价表。

(6)填写其他项目计价表。

第四节 工 程 计 量

1. 工程计量基础知识

工程计量指运用一定的划分方法和计算规则进行计算，并以物理计量单位或自然计量单位来表示分部分项工程或总体实体数量的工作。

工程量计算受多种因素制约，因此同一工程由不同的人来计算时会有不同结果，这些因素有：

1) 计量对象的划分——工程计量的前提

(1) 工程计量对象有多种划分，不同划分有不同的计算方法。

(2) 工程计量对象取得越小，说明工程分解结构层次越多，工程计价也越准确。

(3) 不同计量对象。

① 按建设项目：

按建设项目由大到小组成来分：建设项目、单项项目、分部工程、分项工程；而按建设项目用途来分：工业生产项目、水利项目、民用项目、市政项目。

② 按投资估算

按施工时的工作性质分有：土建工程、给排水工程、暖通工程、设备安装工程、装饰工程；按市政工程部位划分为：路基，基层，面层，隔离护栏，上部结构，下部结构等；按市政施工方法及工料消耗分：混凝土工程、模板工程、钢筋工程、预应力工程、拆除工程。

2) 计量单位——计量前必须明确计量单位。

采用不同计量单位，计算结果不同。例如：墙体工程可用 m^2 也可以用 m^3 来计算。道路中软基础处理中不同量灰土可用 m^2 亦可用 m^3 来计算。

3) 设计深度

不同设计深度，提供图纸计量尺寸不同，故会有不同的计算结果。例如：初步设计阶段可以按总建筑面积或单项工程建筑面积；技术设计阶段除以建筑面积外还可提供工艺需要量及设备；施工图设计阶段有准确的各种实体工程量。

4) 施工方案

图纸尺寸相同的构件，因施工方案不同导致完成工程量不同。例如：基础工程中挖土可采用：放坡挖土与支撑下挖土(这样土方量不同)；钢筋工程中采用连接方法：绑扎、焊接(使实际使用长度不同)。

5) 计价方式

采用综合计价还是子项计价，计量结果不同。例如：沟槽挖土中采用综合单价时，只算管子基础宽乘挖深及长度。沟槽挖土中采用子项单价时需分别算坡度及管子垂直投影。

2. 工程量计量原理和方法

1) 计量的依据

为保证工程量计算结果的统一性、可比性，同时防止结算时出现不必要纠纷，在计算时按以下依据进行。

(1) 工程量计算规则。

(2) 工程设计图纸及说明。

(3) 经审定的施工组织设计文件及施工技术方案。

(4) 招标文件中的有关补充说明及合同条件。

2) 计算原理：依据施工图纸尺寸，按照工程量计算规则规定，运用一定的计算方法，采用一定的计量单位来进行计量。

3) 计算方法要求：快速、准确。方法有：①统筹法：统筹程序，合理安排；利用基数(长、宽、高)，连续计算；一次计量，多次使用。②重复计算法。③列表法。

但计算时注意按工程量计算规则进行，以图纸注明尺寸为依据，并注意设计说明，计算中注意整体性，相关性(土方调配)，计算列式规范性和完整性，计算过程中顺序性，计算过程中切实性，加强自检和复审核制度。

3. 工程量清单计价规范下的工程量计算规则

1) 以物理计量单位或自然计量单位表示各个具体工程的结构构件、配件、装饰、安装等部分实体的数量或实体项目数量称为工程量。其按照设计阶段，计价目的不同可分为：

(1) 清单工程量(亦可称设计工程量)

按照 08 规范清单工程量计算规则计算而得的量是清单工程量。

它的依据是以设计图纸尺寸及说明；用途为用于工程量清单编制和计价。

(2) 清单计价工程量(即施工工程量)

按照 08 规范附录 A、B、C、D、E 相应清单项目中所列的"可组合的工作内容"，依设计图纸，结合施工方法。对应综合单价分析所选用的消耗定额所规定的列项原则及工程量计算规则所计算的工程量是清单计价工程量，它的依据：设计图纸与说明；施工方法；《江苏省市政工程计价表》(2004)，其用途为清单计价时综合单价分析。

其分类为：

① 施工超挖工程量：

根据不同土质及开挖深度和采用施工方法需进行一定的超挖的量称为施工超挖工程量。

例如：某基坑开挖时土质为Ⅲ类，挖深为 3m，采用 1m³ 反铲挖掘机挖土时；根据《江苏省市政工程估价表》(2004)第一册 P3 工程量计算规则"放坡系数"表中，可采用 1：0.67 放坡。这里放坡工程量可在综合单价计算时计价的。

② 施工附加量：

为完成本项工程必须增加工程量称为施工附加量。

例如：为满足断面圆形隧道为施工需要而增加超挖工程量；为固定钢筋网片而固定的加筋量；为固定预应力钢丝束的金属波纹管而每隔一定距离的井形钢筋量。

③ 施工超填工程量：

由于施工超挖量，施工附加量相应增加回填量称为施工超填工程量。

例如：放坡开挖沟槽排设管道后回填量；隧道拱圈开挖时按设计图外回填量；为处理基础流砂时抛填块石或水泥量；施工损失量：由于施工中体积变化损失量，运输及操作损耗量及施工其他损耗量称为施工损失量。

例如：高填土时，软土路基施工期沉陷而增加土方；土石方及混凝土工程在运输操作时的损耗量；桥梁围堰中土堤遇到风浪水冲刷后损失量；道路填方中为按设计坡度而采用削坡损失量。

(3) 检查试验工程量

检查试验工程量有质检工程量，试验工程量。为质量检查应用的工程量称为质检工程量；

例如：①为检查水泥混凝土路面厚度，每隔一定距离钻孔后补工程量。②为检查钢筋进场的力学特性，每规定批量的钢筋中抽九根钢筋作试件。

为获得某种新工艺而采用作为试验的量称为试验工程量。

例如：①为推广水泥稳定碎石施工效果，决定在某路中取 50～100m 按设计要求铺设的量；②为取得石料场爆破参数和坝土碾压参数而进行的爆破试验。

2）工程量计算规则：

对工程量计算工作所作的统一说明和规定，包括项目的划分及编码，计量方法，计量单位，项目特征，工程内容描述等称为工程量计算规则。

计算规则的作用：

（1）为准确计算工程量提供统一的计算口径。

（2）为工程结算中的工程计量提供依据。

（3）为投标报价提供公平的竞争规则。

（4）为估价资料的积累与分析奠定基础。

计算规则的分类：

（1）按执行范围分。国际通用的；国家规定的；部门规定的；地方规定的。

（2）按专业分。建筑工程计量计算规则；安装工程计量计算规则；水利工程计量计算规则；市政工程计量计算规则；修缮工程计量计算规则。

【例题 1-8】 现以图 1-3 所示挖沟槽为例。管道为直径 500mm 的钢筋混凝土管，混凝土基础宽度 $B_1 = 0.7$m。设沟长度 $L = 100$m，$H = 4.250$m，$h = 1.250$m。试分别计算清单工程量、工程量清单计价工程量（施工工程量）。现计算如下：

（1）清单工程量：根据《计价规范》附录 D.1 "挖沟槽" 清单项目工程量计算规则计算 $V = B_1 \times (H - h) \times L = 0.7 \times (4.25 - 1.25) \times 100 = 210$m^3。

（2）工程量清单计价工程量：综合单价分析时，按所选用的消耗量定额的工程量计算规则和计价办法计算，同时根据选定的施工方法不同有：

① 当支护开挖时，按照选用的综合定额工程量计算规则，每边若有 0.3m 工作面，支撑每边取 0.1m，沟底宽度 $B_3 = 0.7 + 2 \times 0.3 + 0.2 = 1.5$m。

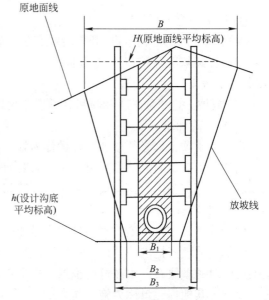

图 1-3 管沟支护（或放坡）

$$V = B_3 \times (H - h) \times L = 1.5 \times (4.25 - 1.25) \times 100 = 450 \text{m}^3 。$$

② 当放坡开挖时，按照选用的综合定额工程量计算规则，沟底宽度 $B_2 = 0.7 + 2 \times 0.3 = 1.3$m。若边坡为 1：0.5。则

$$
\begin{aligned}
V &= [B_2 + m(H - h)] \times (H - h) \times L \\
&= [1.3 + 0.5 \times (4.25 - 1.25)] \times (4.25 - 1.25) \times 100 \\
&= 840 (\text{m}^3) 。
\end{aligned}
$$

定额工程量 $V_1 = B_2 \times (H - h) \times L = 1.3 \times (4.25 - 1.25) \times 100 = 390$m^3。

放坡工程量 $V_2 = V - V_1 = 840 - 390 = 450$m^3。

对于本例中采用 1：0.5 放坡开挖，以此时施工工程量为 840m^3；若采用支撑方法此

时施工工程量为 $450m^3$。又若根据现场了解的情况,放坡开挖受到限制,选择支护下开挖。管基、稳基管座、抹带采用"四合一"施工方法,考虑排管的需要,开挖加宽一侧为 0.55,另一侧为 0.35;则:

$B_3 = 0.7 + 0.55 + 0.35 = 1.6m$;$V = B_3 \times (H-h) \times L = 1.6 \times (4.25 - 1.25) \times 100 = 480m^3$。

【注】:本例说明:(1)清单工程量是按计价规定计算的;(2)施工工程量是按施工方案(措施)决定算得的;(3)上述两者显然是不相等的。但当槽不很深及土质好时也可能相等。

第二章 市政工程工程量清单计价基础知识

知识目标：

- 了解市政工程工程量清单的组成；
- 了解市政工程工程量清单计价费用计算；
- 了解市政工程工程量清单计价格式及表格(有22张表格)；
- 了解市政工程费用支付、索赔、工程价款调整知识。

能力目标：

- 能准确编制市政工程工程量清单表；
- 能准确计算市政工程工程量清单费用；
- 能根据工程施工中实际情况进行索赔及工程价款调整。

第一节 工程量清单编制

1. 工程量清单的编制依据

(1)《建设工程工程量清单计价规范》GB 50500—2008。

(2)国家或省级、行业建设主管部门颁发的计价依据和办法。

(3)建设工程设计文件。

(4)与建设工程项目有关的标准、规范、技术资料。

(5)招标文件及其补充通知、答疑纪要。

(6)施工现场情况、工程特点及常规施工方案。

(7)其他相关资料。

2. 分部分项工程量清单

1)分部分项工程量清单应包括项目编码、项目名称、项目特征、计量单位和工程量。

2)分部分项工程量清单应根据《建设工程工程量清单计价规范》GB 50500—2008中的附录规定的项目编码、项目名称、项目特征、计量单位和工程量计算规则进行编辑。

3)分部分项工程量清单的项目编码应采用十二位阿拉伯数字表示。其中一、二位为工程分类顺序码，建筑工程为01，装饰装修工程为02，安装工程为03，市政工程为04，园林绿化工程为05，矿山工程为06；三、四位为专业工程顺序码；五、六位分部工程顺序码；七、八、九位为分项工程项目名称顺序码；十至十二位为清单项目名称顺序码，应根据拟建工程的工程量清单项目名称设置，同一招标工程的项目编码不得有重码。

在编制工程量清单时应注意对项目编码的设置不得有重码，特别是当同一标段(或合同段)的一份工程量清单中含有多个单项或单位工程且工程量清单是以单项或单位工程为编制对象时，应注意项目编码中的十至十二位的设置不得重码。例如一个标段(或合同段)的工程量清单中含有三个单项或单位工程，每一单项或单位工程中都有项目特征相同的沥青混凝土，在工程量清单中又需反映三个不同单项或单位工程的沥青混凝土工程量时，此时工程量清单应以单项或单位工程为编制对象，第一个单项或单位工程的沥青混凝土的项目编码为 040203004001，第二个单项或单位工程的沥青混凝土的项目编码为 040203004002，第三个单项或单位工程的沥青混凝土的项目编码为 040203004003，并分别列出各单项或单位工程沥青混凝土的工程量。

4）分部分项工程量清单的项目名称应按《建设工程工程量清单计价规范》GB 50500—2008 附录的项目名称结合拟建工程的实际来确定。

5）分部分项工程量清单中所列工程量应按《建设工程工程量清单计价规范》GB 50500—2008 附录中规定的工程量计算规则计算。工程量的有效数应遵守下列规定。

（1）以"t"为单位，应保留三位小数，第四位小数四舍五入。

（2）以"m³"、"m²"、"m"、"kg"为单位，应保留两位小数，第三位小数四舍五入。

（3）以"个"、"项"等为单位，应取整数。

6）分部分项工程量清单的计量单位应按《建设工程工程量清单计价规范》GB 50500—2008 附录中规定的计量单位确定，当计量单位有两个或两个以上时，应根据拟建工程项目的实际，选择最适宜表现该项目特征并方便计量的单位。

7）分部分项工程量清单项目特征应按《建设工程工程量清单计价规范》GB 50500—2008 附录中规定的项目特征，结合拟建工程项目的实际予以描述。

工程量清单的项目特征是确定一个清单项目综合单价不可缺少的主要依据。对工程量清单项目的特征描述具有十分重要的意义，其主要体现在以下几方面。

（1）项目特征是区分清单项目的依据。工程量清单项目特征是用来表述分部分项清单项目的实质内容，用于区分计价规范中同一清单条目下各个具体的清单项目。没有项目特征的准确描述，对于相同或相似的清单项目名称，就无从区分。

（2）项目特征是确定综合单价的前提。由于工程量清单项目的特征决定了工程实体的实质内容，必然直接决定了工程实体的自身价值。因此，工程量清单项目特征描述得准确与否，直接关系到工程量清单项目综合单价的准确确定。

（3）项目特征是履行合同义务的基础。实行工程量清单计价，工程量清单及其综合单价是施工合同的组成部分。因此，如果工程量清单项目特征的描述不清甚至漏项、错误，从而引起在施工过程中的更改，都会引起分歧，导致纠纷。

因此，在编制工程量清单时，必须对项目特征进行准确而且全面地描述，准确地描述工程量清单的项目特征，对于准确地确定工程量清单项目的综合单价具有决定性的作用。

在按《建设工程工程量清单计价规范》GB 50500—2008 的附录对工程量清单项目的特征进行描述时，应注意"项目特征"与"工程内容"的区别。"项目特征"是工程项目的实质，决定着工程量清单项目的价值大小，而"工程内容"主要讲的是操作程序，是承包人完成能通过验收的工程项目所必须要操作的工序。在《建设工程工程量清单计价规范》GB 50500—2008 中，工程量清单项目与工程量计算规则、工程内容具有一一对应的关系，当采用清单计价规范进行计价时，工程内容已有规定，无需再对其进行描述。而"项目特征"栏中的任何一项都影响着清单项目的综合单价的确定，招标人应高度重视分部分项工程量清单项目特征的描述，任何不描述或描述不清，均会在施工合同履约过程产生分歧，导致纠纷、索赔。例如现浇混凝土挡墙墙身，按照清单计价规范中编码为

040305002 项目中"项目特征"栏的规定，发包人在对工程量清单项目进行描述时，就必须要对混凝土强度等级、石料最大粒径；泄水孔材料品种、规格；滤水层要求进行详细描述，因为任何一项的不同都直接影响到现浇混凝土挡墙墙身的综合单价。而在该项"工程内容"栏中阐述了现浇混凝土挡土墙墙身应包括混凝土浇筑、养护、抹灰、汇水孔制作、安装、滤水层铺装等施工工序，这些工序即便发包人不提，承包人为完成合格现浇混凝土挡墙墙身工程也必然要经过，因而发包人在对工程量清单项目进行描述时就没有必要对现浇混凝土挡墙墙身的施工工序向承包人提出规定。

但有些项目特征用文字往往又难以准确和全面描述清楚。因此，为达到规范、简捷、准确、全面描述项目特征的要求，在描述工程量清单项目特征时应按以下原则进行。

（1）项目特征描述的内容应按《建设工程工程量清单计价规范》GB 50500—2008 附录中的规定，结合拟建工程的实际，能满足确定综合单价的需要。

（2）若采用标准图集或施工图纸能够全部或部分满足项目特征描述的要求，项目特征描述可直接采用见××图集或××图号的方式。对不能满足项目特征描述要求的部分，仍应用文字描述。

8）编制工程量清单出现《建设工程工程量清单计价规范》GB 50500—2008 附录中未包括的项目，编制人应作补充，并报省级或行业工程造价管理机构备案，省级或行业工程造价管理机构应汇总后报住房和城乡建设部标准定额研究院。

补充项目的编码由附录的顺序码与 B 和三位阿拉伯数字组成，并应从×B001 起顺序编制，同一招标工程的项目不得重码。工程量清单中需附有补充项目的名称、项目特征、计量单位、工程量计算规则、工程内容。

3. 措施项目清单

（1）措施项目清单应根据拟建工程的实际情况列项。通用措施项目可按表 2-1 选择列项，专业工程的措施项目可按《建设工程工程量清单计价规范》GB 50500—2008 附录中规定的项目选择列项。若出现《建设工程工程量清单计价规范》GB 50500—2008 中未列的项目，可根据工程实际情况补充。

通用措施项目一览表 表 2-1

序号	项 目 名 称	序号	项 目 名 称
1	安全文明施工（含环境保护、文明施工、安全施工、临时设施）	5	大型机械设备进出场及安拆
		6	施工排水
2	夜间施工	7	施工降水
3	二次搬运	8	地上、地下设施，建筑物的临时保护设施
4	冬雨期施工	9	已完工程及设备保护

（2）措施项目中可以计算工程量的项目清单宜采用分部分项工程量的方式编制，列出项目编码、项目名称、项目特征、计量单位和工程量计算规则；不能计算工程量的项目清单，以"项"为计量单位。

（3）《建设工程工程量清单计价规范》GB 50500—2008 将实体性质项目划分为分部分项工程量清单，非实体性项目划分为措施项目。所谓非实体性项目，一般来说，其费用的发生和金额的大小与使用时间、施工方法或者两个以上工序相关，与实际完成的实体工程量的多少关系不大，典型的是大中型施工机械、文明施工和安全防护、临时设施等。但有的非实体性项目，则是可以计算工程量的项目，典型的是混凝土浇筑的模板工程，用分部分项工程量清单的方式采用综合单价，更有利于措施的确定和调整，更有利于合同管理。

4. 其他项目清单

1）暂列金额

暂列金额是招标人在工程量清单中暂定并包括在合同价款中的一笔金额。暂列金额在"03 规范"中称为"预留金"，但由于"03 规范"中对"预留金"的定义不是很明确，发包人也不能正确认识到"预留金"的作用，因而发包人往往回避"预留金"项目的设置。新版《建设工程工程量清单计价规范》GB 50500—2008 明确规定暂列金额用于施工合同签订时尚未确定或者不可预见的所需材料、设备、服务的采购，施工中可能发生的工程变更、合同约定调整因素出现时的工程价款调整以及发生的索赔、现场签证确认等的费用。

不管采用何种合同形式，工程造价理想的标准是，一份合同的价格就是其最终的竣工结算价格，或者至少两者应尽可能接近。我国规定对政府投资工程实行概算管理，经项目审批部门批复的设计概算是工程投资控制的刚性指标，即使商业性开发项目也有成本的预先控制问题，否则，无法相对准确预测投资的收益和科学合理地进行投资控制。但工程建设自身的特性决定了工程的设计需要根据工程进展不断地进行优化和调整，业主需求可能会随工程建设进展出现变化，工程建设过程还会存在一些不能预见、不能确定的因素。消化这些因素必然会影响合同价格的调整，暂列金额正是为这类不可避免的价格调整而设立，以便达到合理确定和有效控制工程造价的目标。

另外，暂列金额列入合同价格不等于就属于承包人所有了，即使是总价包干合同，也不等于列入合同价格的所有金额就属于承包人，是否属于承包人应得金额取决于具体的合同约定，只有按照合同约定程序实际发生后，才能成为承包人的应得金额，纳入合同结算价款中。扣除实际发生金额后的暂列金额余额仍属于发包人所有。设立暂列金额并不能保证合同结算价格不会出现超过合同价格的情况，是否超出合同价格完全取决于工程量清单编制人暂列金额预测的准确性，以及工程建设过程是否出现了其他事先未预测到的事件。

2）暂估价

暂估价是指招标阶段直至签订合同协议时，招标人在招标文件中提供的用于支付必然发生但暂时不能确定价格的材料以及专业工程的金额。暂估价包括材料暂估单价和专业工程暂估价。暂估价类似于 FIDIC 合同条款中的 Prime Cost Items，在招标阶段预见肯定要发生，只是因为标准不明确或者需要由专业承包人完成，暂时无法确定价格。暂估价数量和拟用项目应当结合工程量清单中的"暂估价表"予以补充说明。

为方便合同管理，需要纳入分部分项工程量清单项目综合单价中的暂估价应只是材料费，以方便投标人组价。

专业工程的暂估价一般应是综合暂估价，应当包括除规费和税金以外的管理费、利润等费用。总承包招标时，专业工程设计深度往往是不够的，一般需要交由专业设计人设计，国际上出于提高可建造性考虑，一般由专业承包人负责设计，以发挥其专业技能和专业施工经验的优势。这类专业工程交由专业分包人完成是国际工程的良好实践，目前在我国工程建设领域也已经比较普遍。公开透明地合理确定这类暂估价的实际开支金额的最佳途径，就是通过施工总承包人与工程建设项目招标人共同组织的招标。

3) 计日工

计日工在"03 规范"中称为"零星项目工作费"。计日工是为解决现场发生的零星工作的计价而设立的，其为额外工作和变更的计价提供了一个方便快捷的途径。计日工适用的所谓零星工作一般是指合同约定之外的或者因变更而产生的、工程量清单中没有相应项目的额外工作，尤其是那些时间不允许事先商定价格的额外工作。计日工以完成零星工作所消耗的人工工时、材料数量、机械台班进行计量，并按照计日工表中填报的适用的单价进行计价支付。

国际上常见的标准合同条款中，大多数都设立了计日工（Daywork）计价机制。但在我国以往的工程量清单计价实践中，由于计日工项目的单价水平一般要高于工程量清单项目的单价水平，因而经常被忽略。从理论上讲，由于计日工往往是用于一些突发性的额外工作，缺少计划性，承包人在调动施工生产资源方面难免不影响已计划好的工程，生产资源的使用效率也有一定的降低，客观上造成超出常规的额外投入。另外，其他项目清单中计日工往往是一个暂定的数量，其无法纳入有效的竞争。所以合理的计日工单价水平一定要给出暂定数量，并需要根据经验尽可能估算一个较接近实际的数量。

4) 总承包服务费

总承包服务费是为了解决招标人在法律、法规允许的条件下进行专业工程发包，以及自行供应材料、设备并需要总承包人对发包的专业工程提供协调和配合服务，对供应的材料、设备提供收、发和保管服务以及进行施工现场管理时发生，并向总承包人支付的费用。招标人应预计该项费用并按投标人的投标报价向投标人支付该项费用。

当工程实际中出现上述内容中未列出的其他项目清单项目时，可根据工程实际情况进行补充。如工程竣工结算时出现的索赔和现场签证等。

5. 规费项目清单

规费是根据省级政府或省级有关权力部门规定必须缴纳的，应计入建筑安装工程造价的费用。根据原建设部、财政部"关于印发《建筑安装工程费用项目组成》的通知"（建标［2003］206 号）的规定，规费包括工程排污费、工程定额测定费、社会保障费（养老保险、失业保险、医疗保险）、住房公积金、危险作业意外伤害保险费。清单编制人对《建筑安装工程费用项目组成》未包括的规费项目，在编制规费项目清单时应根据省级政府或省级有关权力部门的规定列项。

规费项目清单中应按下列内容列项：

（1）工程排污费。

（2）工程定额测定费。

（3）社会保障费，包括养老保险费、失业保险费、医疗保险费。

（4）住房公积金。

（5）危险作业意外伤害保险费。

6. 税金项目清单

根据原建设部、财政部"关于印发《建筑安装工程费用项目组成》的通知"（拟建［2003］206 号）的规定，目前我国税法规定应计入建筑安装工程造价的税种包括营业税、城市建设维护税及教育费附加。如国家税法发生变化，税务部门依据职权增加了税种，应对税金项目清单进行补充。

税金项目清单应按下列内容列项。

（1）营业税。

（2）城市维护建设税。

（3）教育费附加。

第二节　工程量清单计价

1. 工程量清单计价费用构成

工程量清单计价模式的费用构成包括分部分项工程费、措施项目费、其他项目费以及规费和税金。

市政工程工程量清单计价模式下的费用构成如图 2-1 所示。

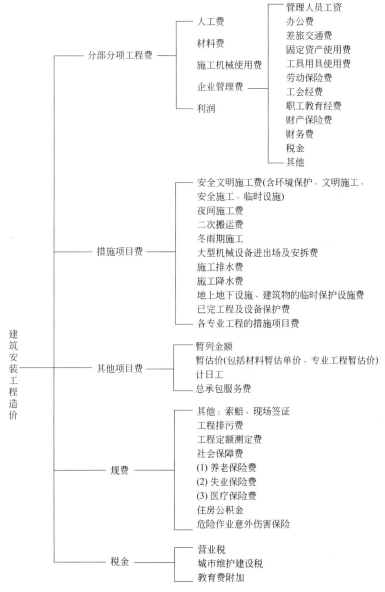

图 2-1　市政工程工程量清单计价模式下的费用构成示意图

2. 工程量清单计价

1) 一般规定

(1) 采用工程量清单计价，建设工程造价由分部分项工程费、措施项目费、其他项目费、规费和税金组成。

(2)《建筑工程施工发包与承包计价管理办法》(建设部令第 107 号)第五条规定：工程计价方法包括工料单价法和综合单价法。实行工程量清单计价应采用综合单价法，其综合单价的组成内容包括人工费、材料费、施工机械使用费、企业管理费、利润，以及一定范围内的风险费用。

(3) 招标文件中的工程量清单标明的工程量是招标人根据拟建工程设计文件预计的工程量，不能作为承包人在履行合同义务中应予完成的实际和准确的工程量，这一点是毫无疑义的。招标文件中工程量清单所列的工程量一方面是各投标人进行投标报价的共同基础，另一方面也是对各投标人的投标报价进行评审的共同平台，是招投标活动应当遵循公开、公平、公正和诚实信用原则的具体体现。

发、承包双方进行工程竣工结算的工程量应按照经发、承包双方认可的实际完成工程量确定，而非招标文件中工程量清单所列的工程量。

(4) 措施项目清单计价应根据拟建工程的施工组织设计，可以计算工程量的措施项目，应按分部分项工程量清单的方式采用综合单价计价；其余的措施项目可以"项"为单位的方式计价，应包括除规费、税金外的全部费用。

(5) 根据《中华人民共和国安全生产法》、《中华人民共和国建筑法》、《建设工程安全生产管理条例》、《安全生产许可证条例》等法律、法规的规定，2005 年 6 月 7 日，建设部办公厅印发了"关于印发《建筑工程安全防护、文明施工措施费及使用管理规定》的通知"(建办〔2005〕89 号)，将安全文明施工费纳入国家强制性管理范围，其费用标准不予竞争。《建设工程工程量清单计价规范》GB 50500—2008 规定措施项目清单中的安全文明施工费应按国家或省级、行业建设主管部门的规定费用标准计价，招标人不得要求投标人对该项费用进行优惠，投标人也不得将该项目费用参与市场竞争。此处的安全文明施工措施包括《建筑安装工程费用项目组成》(建标〔2003〕206 号)中措施费的文明施工费、环境保护费、临时设施费、安全施工费。

(6) 其他项目清单应根据工程特点和工程实施过程中的不同阶段进行计价。

(7) 根据《工程建设项目货物招标投标办法》(国家发改委、建设部等七部委 27 号令)第五条规定："以暂估价形式包括在总承包范围内的货物达到国家规定规模标准的，应当由总承包中标人和工程建设项目招标人共同依法组织招标"，若招标人在工程量清单中提供了暂估价的材料和专业工程属于依法必须招标的，由承包人和招标人共同通过招标确定材料单价与专业工程分包价。若材料不属于依法必须招标的，经发、承包双方协商确认单价后计价。若专业工程不属于依法必须招标的，由发包人、总承包人与分包人按有关计价依据进行计价。

上述共同招标的操作原则同样适用于以暂估价形式出现的专业分包工程。

对未达到法律、法规规定的规模标准的材料设备，需要约定定价的程序，需要与材料样品报批程序相互衔接。

(8) 根据建设部、财政部印发的《建筑安装工程费用项目组成》(建标〔2003〕206

号)的规定,规费是政府和有关权力部门规定必须缴纳的费用。税金是国家按照税法预先规定的标准,强制地、无偿地要求纳税人缴纳的费用。它们都是工程造价的组成部分,但是其费用内容和计取标准都不是发、承包人能自主确定的,更不是由市场竞争决定的。因而《建设工程工程量清单计价规范》GB 50500—2008 规定:"规费和税金应按国家或省级、行业建设主管部门的规定计算,不得作为竞争性的费用。"

(9)采用工程量清单计价的工程,应在招标文件或合同中明确风险内容及其范围(幅度),不得采用无限风险、所有风险或类似语句规定风险内容及其范围(幅度)。

风险是一种客观存在的、可以带来损失的、不确定的状态。它具有客观性、损失性、不确定性三大特性。工程风险是指一项工程在设计、施工、设备调试以及移交运行等项目周期全过程可能发生的风险。工程施工发包是一种期货交易行为,工程建设本身又具有单件性和建设周期长的特点。在工程施工过程中影响工程施工及工程造价的风险因素很多,但并非所有的风险都是承包人能预测、能控制和应承担其造成损失的。

工程施工招标发包是工程建设交易方式之一。一个成熟的建设市场应是一个体现交易公平性的市场。在工程建设施工发包中实行风险共担和合理分摊原则是实现建设市场交易公平性的具体体现,是维护建设市场正常秩序的措施之一。其具体体制是应在招标文件或合同中对发、承包双方各自承担的风险内容及其风险范围或幅度进行界定和明确,而不能要求承包人承担所有风险或无限度风险。

根据国际惯例并结合我国社会主义市场经济条件下工程建设的特点,发、承包双方对工程施工阶段的风险宜采用如下分摊原则。

(1)对于承包人根据自身技术水平、管理、经营状况能够自主控制的风险,如承包人的管理费、利润的风险,承包人应结合市场情况,根据企业自身实际合理确定、自主报价,该部分风险由承包人全部承担。

(2)对于法律、法规、规章或有关政策出台导致工程税金、规费、人工发生变化,并由省级、行业建设行政主管部门或其授权的工程造价管理机构根据上述变化发布的政策性调整,承包人不应承担此类风险,应按照有关调整规定执行。

(3)根据我国目前工程建设的实际情况,各省、自治区、直辖市建设行政主管部门根据当地劳动行政主管部门的有关规定发布的人工成本信息,对此关系职工切身利益的人工费,承包人不应承担风险,应按照相关规定进行调整。

(4)对于主要由市场价格波动导致的价格风险,如工程造价中的建筑材料、燃料等价格风险,发、承包双方应当在招标文件中或在合同中对此类风险的范围和幅度予以明确约定,进行合理分摊。

根据工程特点和工期要求,本规范在本条的条文说明提出承包人可承担5%以内的材料价格风险,10%的施工机械使用费的风险。

2)招标控制价

(1)分部分项工程费

分部分项工程费应根据招标文件中的分部分项工程量清单项目的特征描述及有关要求,按规定确定综合单价计算。综合单价中应包括招标文件中要求投标人承担的风险费用。招标文件提供了暂估单价的材料,按暂估的单价计入综合单价。

(2)措施项目费

措施项目应按招标文件中提供的措施项目清单确定，措施项目采用分部分项工程综合单价形式进行计价的工程量，应按措施项目清单中的工程量，并按规定确定综合单价；以"项"为单位的方式计价的，按规定计价，包括除规费、税金以外的全部费用。措施项目费中的安全文明施工费应当按照国家或省级、行业建设主管部门的规定标准计价。

（3）其他项目费

① 暂列金额。暂列金额应根据工程特点，按有关计价规定估算确定。为保证工程施工建设的顺利实施，应对施工过程中可能出现的各种不确定因素对工程造价的影响，在招标控制价中需估算一笔暂列金额。暂列金额可根据工程的复杂程度、设计深度、工程环境条件（包括地质、水文、气候条件等）进行估算，一般可按分部分项工程费的 10%～15% 作为参考。

② 暂估价。暂估价包括材料暂估单价和专业工程暂估价。编制招标控制价时，材料暂估单价应按工程造价管理机构发布的工程造价信息中的材料单价计算，工程造价信息未发布的材料单价，其单价参考市场价格估算。专业工程暂估价应分不同的专业，按有关计价规定进行估算。

③ 计日工。计日工包括计日工人工、材料和施工机械。在编制招标控制价时，对计日工中的人工单价和施工机械台班单价应按省级、行业建设主管部门或其授权的工程造价管理机构公布的单价计算；材料应按工程造价管理机构发布的工程造价信息中的材料单价计算，工程造价信息未发布材料单价的材料，其价格应按市场调查确定的单价计算。

④ 总承包服务费。编制招标控制价时，总承包服务费应按照省级或行业建设主管部门的规定计算，本规范在条文说明中列出的标准仅供参考。

A. 招标人仅要求对分包的专业工程进行总承包管理和协调时，按分包的专业工程估算造价的 1.5% 计算。

B. 招标人要求对分包的专业工程进行总承包管理和协调，并同时要求提供配合服务时，根据招标文件列出的配合服务内容和提出的要求，按分包的专业工程估算造价的 3%～5% 计算。

C. 招标人自行供应材料的，按招标人供应材料价值的 1% 计算。

（4）规费和税金

招标控制价的规费和税金应按国家或省级、行业建设主管部门规定的标准计算。

3）投标报价

分部分项工程费包括完成分部分项工程量清单项目所需的人工费、材料费、施工机械使用费、企业管理费、利润，以及一定范围内的风险费用。分部分项工程费按分部分项工程量清单项目的综合单价计价。投标人投标报价时应依据招标文件中分部分项工程量清单项目的特征描述确定清单项目的综合单价。在招投标过程中，当出现招标文件中分部分项工程量清单特征描述与设计图纸不符时，投标人应以分部分项工程量清单的项目特征描述为准，确定投标报价的综合单价。当施工中施工图纸或设计变更与工程量清单项目特征描述不一致时，发、承包双方应按实际施工的项目特征，依据合同约定重新确定综合单价。

招标文件中提供了暂估单价的材料，按暂估的单价计入综合单价。

招标文件中要求投标人承担的风险费用，投标人应考虑计入综合单价。在施工过程中，当出现的风险内容及其范围(幅度)在招标文件规定的范围(幅度)内时，综合单价不得变动，工程价款不做调整。

(1)措施项目费

① 投标人可根据工程实际情况结合施工组织设计，对招标人所列的措施项目进行增补。由于各投标人拥有的施工装备、技术水平和采用的施工方法有所差异，招标人提出的措施项目清单是根据一般情况确定的，没有考虑不同投标人的"个性"，投标人投标时应根据自身编制的投标施工组织设计(或施工方案)确定措施项目，并对招标人提供的措施项目进行调整。投标人根据投标施工组织设计(或施工方案)调整和确定的措施项目应通过评标委员会的评审。

② 措施项目费的计算包括。

A. 措施项目的内容应依据招标人提供的措施项目清单和投标人投标时拟定的施工组织设计或施工方案。

B. 措施项目费的计价方式应根据招标文件的规定，可以计算工程量的措施项目清单采用综合单价方式报价，其余的措施项目清单采用以"项"为计量单位的方式报价；

C. 措施项目费由投标人自主确定，但其中安全文明施工费应按国家或省级、行业建设主管部门的规定确定。

(2)其他项目费

本条规定了投标人对其他项目费投标报价的依据及原则。

① 暂列金额应按照其他项目清单中列出的金额填写，不得变动。

② 暂估价不得变动和更改。暂估价中的材料必须按照暂估单价计入综合单价；专业工程暂估价必须按照其他项目清单中列出的金额填写。

③ 计日工应按照其他项目清单列出的项目和估算的数量，自主确定各项综合单价并计算费用。

④ 总承包服务费应依据招标人在招标文件中列出的分包专业工程内容和供应材料、设备情况，按照招标人提出的协调、配合与服务要求和施工现场管理需要自主确定。

(3)规费和税金

规费和税金按照国家或省级、行业建设主管部门的有关规定计算，不得作为竞争性费用。规费和税金的计取标准是依据有关法律、法规和政策规定制定的，具有强制性。投标人是法律、法规和政策的执行者，不能改变，更不能制定，而必须按照法律、法规、政策的有关规定执行。

(4)投标总价

实行工程量清单招标，投标人的投标总价应当与组成工程量清单的分部分项工程费、措施项目费、其他项目费和规费、税金的合计金额相一致，即投标人在进行工程量清单招标的投标报价时，不能进行投标总价优惠(或降价、让利)，投标人对投标报价的任何优惠(或降价、让利)均应反映在相应清单项目的综合单价中。

4)工程合同价款的约定

(1)实行招标的工程，合同约定不得违背招标文件中关于工期、造价、资质等方面的实质性内容。所谓合同实质性内容，按照《中华人民共和国合同法》第三十条规定："有关合同标的、数量、质量、价款或者报酬、履行期限、履行地点和方式、违约责任和解决争议方法等的变更,是对要约内容的实质性变更"。

在工程招标及建设工程合同签订过程中,招标文件应视为要约邀请,投标文件为要约,中标通知书为承诺。因此,在签订建设工程合同时,当招标文件与中标人的投标文件有不一致的地方,应以投标文件为准。

(2)工程合同价款的约定是建设工程合同的主要内容。根据有关法律条款的规定,实行招标的工程合同价款应在中标通知书发出之日起30d内,由发、承包双方依据招标文件和中标人的投标文件在书面合同中约定。不实行招标的工程合同价款,在发、承包双方认可的工程价款基础上,由发、承包双方在合同中约定。

工程合同价款的约定应满足以下几方面的要求:

① 约定的依据要求。招标人向中标的投标人发出的中标通知书。

② 约定的时限要求。自招标人发出中标通知书之日起30天内。

③ 约定的内容要求。招标文件和中标人的投标文件。

④ 合同的形式要求。书面合同。

(3)合同形式。工程建设合同的形式主要有单价合同和总价合同两种。工程量清单计价的适用性不受合同形式的影响。实践中常见的单价合同和总价合同两种合同形式,均可以采用工程量清单计价,区别仅在于工程量清单中所填写的工程量的合同约束力。采用单价合同形式时,工程量清单是合同文件必不可少的组成内容,其中的工程量一般具备合同约束力(量可调),工程款结算时按照合同中约定应予计量并按实际完成的工程量计算进行调整,由招标人提供统一的工程量清单则彰显了工程量清单计价的主要优点。而对总价合同形式,工程量清单中的工程量不具备合同约束力(量不可调),工程量以合同图纸的标示内容为准,工程量以外的其他内容一般均赋予合同约束力,以方便合同变更的计量和计价。

《建设工程工程量清单计价规范》GB 50500—2008规定:"实行工程量清单计价的工程,宜采用单价合同。"即合同约定的工程价款中所包含的工程量清单项目综合单价在约定条件内是固定的,不予调整,工程量允许调整。工程量清单项目综合单价在约定的条件外,允许调整。但调整方式、方法应在合同中约定。

清单计价规范规定实行工程量清单计价的工程量宜采用单价合同,并不排斥总价合同。所谓总价合同是指总价包干或总价不变合同,适用于规模不大、工序相对成熟、工期较短、施工图纸完备的工程施工项目。

(4)合同价款的约定事项。发、承包双方应在合同条款中对下列事项进行约定;合同中没有约定或约定不明的,由双方协商确定;协商不能达成一致的,按《建设工程工程量清单计价规范》GB 50500—2008规范执行。

① 预付工程款的数额、支付时间及抵扣方式。

② 工程计量与支付工程进度款的方式、数额及时间。

③ 工程价款的调整因素、方法、程序、支付及时间。

④ 索赔与现场签证的程序、金额确认与支付时间。

⑤ 发生工程价款争议的解决方法及时间。

⑥ 承担风险的内容、范围以及超出约定内容、范围的调整办法。

⑦ 工程竣工价款结算编制与核对、支付及时间。

⑧ 工程质量保证(保修)金的数额、预扣方式及时间。

⑨ 与履行合同、支付价款有关的其他事项等。

合同中涉及工程价款的事项较多，能够详细约定的事项应尽可能具体的约定，约定的用词应尽可能唯一，如有几种解释，最好对用词进行定义，尽量避免因理解上的歧义造成合同纠纷。

5) 工程费用的支付

(1) 预付款的支付和抵扣

发包人应按合同约定的时间和比例(或金额)向承包人支付工程预付款。支付的工程预付款，按照合同约定在工程进度款中抵扣。

当合同对工程预付款的支付没有约定时，按照财政部、建设部印发的《建设工程价款结算暂行办法》(财建 [2004] 369 号)的规定办理。

① 工程预付款的额度。包工包料的工程原则上预付比例不低于合同金额(扣除暂列金额)的 10%，不高于合同金额(扣除暂列金额)的 30%；对重大工程项目，按年度工程计划逐年预付。实行工程量清单计价的工程，实体性消耗和非实体性消耗部分应在合同中分别约定预付款比例(或金额)。

② 工程预付款的支付时间：在具备施工条件的前提下，发包人应在双方签订合同后的一个月内或约定的开工日期前的 7d 内预付工程款。

③ 若发包人未按合同约定预付工程款，承包人应在预付时间到期后 10d 内向发包人发出要求预付的通知，发包人收到通知后仍不按要求预付，承包人可在发出通知 14d 后停止施工，发包人应从约定应付之日起按同期银行贷款利率计算向承包人支付应付预付款的利息，并承担违约责任。

④ 凡是没有签订合同或不具备施工条件的工程，发包人不得预付工程款，不得以预付款为名转移资金。

(2) 进度款的支付

发包人支付工程进度款，应按照合同约定计量和支付。工程量的正确计量是发包人向承包人支付工程进度款的前提和依据。计量和付款周期可采用分段或按月结算的方式。

① 按月结算与支付。即实行按月支付进度款，竣工后结算的办法。合同工期在两个年度以上的工程，在年终进行工程盘点，办理年度结算。

② 分段结算与支付。即当年开工、当年不能竣工的工程按照工程形象进度，划分不同阶段，支付工程进度款。

当采用分段结算方式时，应在合同中约定具体的工程分段划分，付款周期应与计量周期一致。

(3) 工程价款的支付

① 工程进度款支付申请。承包人应在每个付款周期末，向发包人递交进度款支付申请，并附相应的证明文件。除合同另有约定外，进度款支付申请应包括下列内容。

A. 本周期已完成工程的价款。

B. 累计已完成的工程价款。

C. 累计已支付的工程价款。

D. 本周期已完成计日工金额。

　　E. 应增加和扣减的变更金额。

　　F. 应增加和扣减的索赔金额。

　　G. 应抵扣的工程预付款。

　　② 发包人支付工程进度款。发包人在收到承包人递交的工程进度款支付申请及相应的证明文件后，发包人应在合同约定时间内核对和支付工程进度款。发包人应扣回的工程预付款，与工程进度款同期结算抵扣。

　　当发、承包双方在合同中未对工程进度款支付申请的核对时间以及工程进度款支付时间、支付比例作约定时，根据财政部、建设部印发的《建设工程价款结算暂行办法》（财建［2004］369号）第十三条的相关规定办理。

　　A. 发包人应在收到承包人的工程进度款支付申请后14d内核对完毕。否则，从第15d起承包人递交的工程进度款支付申请视为被批准。

　　B. 发包人应在批准工程进度款支付申请的14d内，向承包人按不低于计量工程价款的60%，不高于计量工程价款的90%向承包人支付工程进度款。

　　C. 发包人在支付工程进度款时，应按合同约定的时间、比例（或金额）扣回工程预付款。

　　(4) 争议的处理

　　① 发包人未在合同约定时间内支付工程进度款，承包人应及时向发包人发出要求付款的通知，发包人收到承包人通知后仍不按要求付款，可与承包人协商签订延期付款协议，经承包人同意后延期支付。协议应明确延期支付的时间，和从付款申请生效后按同期银行贷款利率计算应付工程进度款的利息。

　　② 发包人不按合同约定支付工程进度款，双方又未达成延期付款协议，导致施工无法进行时，承包人可停止施工，由发包人承担违约责任。

　　6) 索赔与现场签证

　　(1) 索赔

　　① 索赔的条件。合同一方向另一方提出索赔时，应有正当的索赔理由和有效证据，并应符合合同的相关约定。建设工程施工中的索赔是发、承包双方行使正当权利的行为，承包人可向发包人索赔，发包人也可向承包人索赔。任何索赔事件的确立，其前提条件是必须有正当的索赔理由。对正当索赔理由的说明必须具有证据，因为进行索赔主要是靠证据说话。没有证据或证据不足，索赔是难以成功的。

　　② 索赔证据。

　　A. 索赔证据的要求。

　　a. 真实性。索赔证据必须是在实施合同过程中确定存在和发生的，必须完全反映实际情况，能经得住推敲。

　　b. 全面性。所提供的证据应能说明事件的全过程。索赔报告中涉及的索赔理由、事件过程、影响、索赔数额等都应有相应证据，不能零乱和支离破碎。

　　c. 关联性。索赔的证据应当能够互相说明，相互具有关联性，不能互相矛盾。

　　d. 及时性。索赔证据的取得及提出应当及时，符合合同约定。

　　e. 法律证明效力。一般要求证据必须是书面文件，有关记录、协议、纪要必须是双方签署的；工程中重大事件、特殊情况的记录、统计必须由合同约定的发包人现场代表或监理工程师签证认可。

　　ⓐ 证据必须是当时的书面文件，一切口头承诺、口头协议不算。

　　ⓑ 合同变更协议必须由双方签署，或以会谈纪要的形式确定，且为决定性决议。一切商讨性、意向性的意见或建议都不算。

　　ⓒ 工程中的重大事件、特殊情况的记录应由工程师签署认可。

　　B. 索赔证据的种类

　　a. 招标文件、工程合同、发包人认可的施工组织设计、工程图纸、技术规范等。

　　b. 工程各项有关的设计交底记录、变更图纸、变更施工指令等。

　　c. 工程各项经发包人或合同中约定的发包人现场代表或监理工程师签认的签证。

　　d. 工程各项往来信件、指令、信函、通知、答复等。

　　e. 工程各项会议纪要。

　　f. 施工计划及现场实施情况记录。

　　g. 施工日报及工长工作日志、备忘录。

　　h. 工程送电、送水、道路开通、封闭的日期及数量记录。

　　i. 工程停电、停水和干扰事件影响的日期及恢复施工的日期记录。

　　j. 工程预付款、进度款拨付的数额及日期记录。

　　k. 工程图纸、图纸变更、交底记录的送达份数及日期记录。

　　l. 工程有关施工部位的照片及录像等。

　　m. 工程现场气候记录，如有关天气的温度、风力、雨雪等。

　　n. 工程验收报告及各项技术鉴定报告等。

　　o. 工程材料采购、订货、运输、进场、验收、使用等方面的凭据。

　　p. 国家、省级或行业建设主管部门有关影响工程造价、工期的文件、规定等。

　　③ 承包人的索赔

　　A. 若承包人认为非承包人原因发生的事件造成了承包人的经济损失，承包人应在确认该事件发生后，按合同约定向发包人发出索赔通知。发包人在收到最终索赔报告后并在合同约定时间内，未向承包人作出答复，视为该项索赔已经认可。

　　单项索赔就是采取一事一索赔的方式，即在每一件索赔事项发生后，递交索赔通知书，编报索赔报告书，要求单项解决支付，不与其他的索赔事项混在一起。单项索赔是施工索赔通常采用的方式。它避免了多项索赔的相互影响制约，所以解决起来比较容易。

　　施工过程中受到非常严重的干扰，以致承包人的全部施工活动与原来的计划大不相同，原合同规定的工作与变更后的工作相互混淆，承包人无法为索赔保持准确而详细的成本记录资料，无法分辨哪些费用是原定的，哪些费用是新增的，在这种条件下，无法采用单项索赔的方式。而只能采用综合索赔。综合索赔又称总索赔，俗称一揽子索赔。即对整个工程(或某项工程)中所发生的数起索赔事项，综合在一起进行索赔。采取这种方式进行索赔，是在特定的情况下被迫采用的一种索赔方法。

　　采取综合索赔时，承包人必须提出以下证明：ⓐ承包商的投标报价是合理的；ⓑ实际发生的总成本是合理的；ⓒ承包商对成本增加没有任何责任；ⓓ不可能采用其他方法准确地计算出实际发生的损失数额。

当发、承包双方在合同中对此通知未作具体约定时，按以下规定办理。

a. 承包人应在确认引起索赔的事件发生后 28d 内向发包人发出索赔通知，否则，承包人无权获得追加付款，竣工时间不得延长。

b. 承包人应在现场或发包人认可的其他地点，保持证明索赔可能需要的记录。发包人收到承包人的索赔通知后，未承认发包人责任前，可检查记录保持情况，并可指示承包人保持进一步的同期记录。

c. 在承包人确认引起索赔的事件后 42d 内，承包人应向发包人递交一份详细的索赔报告，包括索赔的依据、要求追加付款的全部资料。

如果引起索赔的事件具有连续影响，承包人应按月递交进一步的中间索赔报告，说明累计索赔的金额。

承包人应在索赔事件产生的影响结束后 28d 内，递交一份最终索赔报告。

d. 发包人在收到索赔报告后 28d 内，应作出回应，表示批准或不批准并附具体意见。还可以要求承包人提供进一步的资料，但仍要在上述期限内对索赔作出回应。

e. 发包人在收到最终索赔报告后的 28d 内，未向承包人作出答复，视为该项索赔报告已经认可。

B. 承包人索赔的程序。承包人索赔按下列程序处理。

a. 承包人在合同约定的时间内向发包人递交费用索赔意向通知书。

b. 发包人指定专人收集与索赔有关的资料。

c. 承包人在合同约定的时间内向发包人递交费用索赔申请表。

d. 发包人指定的专人初步审查费用索赔申请表，符合 08 规范第 4.6.1 条规定的条件时予以受理。

e. 发包人指定的专人进行费用索赔核对，经造价工程师复核索赔金额后，与承包人协商确定并由发包人批准。

f. 发包人指定的专人应在合同约定的时间内签署费用索赔审批表，或发出要求承包人提交有关索赔的进一步详细资料的通知，待收到承包人提交的详细资料后，按本条第 d、e 款的程序进行。

C. 索赔事件发生后，在造成费用损失时，往往会造成工期的变动。当索赔事件造成的费用损失与工期相关联时，承包人应在根据发生的索赔事件向发包人提出费用索赔要求的同时，提出工期延长的要求。

发包人在批准承包人的索赔报告时，应将索赔事件造成的费用损失和工期延长联系起来，综合作出批准费用索赔和工期延长的决定。

D. 发包人索赔。

若发包人认为由于承包人的原因造成额外损失，发包人应在确认引起索赔的事件后，按合同约定向承包人发出索赔通知。承包人在收到发包人索赔通知后并在合同约定时间内，未向发包人作出答复，视为该项索赔已经认可。

当合同中对此未作具体约定时，按以下规定办理。

a. 发包人应在确认引起索赔的事件发生后 28d 内向承包人发出索赔通知，否则，承包人免除该索赔的全部责任。

b. 承包人在收到发包人索赔报告后 28d 内，应作出回应，表示同意或不同意并附具

体意见，如在收到索赔报告后 28d 内，未向发包人作出答复，视为该项索赔报告已经认可。

（2）现场签证

① 承包人应发包人要求完成合同以外的零星工作，应进行现场签证。当合同对此未作具体约定时，按照财政部、建设部印发的《建设工程价款结算暂行办法》（财建［2004］369 号）的规定，承包人应在接受发包人要求的 7 天内向发包人提出签证，发包人签证后施工。若没有相应的计日工单价，签证中还应包括用工数量和单价、机械台班数量和单价、使用材料品种及数量和单价等。若发包人未签证同意，承包人施工后发生争议的，责任由承包人自负。

发包人应在收到承包人的签证报告 48h 内给予确认或提出修改意见，否则，视为该签证报告已经认可。

② 按照财政部、建设部印发的《建设工程价款结算办法》（财建［2004］369 号）第十五条的规定："发包人和承包人要加强施工现场的造价控制，及时对工程合同外的事项如实记录并履行书面手续。凡由发、承包双方授权的现场代表签字的现场签证以及发、承包双方协商确定的索赔等费用，应在工程竣工结算中如实办理，不得因发、承包双方现场代表的中途变更改变其有效性"，《建设工程工程量清单计价规范》GB 50500—2008 规定："发、承包双方确认的索赔与现场签证费用与工程进度款同期支付。"此举可避免发包方变相拖延工程款以及发包人以现场代表变更而不承认某些索赔或签证的事件的发生。

7）工程价款调整

（1）工程价款调整的原则

工程建设过程中，发、承包双方都是国家法律、法规、规章及政策的执行者。因此，在发、承包双方履行合同的过程中，当国家的法律、法规、规章及政策发生变化，国家或省级、行业建设主管部门或其授权的工程造价管理机构据此发布工程造价调整文件，工程价款应当进行调整。《建设工程工程量清单计价规范》GB 50500—2008 中规定："招标工程以投标截止日前 28d，非招标工程以合同签订前 28d 为基准日，其后国家的法律、法规、规章和政策发生变化影响工程造价的，应按省级或行业建设部门或其授权的工程造价管理机构发布的规定调整合同价款。"

（2）综合单价调整

① 若施工中出现施工图纸（含设计变更）与工程量清单项目特征描述不符的，发、承包双方应按新的项目特征确定相应工程量清单项目的综合单价。如工程招标时，工程量清单对某实心砖墙砌体进行项目描述时，砂浆强度等级为 M2.5 混合砂浆，但施工过程中发包方将其变更为 M5.0 和 M2.5 混合砂浆的价格是不一样的。

② 因分部分项工程量清单漏项或非承包人原因的工程变更，造成增加新的工程量清单项目，其对应的综合单价按下列方法确定。

A. 合同中已有适用的综合单价，按合同中已有综合单价确定。前提条件是其采用的材料、施工工艺和方法相同，也不因此增加关键线路上工程的施工时间。

B. 合同中有类似的综合单价，参照类似的综合单价确定。前提条件是其采用的材料、施工工艺和方法基本相似，不增加关键线路上工程的施工时间，可仅就其变更后的差异部分，参考类似的项目单价由发、承包双方协商新的项目单价。

C. 合同中没有适用或类似的综合单价，由承包人提出综合单价，经发包人确认后执行。

③ 因非承包人原因引起的工程量增减，该项工程量变化在合同约定幅度以内的，应执行原有的综合单价；该项工程量变化在合同约定幅度以外的，其综合单价及措施项目费应予以调整，如何进行调整应在合同中约定。如合同中未作约定，按以下原则确定。

A. 当工程量清单项目工程量的变化幅度在 10％以内时，其综合单价不做调整，执行原有综合单价。

B. 当工程量清单项目工程量的变化幅度在 10％以外，且其影响分部分项工程费超过 0.1％时，其综合单价以及对应的措施费（如果有）均应作调整。调整的方法是由承包人对增加的工程量或减少后剩余的工程量提出新的综合单价和措施项目费，经发包人确认后调整。

（3）措施费的调整

因分部分项工程量清单漏项或非承包人原因的工程变更，引起措施项目发生变化，造成施工组织设计或施工方案变更，原措施费中已有的措施项目，按原措施费的组价方法调整；原措施费中没有的措施项目，由承包人根据措施项目变更情况，提出适当的措施费变更，经发包人确认后调整。

（4）工程价款调整方法与注意事项

① 工程价款的调整方法。按照《中华人民共和国标准施工招标文件》（2007 年版）中的有关规定，对物价波动引起的价格调整有以下两种方式。

A. 采用价格指数调整价格差额。

a. 价格调整公式。因人工、材料和设备等价格波动影响合同价格时，根据投标函附录中的价格指数和权重表约定的数据，按以下公式计算差额并调整合同价格：

$$\Delta P = P_0\left[A + \left(B_1 \times \frac{F_{t1}}{F_{01}} + B_2 \times \frac{F_{t2}}{F_{02}} + B_3 \times \frac{F_{t3}}{F_{03}} + \cdots + B_n \times \frac{F_{tn}}{F_{0n}}\right) - 1\right]$$

式中　　　　ΔP——需调整的价格差额；

　　　　P_0——约定的付款证书中承包人应得到的已完成工程量的金额。此项金额应不包括价格调整、质量保证金的扣留和支付、预付款的支付和扣回。约定的变更及其他金额已按现行价格计价的，也不计在内；

　　　　A——定值权重（即不调部分的权重）；

$B_1；B_2；B_3\cdots\cdots B_n$——各可调因子的变值权重（即可调部分的权重），为各可调因子在投标函投标总报价中所占的比例；

$F_{t1}；F_{t2}；F_{t3}\cdots\cdots F_{tn}$——各可调因子的现行价格指数，指约定的付款证书相关周期最后一天的前 42d 的各可调因子的价格指数；

$F_{01}；F_{02}；F_{03}\cdots\cdots F_{0n}$——各可调因子的基本价格指数，指基准日期的各可调因子的价格指数。

以上价格调整公式中的各可调因子、定值和变值权重，以及基本价格指数来源在投标函附录价格指数和权重表中约定。价格指数应首先采用有关部门提供的价格指数，缺乏上述价格指数时，可采用有关部门提供的价格代替。

　　b. 暂时确定调整差额。在计算调整差额时得不到现行价格指数的，可暂用上一次价格指数计算，并在以后的付款中再按实际价格指数进行调整。

　　c. 权重的调整。约定的变更导致原定合同中的权重不合理时，由监理人与承包人和发包人协商后进行调整。

　　d. 承包人工期延误后的价格调整。由于承包人原因未在约定的工期内竣工的，则对原约定竣工日期后继续施工的工程，在使用第 a. 条的价格调整公式时，应采用原约定竣工日期与实际竣工日期的两个价格指数中较低的一个作为现行价格指数。

　　B. 采用造价信息调整价格差额。施工期内，因人工、材料、设备和机械台班价格波动影响合同价格时，人工、机械使用费按照国家或省、自治区、直辖市建设行政管理部门、行业建设管理部门或其授权的工程造价管理机构发布的人工成本信息、机械台班单价或机械使用费系数进行调整；需要进行价格调整的材料，其单价和采购数量应由监理人复核，监理人确认需调整的材料单价及数量，作为调整工程合同价格差额的依据。

　　② 工程价款调整注意事项

　　A. 若施工期内市场价格波动超出一定幅度时，应按合同约定调整工程价款；合同没有约定或约定不明确的，可按以下规定执行。

　　a. 人工单价发生变化时，发、承包双方应按省级或行业建设主管部门或其授权的工程造价管理机构发布的人工成本文件调整工程价款。

　　b. 材料价格变化超过省级或行业建设主管部门或其授权的工程造价管理机构规定的幅度时应当调整，承包人应在采购材料前将采购数量和新的材料单价报发包人核对，确认用于本合同工程时，发包人应确认采购材料的数量和单价。发包人在收到承包人报送的确认资料后 3 个工作日不予答复的视为已经认可，作为调整工程价款的依据。如果承包人未报经发包人核对即自行采购材料，再报发包人确认调整工程价款的，如发包人不同意，则不做调整。

　　c. 施工机械台班单价或施工机械使用费发生变化超过省级或行业建设主管部门或其授权的工程造价管理机构规定的范围时，按其规定进行调整。

　　B. 因不可抗力事件导致的费用，发、承包双方应按以下原则分别承担并调整工程价款。

　　a. 工程本身的损害、因工程损害导致第三方人员伤亡和财产损失以及运至施工场地用于施工的材料和待安装的设备的损害，由发包人承担。

　　b. 发包人、承包人人员伤亡由其所在单位负责，并承担相应费用。

　　c. 承包人的施工机械设备损坏及停工损失，由承包人承担。

　　d. 停工期间，承包人应发包人要求留在施工场地的必要的管理人员及保卫人员的费用，由发包人承担。

　　e. 工程所需清理、修复费用，由发包人承担。

　　C. 工程价款调整报告应由受益方在合同约定时间内向合同的另一方提出，经对方确认后调整合同价款。受益方未在合同约定时间内提出工程价款调整报告的，视为不涉及合同价款的调整。

　　收到工程价款调整报告的一方应在合同约定时间内确认或提出协商意见，否则，视为工程价款调整报告已经确认。

当合同未作约定或 08 规范的有关条款未作规定时，本条的条文说明指出，按下列规定办理：

a. 调整因素确定后 14d 内，由受益方向对方递交调整工程价款报告。受益方在 14d 内未递交调整工程价款报告的，视为不调整工程价款。

b. 收到调整工程价款报告的一方应在收到之日起 14d 内予以确认或提出协商意见，如在 14d 内未作确认也未提出协商意见的，视为调整工程价款报告已被确认。

D. 经发、承包双方确定调整的工程价款，作为追加(减)合同价款与工程进度款同期支付。

第三节　工程量清单计价格式及表格

工程量清单与计价应采用统一的格式。《建设工程工程量清单计价规范》GB 50500—2008 按工程量清单、招标控制价、投标报价和竣工结算等各个计价阶段共设计了 4 种封面和 22 种表格。各省、自治区、直辖市建设行政主管部门和行业建设主管部门可根据本地区、本行业的实际情况，在《建设工程工程量清单计价规范》GB 50500—2008 规定的工程量清单计价表格的基础上进行补充完善。

1. 封面

1) 工程量清单(封-1)

　　　　　　　　工程
工　程　量　清　单

工　程　造　价
招　标　人：＿＿＿＿＿　　咨　询　人：＿＿＿＿＿
　　(单位盖章)　　　　　　　(单位资质专用章)

法定代表人　　　　　　法定代表人
或其授权人：＿＿＿＿＿　或其授权人：＿＿＿＿＿
　　(签字或盖章)　　　　　　(签字或盖章)

编　制　人：＿＿＿＿＿　复　核　人：＿＿＿＿＿
　(造价人员签字盖专用章)　　(造价工程师签字盖专用章)

编制时间：　年　月　日　　复核时间：　年　月　日

封-1

《工程量清单》(封-1)填写说明。

(1) 本封面由招标人或招标人委托的工程造价咨询人编制工程量清单时填写。

(2) 招标人自行编制工程量清单时,由招标人单位注册的造价人员编制。招标人盖单位公章,法定代表人或其授权人签字或盖章;编制人是造价工程师的,由其签字盖执业专用章;编制人是造价员的,在编制人栏签字盖专用章,应由造价工程师复核,并在复核人栏签字盖执业专用章。

(3) 招标人委托工程造价咨询人编制工程量清单时,由工程造价咨询人单位注册的造价人员编制。工程造价咨询人盖单位资质专用章,法定代表人或其授权人签字或盖章;编制人是造价工程师的,由其签字盖执业专用章;编制人是造价员的,在编制人栏签字盖专用章,应由造价工程师复核,并在复核人栏签字盖执业专用章。

2) 招标控制价(封-2)

_____工程

招 标 控 制 价

招标控制价(大写):_____

(小写):_____

工程造价

招 标 人:_____   咨 询 人:_____
　　　　(单位盖章)　　　　　　　　　(单位资质专用章)

法定代表人　　　　　　　　法定代表人
或其授权人:_____   或其授权人:_____
　　　(签字或盖章)　　　　　　　　(签字或盖章)

编 制 人:_____   复 核 人:_____
　(造价人员签字盖专用章)　　　(造价工程师签字盖专用章)

编 制 时 间: 年 月 日   复 核 时 间: 年 月 日

封-2

《招标控制价》(封-2)填写说明。

(1) 本封面由招标人或招标人委托的工程造价咨询人编制控制价时填写。

（2）招标人自行编制招标控制价时，由招标人单位注册的造价人员编制。招标人盖单位公章，法定代表人或其授权人签字或盖章；编制人是造价工程师的，由其签字盖执业专用章；编制人是造价员的，由其在编制人栏签字盖专用章，应由造价工程师复核，并在复核人栏签字盖执业专用章。

（3）招标人委托工程造价咨询人编制招标控制价时，由工程造价咨询人单位注册的造价人员编制。工程造价咨询人盖单位资质专用章，法定代表人或其授权人签字或盖章；编制人是造价工程师的，由其签字盖执业专用章；编制人是造价员的，在编制人栏签字盖专用章，应由造价工程师复核，并在复核人栏签字盖执业专用章。

3）投标总价（封-3）

投 标 总 价

招　标　人：_____

工 程 名 称：_____

投标总价（小写）：_____

　　　　（大写）：_____

投　标　人：_____
　　　　　　　　　　　（单位盖章）

法定代表人
或其授权人：_____
　　　　　　　　　　　（签字或盖章）

编　制　人：_____
　　　　　　　　　（造价人员签字盖专用章）

编制时间：　年　月　日

封-3

《投标总价》（封-3）填写说明。

（1）本封面由投标人编制投标报价时填写。

（2）投标人编制投标报价时，由投标人单位注册的造价人员编制。投标人盖单位公章，法定代表人或其授权人签字或盖章；编制的造价人员（造价工程师或造价员）签字盖执业专用章。

4）竣工结算总价（封-4）

＿＿＿＿＿＿＿＿＿工程

竣 工 结 算 总 价

中标价（小写）：＿＿＿＿＿＿＿＿＿＿＿＿＿＿＿＿＿＿

　　　（大写）：＿＿＿＿＿＿＿＿＿＿＿＿＿＿＿＿＿＿

结算价（小写）：＿＿＿＿＿＿＿＿＿＿＿＿＿＿＿＿＿＿

　　　（大写）：＿＿＿＿＿＿＿＿＿＿＿＿＿＿＿＿＿＿

发 包 人：＿＿＿＿　　承 包 人：＿＿＿＿　　工 程 造 价
　　　　　　　　　　　　　　　　　　　　　　咨 询 人：＿＿＿＿
　　　（单位盖章）　　　　　（单位盖章）　　　　（单位盖章）

法定代表人　　　　　法定代表人　　　　　法定代表人
或其授权人：＿＿＿＿　或其授权人：＿＿＿＿　或其授权人：＿＿＿＿
　　　（签字或盖章）　　　　（签字或盖章）　　　　（签字或盖章）

编 制 人：＿＿＿＿　　　　　编 制 人：＿＿＿＿
　　（造价人员签　　　　　　　　（造价人员签
　　字盖专用章）　　　　　　　　字盖专用章）

编制时间：　年　月　日　　　　核对时间：　年　月　日

封-4

《竣工结算总价》（封-4）填写说明。

（1）承包人自行编制竣工结算总价，由承包人单位注册的造价员编制。承包人盖单位公章，法定代表人或其授权人签字或盖章；编制的造价人员（造价工程师或造价员）在编制人栏签字盖执业专用章。

（2）发包人自行核对竣工结算时，由发包人单位注册的造价工程师核对。发包人盖单位公章，法定代表人或其授权人签字或盖章，造价工程师在核对人栏签字盖执业专用章。

（3）发包人委托工程造价咨询人核对竣工结算时，由工程造价咨询人单位注册的造价工程师核对。发包人盖单位公章，法定代表人或其授权人签字或盖章；工程造价咨询人盖单位资质专用章，法定代表人或其授权人签字或盖章，造价工程师在核对人栏签字盖执业专用章。

(4) 除非出现发包人拒绝或不答复承包人竣工结算书的特殊情况，竣工结算书办理完毕后，竣工结算总价封面发、承包双方的签字盖章应当齐全。

2. 总说明

总　说　明

工程名称：　　　　　　　　　　　　　　　　　　　　　　　　　　　　第　页　共　页

表-01

《总说明》(表-01)填写说明：

本表适用于工程量清单计价的各个阶段。对每一阶段中《总说明》(表-01)应包括的内容如下。

1) 工程量清单编制阶段。工程量清单总说明应包括的内容有。

(1) 工程概况。如建设地址、建设规模、工程特征、交通状况、环保要求等。

(2) 工程发包、分包范围。

(3) 工程量清单编制依据。如采用的标准、施工图纸、标准图纸等。

(4) 使用材料设备、施工的特殊要求等。

(5) 其他需要说明的问题。

2) 招标控制价编制阶段。招标控制价中总说明应包括的内容有。

(1) 采用的计价依据。

(2) 采用的施工组织设计。

(3) 采用的材料价格来源。

(4) 综合单价中风险因素、风险范围(幅度)。

(5) 其他有关内容的说明等。

3) 投标报价编制阶段。投标报价总说明应包括的内容有。

(1) 采用的计价依据。

(2) 采用的施工组织设计。

(3) 综合单价中包括的风险因素，风险范围(幅度)。

（4）措施项目的依据。

（5）其他有关内容的说明等。

4）竣工结算编制阶段。竣工结算总说明包括的内容有。

（1）工程概况。

（2）编制依据。

（3）工程变更。

（4）工程造价款调整。

（5）索赔。

（6）其他有关内容的说明等。

3. 汇总表

1）工程项目招标控制价/投标报价汇总表（表-02）。

工程项目招标控制价/投标报价汇总表

工程名称：   第 页 共 页

序号	单项工程名称	金额/元	其 中		
			暂估价/元	安全文明施工费/元	规费/元
	合　计				

注：本表适用于工程项目招标控制价或投标报价的汇总。

表-02

《工程项目招标控制价/投标报价汇总表》（表-02）填写说明。

（1）由于编制招标控制价和投标价包含的内容相同，只是对价格的处理不同。因此，招标控制价和投标价汇总表使用同一表格。实践中，对招标控制价或投标报价可分别印制本表格。

（2）使用本表格编制投标报价时，汇总表中的投标总价与投标中标函中投标报价金额应当一致。如不一致时以投标中标函中填写的大写金额为准。

2）单项工程招标控制价/投标报价汇总表（表-03）

单项工程招标控制价/投标报价汇总表

工程名称：   第 页 共 页

序号	单项工程名称	金额/元	其 中		
			暂估价/元	安全文明施工费/元	规费/元
	合　计				

注：本表适用于单项工程招标控制价或投标价的汇总。暂估价包括分部分项工程中的暂估价和专业工程暂估价。

表-03

3）单位工程招标控制价/投标报价汇总表(表-04)

单位工程招标控制价/投标报价汇总表

工程名称：　　　　　　　　　　　　　　标段：　　　　　　　　　　　　　第　页　共　页

序号	汇总内容	金额/元	其中：暂估价/元
1			
1.1			
1.2			
1.3			
1.4			
1.5			
2	措施项目		—
2.1	安全文明施工费		—
3	其他项目		—
3.1	暂列金额		—
3.2	专业工程暂估价		—
3.3	计日工		—
3.4	总承包服务费		—
4	规费		—
5	税金		—
招标控制价合计＝1＋2＋3＋4＋5			

注：本表适用于单位工程招标控制价或投标报价的汇总，如无单位工程划分，单项工程也使用本表汇总。　表-04

4) 工程项目竣工结算汇总表(表-05)

工程项目竣工结算汇总表

工程名称： 第 页 共 页

序号	单项工程名称	金额/元	其 中	
			安全文明施工费/元	规费/元
合　计				

表-05

5) 单项工程竣工结算汇总表(表-06)

单项工程竣工结算汇总表

工程名称： 第 页 共 页

序号	单项工程名称	金额/元	其 中	
			安全文明施工费/元	规费/元
合　计				

表-06

6) 单位工程竣工结算汇总表(表-07)

单位工程竣工结算汇总表

工程名称：　　　　　　　　　　　标段：　　　　　　　　　　　第 页 共 页

序　号	汇总内容	金额/元	其中：暂估价/元
1	分部分项工程		
1.1			
1.2			
1.3			
1.4			
1.5			
			—
			—
			—
			—
2	措施项目		—
2.1	安全文明施工费		—
			—
			—
			—
3	其他项目		
3.1	暂列金额		
3.2	专业工程暂估价		
3.3	计日工		
3.4	总承包服务费		
4	规费		
5	税金		
招标控制价合计＝1＋2＋3＋4＋5			

注：如无单位工程划分，单项工程也使用本表汇总。

表-07

4. 分部分项工程量清单表

1）分部分项工程量清单与计价表（表-08）

分部分项工程量清单与计价表

工程名称： 标段： 第 页 共 页

序号	项目编码	项目名称	项目特征描述	计量单位	工程量	金额/元		
						综合单价	合价	其中：暂估价
本页小计								
合　计								

注：根据原建设部、财政部发布的《建筑安装工程费用项目组成》（建标〔2003〕206号）的规定，为计取规费等的使用，可在表中增设："直接费"、"人工费"或"人工费＋机械费"。

表-08

《分部分项工程量清单与计价表》（表-08）填写说明。

（1）本表是编制工程量清单、招标控制价、投标价和竣工结算的最基本用表。

（2）编制工程量清单时，使用本表在"工程名称"栏应填写详细具体的工程称谓，对于房屋建筑而言，习惯上并无标段划分，可不填写"标段"栏，但相对于管道敷设、道路施工，则往往以标段划分；此时，应填写"标段"栏，其他各表涉及此类设置，道理相同。"项目编码"栏应按规定另加3位顺序填写。"项目名称"栏应按规定根据拟建工程实际确定填写。"项目特征"栏应按规定根据拟建工程实际予以描述。

（3）编制招标控制价时，使用本表"综合单价"、"合价"以及"其中：暂估价"按《建设工程工程量清单计价规范》GB 50500—2008的规定填写。

（4）编制招标控制价时，投标人对表中的"项目编码"、"项目名称"、"计量单位"、"工程量"均不应作改动。"综合单价"、"合价"自主决定填写，对其中的"暂估价"栏，投标人应将招标文件中提供了暂估材料单价的暂估价计入综合单价，并应计算出暂估单价的材料在"综合单价"及其"合价"中的具体数额，因此，为更详细反应暂估价情况，也可在表中增设一栏"综合单价"其中的"暂估价"。

（5）编制竣工结算时，使用本表可取消"暂估价"。

2）工程量清单综合单价分析表（表-09）

工程量清单综合单价分析表

工程名称：   标段：   第 页 共 页

项目编码			项目名称				计量单位			
清单综合单价组成明细										
定额编号	定额名称	定额单位	数量	单价				人工费	材料费	机械费	管理费和利润
				人工费	材料费	机械费	管理费和利润				
人工单价		小　计									
元/工日		未计价材料费									
清单项目综合单价											
材料费明细	主要材料名称、规格、型号			单位	数量	单价/元	合价/元	暂估单价/元	暂估合价/元		
	其他材料费					—		—			
	材料费小计					—		—			

注：1. 如不使用省级或行业建设主管部门发布的计价依据，可不填定额项目、编号等。
  2. 招标文件提供了暂估单价的材料，按暂估的单价填入表内"暂估单价"栏及"暂估合价"栏。

表-09

《工程量清单综合单价分析表》（表-09）填写说明：

（1）工程量清单单价分析表是评标委员会评审和判别综合单价组成和价格完整性、合理性的主要基础，对因工程变更调整综合单价也是必不可少的基础价格数据来源。

（2）本表集中反映了构成每一个清单项目综合单价的各个价格要素的价格及主要"工、料、机"消耗量。投标人在投标报价时，需要对每一个清单项目进行组价，为了使组价工作具有可追溯性（回复评标质疑时尤其需要），需要表明每一个数据的来源。

（3）本表一般随投标文件一同提交，作为竞标价的工程量清单的组成部分。以便中标后，作为合同文件的附属文件。投标人须知中需要就分析表提交的方式作出规定，该规定需要考虑是否有必要对分析表的合同地位给予定义。

（4）编制招标控制价，使用本表应填写使用的省级或行业建设主管部门发布的计价定额名称。

（5）编制投标报价，使用本表可填写使用的省级或行业建设部门发布的计价定额名称，如不使用，不填写。

5. 措施项目清单表

1）措施项目清单与计价表（一）（表-10）

《措施项目清单与计价表》（一）（表-10）填写说明。

（1）编制工程量清单时，表中的项目可根据工程实际情况进行增减。

53

措施项目清单与计价表（一）

工程名称： 标段： 第 页 共 页

序号	项 目 名 称	计算基础	费率/%	金额/元
1	安全文明施工费			
2	夜间施工费			
3	二次搬运费			
4	冬雨期施工			
5	大型机械设备进出场及安拆费			
6	施工排水			
7	施工降水			
8	地上地下设施、建筑物的临时保护设施			
9	已完工程及设备保护			
10	各专业工程的措施项目			
11				
12				
13				
14.				
15				
16				
17				
18				
19				
20				
合 计				

注：1. 本表适用于以"项"计价的措施项目；
　　2. 根据原建设部、财政部发布的《建筑安装工程费用项目组成》（建标〔2003〕206 号）的规定，"计算基础"可分为"直接费"、"人工费"或"人工费＋机械费"。

表-10

（2）编制招标控制价时，计费基础、费率应按省级或行业建设主管部门的规定计取。

（3）编制投标报价时，除"安全文明施工费"必须按《建设工程工程量清单计价规范》GB 50500—2008 的强制性规定，按省级、行业建设主管部门的规定计取外，其他措施项目均可根据投标施工组织设计自主报价。

2）措施项目清单与计价表（二）（表-11）

措施项目清单与计价表（二）

工程名称： 标段： 第 页 共 页

序号	项目编码	项目名称	项目特征描述	计量单位	工程量	金额/元	
						综合单价	合价
本页小计							
合 计							

注：本表适用于以综合单价形式计价的措施项目。

表-11

6. 其他项目清单表

1) 其他项目清单与计价汇总表(表-12)

其他项目清单与计价汇总表

工程名称:　　　　　　　　　　　　标段:　　　　　　　　　　第 页 共 页

序号	项目名称	计量单位	金额/元	备注
1	暂列金额			明细详见表-12-1
2	暂估价			
2.1	材料暂估价		—	明细详见表-12-2
2.2	专业工程暂估价			明细详见表-12-3
3	计日工			明细详见表-12-4
4	总承包服务费			明细详见表-12-5
5				
	合　　计			

注:材料暂估单价进入清单项目综合单价,此处不汇总。

表-12

《其他项目清单与计价汇总表》(表-12)填写说明。

(1)编制工程量清单,应汇总"暂列金额"和"专业工程暂估价",以提供给投标人报价。

(2)编制招标控制价,应按有关计价规定估算"计日工"和"总承包服务费"。如工程量清单中未列"暂列金额"和"专业工程暂估价",应按有关规定编列。

(3)编制投标报价,应按招标文件工程量提供的"暂列金额"和"专业工程暂估价"填写金额,不得变动。"计日工"、"总承包服务费"自主确定报价。

(4)编制或核对竣工结算,"专业工程暂估价"按实际分包结算价填写,"计日工"、"总承包服务费"按双方认可的费用填写,如发生"索赔"或"现场签证"费用,按双方认可的金额计入本表。

2) 暂列金额明细表(表-12-1)

暂列金额明细表

工程名称:　　　　　　　　　　　　标段:　　　　　　　　　　第 页 共 页

序号	项 目 名 称	计量单位	暂定金额/元	备注
1				
2				
3				
4				
5				
6				
7				
8				
	合　　计			

注:此表由招标人填写,如不能详列,也可只列暂定金额总额,投标人应将上述暂列金额计入投标总价中。

表-12-1

《暂列金额明细表》(表-12-1)填写说明。

暂列金额在实际履约过程中可能发生,也可能不发生。本表要求招标人能将暂列金额与拟用项目列出明细,但如确实不能详列也可只列暂定金额总额,投标人应将上述暂列金额计入投标总价中。

3)材料暂估单价表(表-12-2)

材料暂估单价表

工程名称:　　　　　　　　　　　　标段:　　　　　　　　　　第　页　共　页

序号	材料名称、规格、型号	计量单位	单价/元	备注

注:1. 此表由招标人填写,并在备注栏说明暂估价的材料拟用在哪些清单项目上,投标人应将上述材料暂估价单价计入工程量清单综合单价报价中;
　　2. 材料包括原材料、燃料、构配件以及规定应计入建筑安装工程造价的设备。

表-12-2

《材料暂估单价表》(表-12-2)填写说明。

暂估价是在招标阶段预见肯定要发生,只是因为标准不明确或者需要由专业承包人完成,暂时无法确定具体价格。暂估价数量和拟用项目应当在本表备注栏给予补充说明。

4)专业工程暂估价表(表-12-3)

专业工程暂估价表

工程名称:　　　　　　　　　　　　标段:　　　　　　　　　　第　页　共　页

序号	工 程 名 称	工程内容	金额/元	备 注
合　　计				

注:此表由招标人填写,投标人应将上述专业工程暂估价计入投标总价中。

表-12-3

《专业工程暂估价表》(表-12-3)填写说明。

专业工程暂估价应在表内填写工程名称、工程内容、暂估金额、投标人应将上述金额计入投标总价中。

5)计日工表(表-12-4)

计 日 工 表

工程名称：　　　　　　　　　　　　标段：　　　　　　　　　　　第 页 共 页

编号	项目名称	单位	暂定数量	综合单价	合价
一	人工				
1					
2					
人工小计					
二	材料				
1					
2					
三	施工机械				
1					
2					
施工机械小计					
总　计					

注：此表项目名称、数量由招标人填写，编制招标控制价时，单价由招标人按有关计价规定确定；投标时，单价由投标人自主报价，计入投标总价中。

表-12-4

《计日工表》（表-12-4）填写说明。

（1）编制工程量清单时，"项目名称"、"单位"、"暂定数量"由招标人填写。

（2）编制招标控制价时，人工、材料、机械台班单价由招标人按有关计价规定填写并计算合价。

（3）编制投标报价时，人工、材料、机械台班单价由投标人自主确定，按已给暂定数量计算合价计入投标总价中。

6）总承包服务费计价表（表-12-5）

总承包服务费计价表

工程名称：　　　　　　　　　　　　标段：　　　　　　　　　　　第 页 共 页

序号	项目名称	项目价值/元	服务内容	费率/%	金额/元
1	发包人发包专业工程				
2	发包人供应材料				
合　计					

表-12-5

《总承包服务费计价表》（表-12-5）填写说明。

（1）编制工程量清单时，招标人应将拟定进行专业分包的专业工程、自行采购的材料设备等决定清楚，填写项目名称、服务内容，以便投标人决定报价。

（2）编制招标控制价时，招标人按有关计价规定计价。

（3）编制投标报价时，由投标人根据工程量清单中的总承包服务内容，自主决定报价。

7）索赔与现场签证计价汇总表（表-12-6）

索赔与现场签证计价汇总表

工程名称：　　　　　　　　　　　　　标段：　　　　　　　　第　页　共　页

序号	签证及索赔项目名称	计量单位	数量	单价/元	合价/元	索赔及签证依据
本页小计						
合　计					·	

注：签证及索赔依据是指经双方认可的签证单和索赔依据的编号。

表-12-6

8）费用索赔申请（核准）表（表-12-7）

费用索赔申请（核准）表

工程名称：　　　　　　　　　　　　　标段：　　　　　　　　第　页　共　页

致：_____（发包人全称）
根据施工合同条款第_____条的约定，由于_____原因，我方要求索赔金额（大写）_____元，（小写）_____元，请予核准。 附：1. 费用索赔的详细理由和依据： 　　2. 索赔金额的计算： 　　3. 证明材料： 　　　　　　　　　　　　　　　　　　　　　　承包人（章） 　　　　　　　　　　　　　　　　　　　　　　承包人代表_____ 　　　　　　　　　　　　　　　　　　　　　　日　　　期_____

复核意见： 　根据施工合同条款第____条的约定，你方提出的费用索赔申请经复核， □不同意此项索赔，具体意见见附件。 □同意此项索赔，索赔金额的计算，由造价工程师复核。 　　　　　　　　监理工程师_____ 　　　　　　　　日　　　期_____	复核意见： 　根据施工合同条款第____条的约定。你方提出的费用索赔申请复核，索赔金额为（大写）____元，（小写）____元。 　　　　　　　　造价工程师_____ 　　　　　　　　日　　　期_____
审核意见： □不同意此项索赔。 □同意此项索赔，与本期进行度款同期支付。 　　　　　　　　　　　　　　　　　　　　　　发包人（章） 　　　　　　　　　　　　　　　　　　　　　　发包人代表_____ 　　　　　　　　　　　　　　　　　　　　　　日　　　期_____	

注：1. 在选择栏中"□"内标识"√"；
　　2. 本表一式四份，由承包人填报，发包人、监理人、造价咨询人、承包人各存一份。

表-12-7

《费用索赔申请(核准)表》(表-12-7)填写说明。

填写本表时,承包人代表应按合同条款的约定,阐述原因,附上索赔证据、费用计算报发包人,经监理工程师复核(按照发包人的授权不论是监理工程师或发包人现场代表均可),经造价工程师(此处造价工程师可以是发包人现场管理人员,也可以是发包人委托的工程造价咨询企业的人员)复核具体费用,经发包人审核后生效,该表以在选择栏中"□"内作表示"√"表示。

9) 现场签证表(表-12-8)

<h3 style="text-align:center">现 场 签 证 表</h3>

工程名称: 标段: 第 页 共 页

施工部位		日　期	
致: ＿＿＿＿＿＿＿＿＿＿＿＿＿＿＿＿＿＿＿＿＿＿＿＿＿＿＿＿＿＿＿＿＿＿＿＿＿(发包人全称) 　　根据＿＿＿＿(指令人名称) 年 月 日的口头指令或称你方＿＿＿＿(或监理人) 　　年 月 日的书面通知,我方要求完成此项工作应支付价款金额为(大写)＿＿＿元,(小写)＿＿＿元,请予核准。 　　附: 1. 签证事由及原因: 　　　　2. 附图及计算式: 　　　　　　　　　　　　　　　　　　　　　　　　　　承包人(章) 　　　　　　　　　　　　　　　　　　　　　　　　　　承包人代表＿＿＿＿ 　　　　　　　　　　　　　　　　　　　　　　　　　　日　　期＿＿＿＿			
复核意见: 　　你方提出的此项签证申请经复核: 　　□不同意此项签证,具体意见见附件。 　　□同意此项签证,签证金额的计算,由造价工程师复核 　　　　　　　　　监理工程师＿＿＿＿ 　　　　　　　　　日　　期＿＿＿＿		复核意见: 　　□此项签证按承包人中标的计日工单价计算,金额为(大写)＿＿＿元,(小写)＿＿＿元。 　　□此项签证因无计日工单价,金额(大写)＿＿＿元,(小写)＿＿＿元。 　　　　　　　　　造价工程师＿＿＿＿ 　　　　　　　　　日　　期＿＿＿＿	
审核意见: 　　□不同意此项签证。 　　□同意此项签证,与本期进行度款同期支付。 　　　　　　　　　　　　　　　　　　　　　　　　　　发包人(章) 　　　　　　　　　　　　　　　　　　　　　　　　　　发包人代表＿＿＿＿ 　　　　　　　　　　　　　　　　　　　　　　　　　　日　　期＿＿＿＿			

注: 1. 在选择栏中"□"内标识"√";
　　2. 本表一式四份,由承包人在收到发包人(监理人)的口头或书面通知后填写,发包人、监理人、造价咨询人、承包人各存一份。

表-12-8

《现场签证表》(表-12-8)填写说明:

本表是对"计日工"的具体化,考虑到招标时,招标人对计日工项目的预估难免会有遗漏,带来实际施工发生后,无相应的计日工单价时,现场签证只能包括单价一并处理。因此,在汇总时,有计日工单价的,可归并于计日工,如无计日工单价,归并于现场签证,以示区别。

7. 规费、税金项目清单与计价表(表-13)

规费、税金项目清单与计价表

工程名称：　　　　　　　　　　标段：　　　　　　　　第　页　共　页

序号	项目名称	计算基础	费率/%	金额/元
1	规费			
1.1	工程排污费			
1.2	社会保障费			
(1)	养老保险费			
(2)	失业保险费			
(3)	医疗保险费			
1.3	住房公积金			
1.4	危险作业意外伤害保险			
1.5	工程定额测定费			
2	税金	分部分项工程费＋措施项目费＋其他项目费＋规费		
合　计				

注：根据原建设部、财政部发布的《建筑安装工程费费用组成》(建标〔2003〕206号)规定，"计算基础"可为"直接费"、"人工费"或"人工费＋机械费"。

表-13

《规费、税金项目清单计价表》(表-13)填写说明。

本表按原建设部、财政部印发的《建筑安装工程费用项目组成》(建标〔2003〕206号)列举的规费项目列项，在施工实践中，有的规费项目，如工程排污费，并非每个工程所在地都要征收，实践中可作为按实计算的费用处理。此外，按照国务院《工伤保险条例》，工伤保险建议列入，与"危险作业意外伤害保险"一并考虑。

第三章　工程量清单计价模式下成本要素管理

知识目标：

● 了解市政工程成本，由直接成本和间接成本组成；

● 了解市政工程成本的管理要素是人工、材料、机械及文档。

能力目标：

● 能计算市政工程中直接成本与间接成本；

● 能确定市政工程施工资质中人工单价、材料单价、机械台班单价。

第一节　成　本　概　述

1. 工程承包成本

工程承包成本即承包企业在施工中所发生的全部生产费用的总和。所消耗的主、辅材料，配构件，周转材料的摊销费或租赁费，施工机械的台班费或租赁费，支付给生产工人的工资、奖金以及项目经理部（或为分公司、工程处）一级为组织和管理工程施工所发生的全部费用支出。

工程承包成本的分类

1）直接成本

施工中直接耗用的支出费称为直接成本，其包括人工费、材料费、机械费和部分措施费用。它的内容有人、材、机和部分措施费（模板、支架、赶工措施费、大型机械安拆及场外运输费）。

2）间接成本

为施工准备、组织和管理施工生产发生的全部管理费及部分措施费称为间接成本，它的内容：临时设施费，环境保护费，安全文明施工费，大型机械进出场费及安拆费，施工排水、材料与设备检验试验等。

3）工程承包成本的意义：

（1）改变报价依赖国家颁布定额的状况，改为企业根据市场和企业水平报价。

（2）促使承包企业在施工中积累人、材、物、管理费及有关基础资料。

2. 成本测定

1）定额

在一定的生产条件，完成某一合格产品或某一工作成果所耗一定数量的标准称为定额。

（1）定额的实质：质和量的统一体。

（2）定额的分类：包括建筑工程定额和建筑安装定额。建筑工程定额可分为：按生产要素分：人工，材料，机械定额；按测定对象用途分：工序定额，施工定额，预算定额，概算定额；按定额编制单位和执行划分：全国，企业，行业定额；按专业分：建筑，安装，市政，水利定额。

（3）定额的要求：数量标准，工作内容，质量标准，生产方法，安全要求，适用范围。

（4）定额的地位：为一定政治服务。

（5）定额的作用：

① 定额是完成规定计量单位分项工程计价所需的人工、材料、施工机械定额台班的社会平均消耗量标准。

② 定额是编制工程量计算规则、项目划分、计量单位的依据。

③ 定额是编制建安工程地区单位估价表的依据。

④ 定额是编制施工图预算、招标过程标底以及确定工程造价的依据。

⑤ 定额是编制投资估算指标的基础。

⑥ 定额是企业进行投标报价和进行成本核算的基础。

2）企业定额测定

（1）企业定额概念

即企业内部制定的人、材、物、机消耗标准，供内部经营管理，投标报价用的文件。

① 企业定额性质：是企业进行经营、管理的手段。

② 企业定额的作用：

A. 是编制施工组织设计和施工作业计划的依据。

B. 是企业内部编制施工预算的统一标准，也是加强项目成本管理和主要经济指标考核的基础。

C. 是施工队和施工班组下达施工任务书和限额领料卡、计算施工工时和工人劳动报酬的依据。

D. 是企业加强工程成本管理，进行投标报价的主要依据。

③ 企业定额构成及表现形式：

A. 企业劳动定额。

B. 企业材料消耗定额。

C. 企业机械台班使用定额。

D. 企业施工定额。

E. 企业定额估价表。

④ 企业定额的编制程序：

明确目的──→确定企业定额水平──→基础资料搜集──→人、材、机消耗量测定──→措施费测定──→管理费测定──→编制成文件。

（2）测定

① 人工消耗量定额测定：

测出完成单位产品所需劳动时间的消耗称为人工消耗量定额。其方法有时间测定法；比较类似法；统计分析法；经验估计法。时间测定法程序如下：

A. 确定被选定的工作过程中各工序基本工作时间及辅助工作时间并相应确定不可避免中断时间，准备与结束时间及休息时间，并计算它们占工作班延续时间百分比。

B. 计算各工序的基本标准时间消耗，并综合各工序标准时间得出工作过程的标准时间消耗（即定额时间）。

② 材料消耗定额量测定：

材料消耗量：即指在合理使用材料的条件下，完成单位合格施工作业过程（工作过程）的施工任务所需消耗一定品种、一定规格的建筑材料（包括半成品、燃料、配件、水、电等）的数量标准。

材料消耗量分为实体性材料消耗量和周转性材料消耗量。而实体性材料消耗量是施工中一次性消耗的，构成工程实体材料。

实体性材料消耗量分为材料消耗量（即材料消耗量＝材料净耗量＋材料损耗率）和材料损耗量（不可避免损耗材料，其损耗率可测定）。

测定方法有：

A. 观测法，在合理使用材料的条件下，在施工现场按一定施工程序对完成合格施工作业过程施工任务的材料耗用量进行测定，通过分析整理得出材料消耗定额的方法；

B. 试验法，在实验室中进行试验和测定数据；

C. 统计法，通过现场进料、用料大量统计资料进行分析计算获得消耗数据；

D. 理论计算法，根据施工图，运用一定的数学公式直接计算材料耗用量。

周转性材料消耗量（施工中多次周转使用，可修理补充消耗材料），其实质是作为一种施工工具和措施性手段而被使用的。例如：模板，脚手架等。

周转性材料消耗量计算公式：

$$摊销量＝一次性用量×损耗量＋一次性使用量×\frac{(1-回收折价率)×(1-损耗率)}{周转次数}$$

周转性材料消耗量组成：一次周转使用后的损失量，可由一次使用量乘以损耗率确定退出周转材料（报废材料）在每一次周转使用上的分摊。

③ 机械消耗量定额测定：

是指在正常的生产条件下，完成单位合格施工作业工程（工作过程）的施工任务所需机械消耗的数量标准。

测定步骤：

拟定施工机械工作正常条件——确定机械基本时间消耗——确定施工机械的正常利用系数——确定机械定额消耗量。

④ 措施费用测定：

是通过本企业在某类工程采用措施项目及其效果进行分析选择好的措施方案——进行经济技术分析——确定各类资源消耗量，作为本企业内部推广使用的措施费用。

编制方法：方案测定法。

⑤ 管理费测定：

A. 编制步骤——选择本企业以前完成的有代表性工程——对各类管理费用支出进行核定——剔除不合理开支并汇总——与生产工人人数对比——算出每个工日的应付管理费。

B. 编制方法：方案测定法。

第二节　成本要素管理

1. 要素管理

成本要素管理即在项目成本的形成过程中，对生产经营所消耗的人力资源、物质资源、管理费用等成本要素，进行指导、监督、调节和限制，及时纠正将要发生和已经发生的偏差，从而把各项费用控制在预测成本的范围内，以保证项目成本目标的实现。

2. 成本要素管理的方法

（1）以投标报价控制成本支出。

（2）以计划成本控制人力资源和物资资源消耗。

（3）建立资源消耗台账，实行资源消耗的中间控制。

（4）应用成本与进度同步跟踪的方法控制分部分项工程成本。

（5）建立项目月度财务收支计划制度，以用款计划控制成本支出。

（6）建立项目成本审核签证制度，控制成本费用支出。

（7）加强质量管理，控制质量成本。

（8）坚持现场管理标准化，堵塞浪费漏洞。

（9）定期开展"三同步"检查，防止项目成本盈亏异常。

3. 成本要素管理内容

（1）劳动力管理

劳动力管理即劳动力优化配置，合理组合，提高劳动效率；加强劳动力动态管理。它的目的为劳动力动态的优化组合。

（2）材料管理

它的环节是抓好供应关，节约采购成本，抓好材料现场管理；积极探索节约材料新途径。

（3）机械设备管理

抓好三个环节：即购买设备决策、合理使用设备、搞好设备的保养和维修。

（4）文档管理

建立健全成本统计、分析与考核制度。

第三节　施工资源价格确定

1. 资源价格概述

施工资源价格即为了获取并使用某施工资源所必须发生的单位费用。它的水平的取定可根据不同性质选用不同价格。

（1）编投资估算、设计概算，应取当地社会平均水平，并考虑发展趋势。

（2）编施工预算、投标报价时取当地当时水平和该工程个别情况相应的市场价格水平。

施工资源价格组成：人工单价、材料单价、机械台班单价。

2. 资源的确定

1）人工单价确定

（1）人工单价是指一个生产工人一个工作日在工程估价中的全部人工费用。

（2）人工单价的构成：生产工人的工资；工资性质的补贴；生产工人辅助工资；法定费用；其他费用——雇佣费、保险费、安置费。

（3）人工单价的影响因素：政策、市场、管理、劳动者价值。

（4）综合人工单价

① 综合人工单价是指在具体资源配置条件下，某具体工程上不同工种、不同技术等级工人的平均人工单价。

② 综合人工单价的目的：是工程估价重要依据。

③ 综合人工单价的计算原理：将不同工种不同技术等级工人的人工单价进行加权平均测定。

（5）市政工程计价表下人工单价

① 市政工程计价表下人工单价是指人工工资标准。

② 市政工程计价表下人工单价的形式：综合人工单价。

③ 市政工程计价表下人工单价的标准：44 元/工日（江苏省自 2008 年 04 月 01 日起）。

④ 市政工程计价表下人工单价的组成：基本工资，工资性质补贴，辅助工资，福利费，劳动保护费。

2）材料单价确定

（1）材料单价是指从采购、运到工地及保管的一切费用。

（2）材料单价的构成：采购费、运杂费、保管费、周转费（一次性损失费、周转租赁单价）。

（3）材料单价确定

① 实体性材料单价确定

A. 货价（材料原价＋供销部门手续费＋包装费）。

B. 运杂费：外埠运费＋市内运输费。

C. 采购及保管费：按材料到库费率计算。

② 周转性材料单价确定

A. 一次周转损失量材料单价。

B. 周转次数摊销材料价格。

③ 市政工程计价表中材料单价确定（预算价）确定。

预算价是指材料或构配件从其来源地到施工工地仓库后出库的综合平均价格；预算价的组成：材料预算价＝［采购计价＋场外运输费］×1.02。

3）机械台班单价确定

（1）机械台班单价是指一个机械一个工作日（台班）在工程估价中的全部机械费用。

（2）机械台班单价组成：外部租用费用，内部租用费用。

① 租赁单价

A. 确定：保本的边际单价（即仅仅保本的单价）。

B. 组成：边际租赁单价加一定的利润组成。

【例题 3-1】

机械购置费用	162000 元
该机械转售价值	4000 元
每年平均工作时数	2000h
设备的寿命年数	10 年
每年的保险费	300 元
每年的执照费和税费	200 元

每小时耗用 20L 燃料　　　　　2.5 元/L

机油和润滑油　　　　　　　　燃料费的 20%

修理和保养费　　　　　　　　每年为购置费用的 10%

要求达到的资金利润率　　　　15%

管理费为租赁单价的　　　　　1%

首先计算边际租赁单价，计算过程如下：

$$折旧(直线法)＝158000 元/10 年＝15800 元/年$$

贷款利息，用年利率 6% 计算：$162000×0.06＝9720$ 元/年

保险和税款：500 元/年

该机械拥有成本：26020 元/年

燃料费：$20×2.5×2000＝100000$ 元/年

机油和润滑油：$10000×0.2＝2000$ 元/年

修理费：$0.1×162000＝16200$ 元/年

该机械使用成本：118200 元/年

总成本：144220 元/年

则该机械的边际租赁单价：

$$144220/2000＝72.11 元/h$$

折合成台班租赁单价：

$$72.11×8＝576.88 元/台班$$

管理费：$576.88×0.01＝5.77$ 元/台班

再考虑资金利润率后的租赁单价为：

$$(576.88＋5.77)×(1＋0.15)＝670.05 元/台班$$

② 市政工程计价表下机械台班单价

A. 组成：折旧费，大修理费，修理费，安拆及场外运输费，人工材料及其他费。

B. 停滞费：停滞费是指承包企业在施工生产过程中，由于非自身原因而造成施工机械停滞的，则应提取施工机械停滞费。

C. 停滞费计算公式：机械停滞费＝台班折旧费＋台班人工费＋台班其他费。

第四章 通 用 项 目

通用项目包括土石方工程、打拔桩工程、围堰工程、支撑工程、拆除工程、脚手架及其他工程、护坡挡土墙。

知识目标：

● 了解市政工程通用项目的专业知识；

● 理解市政工程通用项目中各工程的项目编码、项目特征、计量单位、计算规则以及清单计价内容确定；

● 掌握《江苏省市政工程计价表》(2004)通用项目中各工程工程量清单与计价编制方法。

能力目标：

● 能根据《建设工程工程量清单计价规范》GB 50500—2008 及相关知识，编制通用项目工程量清单及计价；

● 能根据计价规范，工程量清单及《江苏省市政工程计价表》(2004)通用项目工程量清单进行综合单价的计算。

第一节 土 石 方 工 程

1. 基础知识

土石方工程通常是道路、桥涵、市政管网工程。隧道工程的组成部分。市政土石方工程包括道路路基填挖、堤防填挖、市政管网开槽及回填，桥涵基坑开挖回填，施工现场的土方平整。

土石方工程有永久性(修路基、堤防)和临时性(开挖基坑、沟槽)两种。土石方工程按照施工方法可分为：

(1) 人工土石方：采用镐、锄、铲等工具或小型机具施工的方法。适用量小、运输近、缺乏土石方机械或不宜机械施工的土石方。

(2) 机械土石方：采用推土机、挖掘机、铲运机、压路机、平地机、凿岩机等工程机械根据现场施工条件、土质石质、土石方量大小、综合选用进行施工的土石方。

市政土石方工程将土石划分：土方为：Ⅰ、Ⅱ、Ⅲ、Ⅳ类土；石方为：软石、次坚、坚石、特坚；详见《江苏省市政工程计价表》(2004)第一册通用项目 P5～P9 中表格。

1) 道路土石方：

(1) 道路是由土石方压实而成的。土方有挖方和填方路基组成。挖方路基应根据土质条件和挖方深度合理确定开挖边坡，并保证路基压实度；而填方路基应先进行基底处理，选择良好土分层碾压密实才行。

(2) 目前软基处理加固的方法有：

① 换填：挖除全部软土；

② 抛石挤淤：从中部向两侧抛块片石(不风化且尺寸＞0.3m)将泥挤出路基范围外，适宜抛填＜3m。灰土层：用3％～12％含量灰土逐层填实。另有设砂垫层、沙井、塑料排水板等深层加固法。

2) 管网土石方

一般分为开槽法和顶管法

(1) 管网土石方一般是通过机挖开槽法把槽挖到规定深度后人工整修。在槽不深，某些条件下也有用人工开挖的。

(2) 顶管法主要适用城市中某些无法大开挖的工程中通过顶管达到地下开挖土方。

(3) 开挖时有放坡、支撑两种不同方法。

3) 桥涵土石方：

(1) 桥涵基础有浅、深之分。一般说来当开挖深度 H＜5m 时为浅基础，挖深超过此为深基础。桥涵基础还有陆上和水上之差别。

(2) 浅基础开挖常用机械开挖后人工整修。在开挖中有垂直挖、放坡挖，应根据土质来决定。

(3) 深基础开挖常根据土质采用支护的办法进行。

(4) 水中基础开挖前应采用先围护后抽水后进行。围护在目前有土堰、草袋堰、排架围、钢板桩堰、筑岛等施工方法。

2. 土石方工程量计算方法

1) 一般土方计算

(1) 挖方：长×宽×厚＝体积。

(2) 填方：长×宽×厚＝体积。

2) 道路土方计算——常用横断面积计算，其可有以下两种方法

(1) 积距法：

是将路基横断面分解成若干个等宽为 b 的几何图形(图4-1)。这些图形可视为若干个等高为 b 的梯形，每个梯形 $\dfrac{b}{2}$ 的连线即为每个等高梯形的腰，如图4-1中的 f_1、f_2、f_3、……f_i。

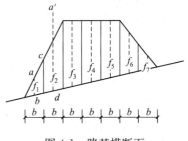

图 4-1 路基横断面

每个小梯形面积为 bf_i。路基横断面面积为

$$S=\Sigma(b\times f_i)=b\times\Sigma f_i \qquad (4\text{-}1)$$

上述 Σf_i 的计算常用卡规法。即先将卡规的 A 脚对准 b 点，张开卡规，使 B 脚对准 a 点，然后保持两脚不变，将 A 脚对准 C 点，B 脚固定于 C 点 f_2 上方。延长线 a' 点上，继续张开 A 脚对准 d 点，这时 AB 脚距离即为 f_1+f_2 重复以上过程。待 AB 脚传大到最大距离时，将卡在瓶尺上读数并记录。累计该断面的所有记录值即为 Σf_i。若上图的横断面比例1：100，且量距为 $\Sigma f_i=6$cm，则其面积为 6m²；若上图比例为 1：200，则其面积为 $6\times4=24$m²。这是因为 1cm 的格子面积是 4m² 的缘故。

(2) 利用土方表(表4-1)进行计算：

道路土方计算表 表 4-1

桩号	土基设计标高	原地面标高	填挖断面		平均断面		间距	数量		土方调配
			（＋）	（一）	（＋）	（一）		（＋）	（一）	

【例题 4-1】 如图 4-2(1—1′)的桩号为 0＋000，其挖方断面积为 2.6m²，填方断面面积为 2.3m²。(2—2′)断面的桩号为 0＋050，其挖方断面积为 1.9m²，填方断面积为 1.8m²，求挖方及填方量。

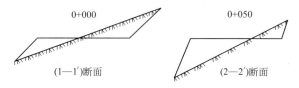

图 4-2　例题 4-1 图

解法(1) $V_{挖}=\dfrac{1}{2}(2.6+1.9)\times 50=112.5\text{m}^3$

$$V_{填}=\dfrac{1}{2}(2.3+1.8)\times 50=102.5\text{m}^3$$

解法(2)用土方表 4-2 计算

土 方 计 算 表 表 4-2

	断面积		平均断面积		间距	体积	
	填(＋)	挖(一)	（＋）	（一）		（＋）	（一）
(1—1′)	2.3	1.8					
			2.05	1.85	50	102.5	112.5
(2—2′)	1.8	1.9					

3. 桥涵基坑的土方量计算

采用明挖施工的桥涵基础，土方施工通常采用四面放坡的开挖型式，其基坑土方计算如下：

$$V=h/6\times(a^2+b^2+4ab)+mh^2(a+b+2/3\times mh) \tag{4-2}$$

式中符号含义见下图桥墩基坑示意图(图4-3)。

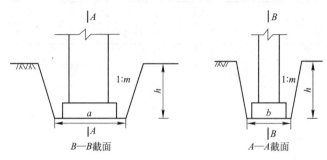

图 4-3 桥墩基坑示意图

式中 V——基坑土方体积;

a——基坑底长;

b——基坑底宽;

h——基坑深度;

m——基坑边坡坡率。

【例题 4-2】 有一桥台基础长 15m,宽 6m,挖土深为 3m,采用 1m³ 挖机在坑顶挖土,求其清单工程量和工程量清单计价工程量。

解:(1)清单工程量 $V_清 = 15 \times 6 \times 3 = 270m^3$。

(2)清单计价工程量根据 1m³ 挖机在坑顶上作业挖土>1.5m 时采用为 1:0.67 坡度,设基础外缘 0.5m。

$$\therefore \quad V = \frac{3}{6}(16 \times 16 + 8 \times 8 + 4 \times 16 \times 8) + 0.67 \times 3^2 \left(16 + 8 + \frac{2}{3} \times 0.67 \times 3\right) = 1226m^3$$

4. 沟槽土方计算-根据管基尺寸及其形式挖土深度将管道划分若干段,分段计算挖方量并合计

1)沟槽土方:$V = 长 \times 宽 \times 深$。

长:以管网铺设长度计算;宽:以清单工程量宽为管基础长,计价工程量取(上宽+下宽)/2;深以沟槽顶面标高减沟槽底面标高。

2)所有管网的各种井位处土方计算:

【方法 A】:按《江苏省市政工程计价表》(2004)通用项目第一册 P2 上的第六点说明:按沟槽全部土石方量的 2.5‰ 计算。管沟回填土应扣除管径在 200mm 以上的管道,基础。垫层和各种构筑物所占的体积。

【方法 B】:因为管沟挖方的长度按管网铺设的管道中心线的长度计算,所以管网中的各种的井位土方清单工程量必须扣除与管沟重叠部分的土方量。即图 4-4 中计算画斜线部分。

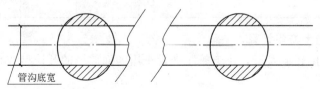

图 4-4 井扩大处的土方

体积按下式计算：

$$V=KH(D-B)\times\sqrt[2]{D^2-B^2} \quad (4\text{-}3)$$

式中 V——井位增加的土方量，m^3；

　　H——基坑深度，m；

　　D——井室土方量的计算直径，常按井基
　　　　　础的直径，m；

　　B——沟槽土方量的计算宽度，m，常为
　　　　　结构最大宽；

　　K——井室弓形面积计算调整系数，根据
　　　　　B/D 的值，按图 4-5 选取。

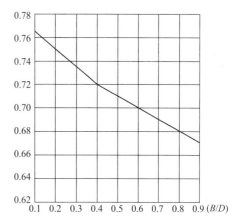

图 4-5 井室弓形面积计算系数图

【例题 4-3】 某 $\phi400$ 的钢筋混凝土排水管道，$180°$混凝土基础，选用直径 1000 的检查井，管沟深度 1.8m。由设计得知，该管道基础的宽度为 0.63m，直径 1000 检查井基础直径为 1.58m，试计算井位土方量。

解：由题意，$B=0.63m$，$D=1.58m$，$H=1.8m$

$$B/D=0.63/1.58=0.4$$

由图 4-5 曲线，得 $K=0.721$，故该井位增加的土方量为：

$$V=0.721\times1.8\times(1.58-0.63)\times\sqrt{1.58^2-0.63^2}=1.79m^3$$

附：各类管径配窨井后土方数量计算书。

(1) UPVC$\phi225$ 配井为 $\phi700$ 规格

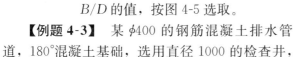

$$B=0.65 \quad D=1.5 \quad B/D=0.43 \quad 查图 4\text{-}5 得 K=0.715$$

$$V=KH(D-B)\times\sqrt[2]{D2-B2}=0.715+(1.5-0.65)\times\sqrt[2]{(1.5)2-(0.65)2}$$

$$=H(0.715\times0.85\times\sqrt[2]{2.25-0.43})=(0.715\times0.85\times\sqrt[2]{1.85})H$$

$$=(0.715\times0.85\times1.35)H=0.82Hm^3/只$$

(2) UPVC$\phi300$，配井为 $\phi700$ 规格。

$$B=1.135 \quad D=1.5 \quad B/D=0.76 \quad 查图 4\text{-}5 得 K=0.682$$

$$V=0.682H\times(1.5-1.35)\times\sqrt[2]{2.25-1.29}=H\times0.682\times0.365\times0.98$$

$$=0.244Hm^3/只$$

(3) UPVC$\phi400$，配 $\phi700$ 窨井。

$$B=1.250 \quad D=1.5 \quad B/D=0.83 \quad 查图 4\text{-}5 得 K=0.678$$

$$V=H\times0.678\times(1.5-1.25)\times\sqrt[2]{2.25-1.56}=H\times0.678\times0.25\times0.831$$

$$=0.141Hm^3/只$$

(4) UPVC$\phi500$，配 $\phi1000$ 窨井

$$B=1.55 \quad D=1.68 \quad B/D=0.923 \quad 查图 4\text{-}5 得 K=0.675$$

$$V=H\times0.675\times(1.68-1.55)\times\sqrt[2]{2.82-2.4}=H\times0.675\times0.13\times0.648$$

$$=0.06Hm^3/只$$

(5) UPVC$\phi600$，配 $\phi1000$ 窨井

$$B=1.66 \quad D=1.68 \quad B/D\approx0.99 \quad 查图 4\text{-}5 得 K=0.675$$

$$V=H\times0.67\times(1.68-1.66)\times\sqrt[2]{2.82-2.76}=H\times0.67\times0.02\times0.245$$
$$=0.003H\mathrm{m^3/只}$$

【例题 4-4】 $\phi600$ 的钢筋混凝土排水管道，$180°$ 混凝土基础。基础结构宽度 1000mm，排水检查井直径为 1800mm，管沟挖土平均深度 1.8m，管长为 80m，求井位土方量。

解：（1）管道清单土方，$V=1\times1.8\times80=144\mathrm{m^3}$。

（2）井位增加土方。

【方法 A】：$144\times1.025=147.6\mathrm{m^3}$。

【方法 B】：由图 4-3 中知 $\dfrac{d}{b}=\dfrac{1}{1.8}=0.5$

查得 $K=0.701$ $\therefore V=KH(d-b)\times\sqrt{d^2-b^2}$

井位增加土方 $V=0.701\times1.8\times(1.8-1)\times\sqrt{1.8^2-1^2}=1.51$

$\therefore$ $V=144+1.51=145.51\mathrm{m^3}$

5. 场地土方量计算——方格网法

平整一个广场的土方量有两种计算方法，即三角棱柱体积计算法和四方棱柱体计算法，第一种方法是先将广场划成许多方格，再将每一个方格分成两个同样大小的等腰三角形。然后按锥体和楔体的体积计算法计算，此一种方法比较麻烦，一般不常使用，下面介绍是后一种计算方法，即四棱柱方法。

用四方棱柱体法计算广场土方的步骤是：

在平面图上根据现场大小，地形变化和需要的精确度来确定方格的大小，把现场分为若干相等的正方形，地形变化大，要求精度高，正方形应划得小些，反之，可以划得大些，方格和各角都编上号码，一般采用 5m×5m~20m×20m 方格。见图 4-6，方格网。

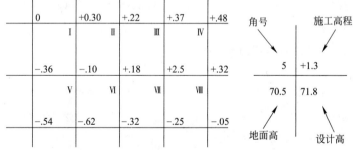

+、-分别代表各角挖填数,在各角左下方Ⅰ、Ⅱ、Ⅲ等分别代表各方格之编号

图 4-6 方格网

在方格的每个角上根据地形高和设计高之差注明应填应挖数（填用+，挖用-）。

根据各角填挖数，计算出不填不挖处，标明在方格边线上，叫做零点。

零点求法如下：

假定边长为 a 的方格，其中两个角的施工高度，一是填高 H_1，一是挖高 H_2。在这两个角之间必定有一个不填挖的零点，见图 4-7。

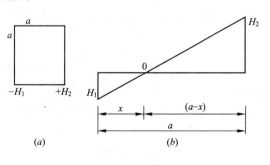

图 4-7 零点计算

画一条水平线使长为 a，两端向上向下画垂线，分别代表 H_1 和 H_2 表示填、挖值。

连接 H_1、H_2 的顶点，与水平线相交与 0 点，将水平线划分为两段，假定 0 点距 H_1 的距离为 x，则 0 点距离为 $(a-x)$，如图 4-7(b) 所示。

按照相似三角形的定理（H_1、H_2 均用绝对值）。

从图 4-7(b) 得 $x/(a-x)=H_1/H_2$。

则 $x=H_1a/(H_1+H_2)$。

这样就求得了 0 点距 H_1 的距离，用 a 减去 x，就可以得到 0 点距 H_2 的距离。

将各边上的零点依次连接起来，即为 0 点线（零点线），边线的一侧为挖方，另一侧为填方。分别计算各方格的填挖土方数，并整理汇总数。

每一方格的填挖情况不外以下几种，如图 4-8 所示。

全挖和全填（各角＋、－符号相同）。

半填、半挖（0 点线穿过方格），其中又分为以下三种情况：

（1）要计算部分底面是三角形。

（2）要计算部分底面是梯形。

（3）要计算部分底面是五边形。

现在分别介绍各种情况下的土方量计算公式：

正方形内全部为挖方或填方，见图 4-8(a)：
$$V=a^2\times(H_1+H_2+H_3+H_4)\div4=a^2\div4\times\Sigma H$$

底面为三角形的角锥体体积，见图 4-8(b)：
$$V=b\div2\times cH_1\div3=(bc\div8)H_1$$
$$=\frac{1}{3}\text{底面积}\times\text{高}=\frac{1}{3}\times\frac{1}{2}\times b\times c\times H_1$$
$$=\frac{1}{6}\times bcH_1$$

底面为梯形的截棱柱体积，见图 4-8(c)：
$$V=(b+c)\div2\times a(H_1+H_2)\div4$$
$$=(1\div8)(b+c)a(H_1+H_2)$$
$$=(1\div8)(b+c)a\Sigma H$$
$$=\frac{b+c}{2}\times a\times(H_1+H_2)\div4$$

底面为五边形的截棱柱体积，见图 4-8(d)：

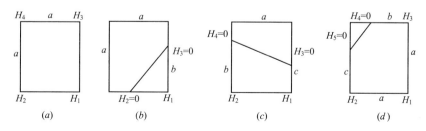

(a) (b) (c) (d)

图 4-8 填挖方面积计算

$$V = [a^2 - (a-b)(a-c) \div 2] \times (H_1 + H_2 + H_3) \div 5$$
$$= [a^2 - (a-b)(a-c) \div 2] \times (\Sigma H) \div 5$$
$$= [2a^2 - (a-b)(a-c)] \times (\Sigma H) \div 10$$

以上各计算式都是根据土方体积的一般通式来推算的，这个通式就是：

$$V = F \times H$$

以上各式中：

V——挖方或填土方的体积，m^3；

F——挖方或填方部分的底面积，m^2；

H——挖方或填方部分的平均挖深或填高，m；

H_1、H_2、H_3、H_4——方格各角的挖深或填高，m；

ΣH——方格各角的挖深或填高的总和，m；

a——方格的每边长，m；

b，c——连接零点线后截出的边长，m；

【例题 4-5】 某建筑物场地方格网如图 4-9 所示。方格网边长为 20m，试算土方量。

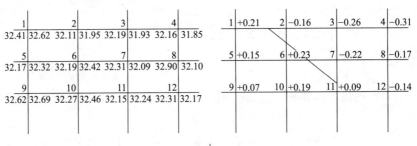

图 4-9 建筑物场地方格网

解：以（＋）为填方，（－）为挖方

(1) 计算施工高度

$\qquad h_1 = (32.62 - 32.41) = 0.21m \qquad h_2 = (31.95 - 32.11) = -0.16m$

其余计算略，见图 4-9。

(2) 确定"零线"

1-2 线：$X_1 = [0.21/(0.21+0.16)] \times 20 = 11.35$，即零点距角点 1 为 11.35m；

6-7 线：$X_6 = [0.23/(0.23+0.22)] \times 20 = 10.22$，即零点距角点 6 为 10.22m；

2-6 线：$X_2 = [0.16/(0.16+0.23)] \times 20 = 8.21$，即零点距角点 2 为 8.21m；

7-11 线：$X_1 = [0.22/(0.22+0.09)] \times 20 = 14.19$，即零点距角点 7 为 14.19m；

11-12 线：$X_1 = [0.09/(0.09+0.14)] \times 20 = 7.83$，即零点距角点 11 为 7.83m；

连接各零点即得零线，详见图 4-9 所示。

(3) 计算土方：

① 全挖或全填方格：

$$V_{56910}^{(+)} = \frac{20^2}{4} \times (0.15 + 0.23 + 0.07 + 0.19) = 64m^3$$

$$V_{3478}^{(-)}=\frac{20^2}{4}\times(0.26+0.31+0.22+0.17)=96\text{m}^3$$

② 一挖三填或三填一挖方格

$$V_{1256}^{-}=\frac{1}{3}\times\frac{1}{2}\times8.65\times8.78\times0.16=2.03\text{m}^3$$

$$V_{1256}^{+}=(2\times40\times40-8.65\times10.22)\times\frac{0.21+0.15+0.23}{10}=711.6\times0.059=41.98\text{m}^3$$

$$V_{2367}^{-}=(800-10.22\times8.21)\times\frac{0.16+0.26+0.22}{10}=(800-83.91)\times0.064$$
$$=716.09\times0.064=45.83\text{m}^3$$

$$V_{2367}^{+}=\frac{1}{3}\times\frac{1}{2}\times10.79\times10.22\times0.23=4.23\text{m}^3$$

$$V_{6710,10}^{-}=\frac{1}{3}\times\frac{1}{2}\times8.78\times14.19\times0.22=4.57\text{m}^3$$

$$V_{6710,11}^{+}=(800-8.78\times14.19)\times\frac{0.23+0.19+0.09}{10}=(800-124.59)\times0.051=34.45\text{m}^3$$

$$V_{7811,12}^{-}=\frac{1}{6}\times5.81\times7.83\times0.09=0.69\text{m}^3$$

$$V_{7811,12}^{+}=(800-14.19\times7.83)\times\frac{0.22+0.17+0.14}{10}=(800-111.10)\times0.053$$
$$=688.9\times0.053=36.51\text{m}^3$$

$$V_{挖}=96+2.03+45.83+4.57+36.51=184.94\text{m}^3$$
$$V_{填}=64+41.98+4.23+34.45+0.69=145.35\text{m}^3$$

6. 土方调配

1）调配目的：合理解决土石方平衡与利用问题。使路堑挖出土石方，在经济合理的调运条件下移挖作填，就近运到填方路段去填筑，达到填方有所"取"，挖方有所"用"，避免不必要的借方或弃土。

2）几个名词

（1）免费运距：土方作业有挖、运、装、卸四个工序。在某一特定距离内，只按方计价，不另计算运费，这一特定距离称为免费运距。

（2）超运距离：运土超过免费运距以外，按超运距计加运费，这一超出距离为超运距离。

（3）经济运距：某一限度距离内，可用路堑挖土作为路堤填土。超过此限度，宁将路堑挖土弃掉，另于填方地段两边取土坑取土此一限度距离称谓之。它是评定借土和调运土的标准。当经济运距大于调运距离可采用纵向调运是经济的。反之则可考虑借土。

（4）平均运距：挖方体积垂心到填方体积垂心之间的距离。

3）土石方调配原则

平均运距小于经济运距，同时考虑土方平衡，尽可能挖方为填方。具体有：

（1）调配土方应注意运土方向，尽可能避免或减少升坡运土。

（2）半填半挖断面中，优先考虑横向平衡——移挖作填。

（3）土石方应根据工程需要分别进行调配。即不同性质土方和石方应分别进行调配。

以保证路基稳定和人工构造物的材料供应，石方除特殊情况外一般不纵向调运。

（4）少占农田借土。

（5）对土方集中工程要分别调配，其工程开挖及运输与一般地段线路工程不完全相同。

4）调配方法

（1）采用土方表调配法。

（2）步骤：

① 弄清各桩号间路基填挖情况，并作横向平衡，得出利用后填的余数量。

② 求出经济运距后作纵向调配。

③ 逐桩逐段的临近路基余方就近纵向调运加以利用，并用箭头标明方向与数量。

④ 纵向调配后，仍有余土未用者可弃或借。

⑤ 调配的复合公式：

$$横向调运＋纵向调运＋借方＝填方$$
$$横向调运＋纵向调运＋弃方＝挖方$$
$$挖＋借＝填＋弃$$

第二节 土石方工程量清单计价下的清单编制及工程量计价

1. 土石方工程量清单编制

1）计价规则将土石方工程划分为：挖土方，挖石方，填方和土石方运输 3 节 12 个项目。其中挖土方 6 个项目，挖石方 3 个项目，填方及土石方运输 3 个项目。

2）项目编码为

挖土方编码为 040101 分为：挖一般土方为 040101001，挖沟槽土方为 040101002，挖基坑土方为 040101003，竖井挖土方为 040101004，暗挖土方为 040101005，挖淤泥为 040101006。

挖石方编码为 040102 分为：挖一般石方为 040102001，挖沟槽石方为 040102002，挖基坑石方为 040102003。

填方及土石方运输编码为 040103 分为：填方为 040103001，土方运输为 040103002，石方运输为 040103003。

3）划分规定

（1）底宽为 7m 内，底长大于底宽 3 倍以上应按沟槽计算。

（2）底长小于底宽 3 倍以下，底面积在 150m² 内按基坑计算。

（3）厚度在 30cm 以内就地挖填土的按平整场地计算。

（4）超过上述范围的按一般土石方计算。

（5）竖井挖土是指土质隧道。地铁中除用盾构法挖竖井外的其他方法挖竖井土方时用此项目。

（6）暗挖土方，指土质隧道地铁中除用盾构法挖洞内土方外的其他方法挖洞内土方时用此项。

（7）填方，包括用各种不同方法填筑材料填筑的填方均用此项目。

2. 计算规则——计价规范对设置土石方工程量清单项目中工程量计算规则

1）天然密实土方是指土体在自然状态下的体积；压实方是指天然密实土方压（夯）实

后的体积。因此天然密实方体积不等于压实方。填方以压实(夯实)后的体积计算,挖方以自然密实体积计算,移挖作填方数量是按天然密实方计量的,故应分别除通用项目第一章的土方体积换算表中系数才可。从此表中得出:填方 $1m^3$ 需天然密实方 $1.15m^3$、或 $1.5m^3$ 松土或松填土 $1.25m^3$。

2)挖一般土石方的清单工程量按地面线与设计图示开挖线之间的体积计算,但石方按开挖坡面每侧允许超挖量,对次坚石以下石方为 20cm,坚石为 15cm。

3)挖沟槽和基坑土石方的清单工程量,按原地面线以下构筑物最大水平投影面积乘以挖土深度(原地面平均标高到坑,槽底平均标高)以体积计算。见图 4-10,图 4-11。

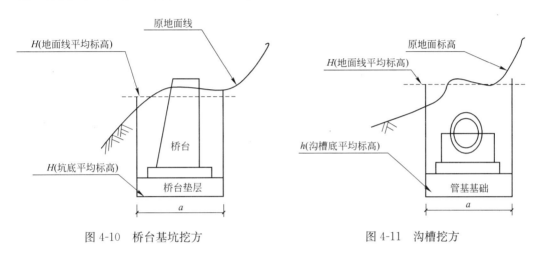

图 4-10　桥台基坑挖方　　　　　　　图 4-11　沟槽挖方

4)竖井挖土石方按设计图示尺寸体积计算。

5)填方

(1)按设计图纸。

(2)按挖方清单项目工程量减基础,构筑物埋入体积加原地面线至设计线间体积计算。

(3)道路工程填方体积。先计算各桩号的设计断面面积,后取相邻设计图断面面积的平均值乘以相邻断面间的中心线长度计算。

(4)沟槽,基坑填方体积同(2)内容。

6)每个单位工程的挖方与填方清单工程量应考虑进行填挖平衡调运,多余部分应列入余方弃置的项目,不足的部分应列出缺方内运项目。

(1)余方弃置:按挖方清单项目工程量减利用回填方体积(数)计算;

(2)缺方内运:按挖方清单项目工程量减利用回填方体积(负数)计算;

(3)如招标文件中指明弃土地点的,应列明弃置点及运距;

(4)如招标文件中指明取土地点的,应列明取土点的平均运距;

(5)如招标文件中指明对填方材料,品种,规格有要求的,应列明填方材料;

(6)如遇到原有道路拆除的,道路挖方量不包括拆除量,应另列清单项目。

7)其他—见通用项目第一章土石方工程说明

(1)堤基础按设计规定以水平投影面积计算,清理厚度为 30cm 内,废土运距按 30m 计。

(2) 挖土堤台阶工程量，按挖前的堤坡斜面积计算，运土应另计算。

(3) 铺草皮工程量以实际铺设面积计算（不扣除空格处）。

(4) 放坡按施工组织设计图纸尺寸计算，无施工组织设计的可按《江苏省市政计价表》(2004)第一册 P3 工程量计算规则的"放坡系数"表进行计算。挖土交接处产生的重复工程量不扣除。如同一断面内遇按数类土壤，其放坡系数可按各类土占全部深度的百分比加权计算。

(5) 土石方运距以挖土重心至填土重心最近距离计算。挖土重心，填土重心，弃土重心按施工组织设计确定。如遇到下列情况增加运距。

① 人力及人力车运土石方，上坡斜度在 15% 以上，斜道运距按斜长乘以 5。

② 推土机，铲运机运土石方：上坡＞5%，斜距为斜长 5 倍；上坡 5%～10%，斜距为斜长 1.75 倍；上坡 10%～15%，斜距为斜长 2 倍；上坡 15%～20%，斜距为斜长 2.25 倍；上坡 20%～25%，斜距为斜长 2.5 倍。

③ 人力垂直运土石方，按垂度的 7 倍计算，推土机运距按《江苏省市政工程计价表》(2004)通用项目 P3 第三表执行。

④ 拖式铲运机 3m³ 加 27m 转向距离，其余型号的加 45m 转向距离。机械挖土如需人工辅助开挖时，机械挖量为 90%，人工挖量为 10% 并乘以 1.5。

注意：

(1) 人工装土汽车运，汽车运土定额乘以 1.1。

(2) 干湿土挖土规定：

① $\begin{cases} 湿土：含水量大于\ 25\%；地下常水位以下。 \\ 干土：地下水位以上；井点降水土。 \end{cases}$

② 挖湿土时人工与机械系数乘 1.18，其他不变。

(3) 挖土机在垫板上作业时，人工机械系数乘 1.25。

(4) 在支撑下挖土，人工乘 1.43 机械乘 1.2，但先开挖后支撑的不计。

(5) 挖密实钢渣，人工乘 2.5，机械乘 1.5。

(6) 反铲挖机有自卸汽车运土时台班乘 1.1。

(7) 土方体积应按挖掘前的天然密实度体积计算。如需按天然密实度计算时应按土方体积换算表（表 4-3）。

土方体积换算表　　　　　　　　　　　　　　　　　　　　　　　表 4-3

虚土方体积	天然密实体积（挖方）	夯实后体积（填方）	松填体积
1	0.77	0.67	0.83
1.3	1.0	0.87	1.08
1.5	1.15	1.0	1.25
1.2	0.92	0.8	1.0

注：1. 计价量＝挖方＋借方。

2. 挖方量按天然密实方量。

3. 借方量等于填方量-移挖作填（木桩利用）数量。

4. 借方应按压实方计量。由于移挖作填数量是按天然密实方计量的，故应将其分别除以上述换算表中系数才行。

3. 关于定额套用问题——此类问题主要根据题意和计价表中总说明及各章说明来进行。因此务必阅读和熟悉各章说明

【例题4-6】　8t自卸汽车用反铲挖机装车1000m³后运5km，按《江苏省市政计价》(2004)表求其综合基价。(不必调整)

解：根据通用项目第一章土石方工程说明第九条规定："自卸汽车用反铲挖机装车后运土，则自卸汽车运土台班数量乘系数为1.1"；拉铲挖机装车则自卸汽车运土合班数量乘以1.2，因此：查通用项目P104子目(1-292)得：

【方法一】综合单价＝人工费＋材料费＋机械费＋管理费＋利润＝0＋33.6＋(169.62＋9347.4×1.1)＋10451.76×0.1638＝12197.36元

【方法二】综合单价＝11109.51＋9347.4(1.1－1.0)×1.1638＝12197.36元

【例题4-7】　若上述题按04江苏市政计价表后按09年5～6月份价格计算。

解：(12×5.4)＋(0.51×402.96)＋(20×503.86×1.1)＝64.8＋205.51＋12403.82＝12674.13元

$$管理费＝(12674.13－64.8)×12.87\%＝1622.82元$$
$$利润＝12609.33×0.0351＝442.59元$$

综合基价＝12674.13＋1622.82＋442.59＝18339.54元即调差值为18339.54－12197.36＝6142.83元

【例题4-8】　人工挖淤泥，坑深4.3m，求，按《江苏省市政工程计价表》(2004)确定其综合基价。(不要求调整)

解：(1)根据通用项目第一章土石方工程中人工挖淤泥子目为(1-50)。其工作内容挖运1.5m垂直运输，因挖深大于1.5m时超运部分按1m为7m，深按全高计算，因此4.3×7＝30.1m。

(2)由于是30.1m运距，从计价表中查得子目为(1-51)而其运距只在20m内，现为30.1m又要用(1-52)，因此本题应有三个子目组成，即(1-50)＋(1-51)＋(1-52)＝1885.13＋846.13＋409.04＝3140.3元——(未调整)。

【例题4-9】　1m³反铲挖机(不装车)在支撑下挖沟槽Ⅲ类土方，求按04江苏省市政计价表规定其综合基价。

解：根据通用项目第一章土石方工程说明(六)在支撑下挖土，人工机械乘以1.43，因此可用江苏省市政计价表(1-10)×1.43

【例题4-10】　某土方工程设计挖土数量为1200m³，填土为360m³，挖填土考虑现场平衡，试计算土方外运量。

解：查通用项目P2中土方体积换算表中(夯实后体积：天然密实度体积)为1：1.15，填土所需天然密实度方体积为360×1.15＝414m³。

因此土方外运量为1200－360×1.15＝1200－414＝786m³。

【例题4-11】　推土机推土上坡斜长距离为35m，坡度为8%，试计算推土机运距。

解：查通用项目P3表得坡度在5%～10%时系数为1.75。则推土机推土运距为35×1.75＝61.2m。

【例题4-12】　某路挖方1000m³(其中松土200m³，普土600m³，硬土200m³)，填方数为1200m³，本断面挖方可利用900m³(松土100m³，普土600m³，硬土200m³)，运距利用方为普通土 200m³（天然方）。求借方为多少方？

解： 利用土方体积换算表得到本桩利用方为

（1）$\frac{100}{1.5}+\frac{600}{1.15}+\frac{200}{1.0}=66.6+521.74+200=788.3\text{m}^3$

（2）远运利用土方来变压实土为 $\frac{200}{1.15}=173.9\text{m}^3$

（3）借方（压实方）：$1200-788.3-173.9=237.8\text{m}^3$

【例题 4-13】 假设某市政工程挖一矩形地坑。其坑深为 6m，坑底长×宽=50m×18m，工作面宽为 1m，土为 Ⅰ～Ⅱ 类。根据施工组织设计要求，推土机沿地坑长度方向推土。（江苏省 2007 年高级造价员考题）

试求：推土机重车上坡系数及推土运距。

解：（1）根据通用项目第一章土石方说明 P3 第八条——土石方运距应以挖方为重心至填土重心或弃土重心最近距离计算。现在坑长为 50m，其挖土重心为 25m 处，再加上工作面宽度为 1m，因此挖方重心为 25+1=26m。

（2）又因为"说明"中推土机在上坡坡度>5%，斜道运距按斜距长度乘以表值系数。因此可得到如下：

① 推土机在 5% 以内运距=26m

② 推土机在 5%～10%，系数为 1.75

A. 当为 5% 时，$h_1=L\times5\%=26\times0.05=1.3$，运距$=\sqrt{26^2+1.5^2}\times1.75=45.56\text{m}$

B. 当为 10% 时，$h_1=L\times10\%=26\times0.1=2.6$，运距$=\sqrt{26^2+2.6^2}\times1.75=52.26\text{m}$

③ 当为 15% 时，系数为 2，此时 $h_1=L\times15\%=26\times0.15=3.9$，运距$=\sqrt{26^2+3.9^2}\times2=59.15\text{m}$

④ 当为 20% 时，系数为 2.25，此时 $h_1=L\times20\%=26\times0.2=5.2$，运距$=\sqrt{26^2+5.2^2}\times2.25=59.15\text{m}$

⑤ 当为 25% 时，系数为 2.5，此时 $h_1=L\times25\%=26\times0.25=6.5\text{m}$，运距$=\sqrt{26^2+6.5^2}\times2.5=67.0\text{m}$，而坑深为 6m，说明在 20% 后高度仅为 6.0-5.2=0.8m 了，因此运距为 $\sqrt{26^2+6^2}\times2.5=66.7\text{m}$

4. 分部分项工程量清单项目表的编制与计价：

1）编制依据及项目编码

（1）如有招标清单的按清单表进行填写，然后根据以上方法求出综合单价，并后与工程量相乘即得此表。

（2）如做预算，可根据施工图，技术要求及批准的施工组织设计进行编码填列。

2）计价：

（1）应根据工程量清单，按照计价规范工程内容的提示，结合施工方案确定施工方法，分析综合单价，然后完成"分部分项工程量的清单计价表"的填写。

（2）注意：

① 做到不漏不重复。

② 土石方开挖时的围护、支撑、地表排水应包括在分部分项工程量清单的综合单价

内一并考虑，而把地下水排除放在措施项目内考虑。

③ 在综合单价分析基础上，考虑施工中可能出现的风险因素等，根据单位投标策略，确定报价。

5. 措施项目清单编制

1）应根据拟建工程所处的地形、地质。现场环境条件，结合具体施工方法，由施工组织设计确定。

2）一般可响应招标文件要求及施工组织设计提出的具体措施补充计算。

（1）逢雨季——要考虑防雨措施。

（2）工期紧张——需夜间施工，应考虑工地照明、安全等夜间措施。

（3）现场狭窄、材料堆放困难——需考虑二次搬运措施。

（4）由于土质不好采用支撑、排水、井点设施等措施项目。

6. 其他项目费、规费及税金——可按招标文件要求和计价规范 4.0.6 条、4.0.7 条和 4.0.8 条执行。

第三节 土石方工程量清单编制和计价示例

【例题 4-14】 某市 CGD 道路土方工程，修筑起点 K0＋000，终点 K0＋600，路基设计宽度为 16m，该路段内既有填方，也有挖方。土质为四类土，余方要求运至 5km 处弃置点，填方要求密实度达到 95%。道路工程土方计算表如 4-4 所示，请编制工程量清单并进行综合单价分析。

1）工程量清单编制

（1）道路工程量土方计算过程见表 4-4

道路工程量土方计算过程表   表 4-4

桩号	距离/m	挖土			填土			备注
		断面积/m²	平均断面积/m²	体积/m²	断面积/m²	平均断面积/m²	体积/m²	
0＋000	50	0	0	0	3.00	3.2	160	
0＋050	50	0	0	0	3.40	4.0	200	
0＋100	50	0	0	0	4.60	4.5	225	
0＋150	50	0	0	0	4.40	7.45	373	
0＋200	50	0	0	0	10.50	9.40	470	
0＋250	50	0	1.20	60	8.30	5.20	260	
0＋300	50	2.40	5.30	265	2.10	0	0	
0＋350	50	8.20	6.70	335	0	0	0	
0＋400	50	5.20	10.40	520	0			
0＋450	50	15.60	9.20	460				
0＋500	50	2.80	6.00	300				
0＋550	50	9.20	5.70	285				
0＋600		2.20						
合计				2225			1688	

　　根据道路土方工程量计算表可看出：挖方2225m³，填方1688m³，后经土方平衡后，仍有537m³余方需要余土弃置。

　　（2）编制道路土方工程量清单（表4-5）

分部分项工程量清单

表4-5

工程名称：CGD路道路（0+000～0+600）土方工程量　　　　　　　第1页　共1页

序号	项目编码	项目名称	计量单位	工程数量
1	040101001001	挖一般土方（四类土）	m³	2225
2	040103001001	填方（密实度95％）	m³	1688
3	040103002001	余方弃置（运距5km）	m³	537

　　2）工程量清单计价

　　工程量清单综合单价分析

　　（1）方案

　　① 挖土，拟采用挖掘机挖土，自卸汽车运土进行土方平衡。从道路工程土方计算表中可以看出平衡场内土方运距在500m以内，土方纵向平衡调运由机械完成。

　　② 机械作业不到的地方由人工完成，人工挖土方量考虑占总挖方量的5％，即2225×5％=111m³，机械挖土为2225−111=2114m³。

　　③ 余方弃置仍采用挖掘机挖土自卸汽车运土。

　　④ 路基填土压实拟用压路机碾压，碾压厚度每层不超过30cm，并分层检验密实度，达到要求的密实度后再填筑上一层。

　　（2）管理费、利润的取定

　　① 采用某地定额。

　　② 管理费按人工费加机械费的10％计算。

　　③ 利润按人工费的20％考虑。

　　根据上述考虑作如下综合单价分析，见表4-6、表4-7、表4-8和表4-9：

分部分项工程量清单综合单价计算表

表4-6

工程名称：某市CGD路道路工程　　　　　　　　　　　　　计量单位：m³

项目编码：040101001001　　　　　　　　　　　　　　　工程数量：2225

项目名称：挖一般土方（四类土）　　　　　　　　　　　综合单价：8.51元

序号	定额编号	工程内容	定额单位	工程量	综合单价组成					分项合价
					人工费	材料费	机械费	管理费	利润	
1	—	人工挖路基土方（四类土）	100m³	1.11	810.72	0	0	81.07	162.14	1169.86
2	—	挖掘机挖土自卸汽车运土（运距1km以内）	1000m³	2.114	159.30	0	7456.18	761.55	31.86	17776.39
		合　　　价			1236.66	0	15762.36	1669.90	247.33	18946.25
		单　　　价			0.56	0	7.08	0.76	0.11	8.51

注：本表的填写方法详见本书市政工程量清单计价中综合单价计算及示例的确定方法"填表计算"相应内容。

表中数据的计算式子如下：工程量（见施工方案计算）

综合单价组成采用综合定额或企业定额来确定，在此采用某市定额。

$$1236.66＝1.11×810.72＋2.114×159.30$$

$$0.56＝1236.66÷2225$$

$$15762.36＝7456.18×2.114$$

$$7.08＝15762.36÷2225$$

$$81.07＝810.72×10\%$$

$$162.14＝810.72×20\%$$

$$1169.86＝1.11×(810.72＋81.07＋162.14)$$

$$18946.25＝1169.86＋17776.39$$

3）列出表

分部分项工程量清单综合单价计算表 表 4-7

工程名称：某市 CGD 路道路工程 计量单位：m³

项目编码：040103001001 工程数量：1688

项目名称：填方（密实度 95%） 综合单价：2.34 元

序号	定额编号	工程内容	定额单位	工程量	综合单价组成					分项合价
					人工费	材料费	机械费	管理费	利润	
1	—	填土压路机碾压（密实度95%）	1977.15	1.688	108.00	22.20	1977.15	208.52	21.60	3945.65
合 价					182.30	37.47	3337.43	351.98	36.46	3945.65
单 价					0.11	0.02	1.98	0.21	0.02	2.34

分部分项工程量清单综合单价计算表 表 4-8

工程名称：某市 CGD 路道路工程 计量单位：m³

项目编码：040103002001 工程数量：537

项目名称：余方弃置（运距 5km） 综合单价：12.86 元

序号	定额编号	工程内容	定额单位	工程量	综合单价组成					分项合价
					人工费	材料费	机械费	管理费	利润	
1	—	挖掘机挖土自卸汽车运土（运距1km）	1000m³	0.537	159.30	0	7456.18	761.55	31.86	4515.57
2	—	挖掘机挖土自卸汽车运土（增运4km）	1000m³	0.537	0	0	4039.52	403.95	0	2386.14
合 价					85.4	0	6173.20	625.87	17.11	6901.71
单 价					0.16	0	11.50	1.17	0.03	12.86

4）综合单价分析表的计算结果见表 4-9

分部分项工程量清单计价表　　　　　　　　　　表 4-9

工程名称：CGD 路道路(0＋000～0＋600)土方工程量　　　　　　第 1 页　共 1 页

序号	项目编码	项目名称	计量单位	工程数量	金额/元	
					综合单价	合价
1	040101001001	挖一般土方(四类土)	m³	2225	8.51	18934.25
2	040103001001	填方(密实度 95％)	m³	1688	2.34	3949.92
3	040103002001	余方弃置(运距 5km)	m³	537	12.86	6918.68

【例题 4-15】

市政道路工程某标段土方，已知挖方数量 2000m³(天然密实方)，填方数量为 2400m³(压实方)。本标段挖方可利用方量为 1800m³，利用相邻标段土方量为 400m³(天然密实方)，运距 200m。道路密实度为 93％，土壤类别为二类土，按江苏省市政工程计价表编制土方平衡后分部分项工程量清单。(2005 年江苏省市政工程造价员考题。)

解：(1)题意分析

① 已知挖土量 2000m³(天然密实方)。

② 填方数量为 2400m³(压实方)。

③ 挖方可利用量为 1800m³，相邻标段土方量 400m³(天然密实方，其运距为 200m)。

④ 土壤类别为二类土，要求压实度 93％。

(2)根据通用项目第一章土石方工程 P2 表中换算关系：

压实方有：$\dfrac{1800}{1.15}＋\dfrac{400}{1.15}＝1913.05m³$

要填 2400m³，尚要借方 2400－1913.05＝486.95m³

而挖方有 2000m³－486.95×1.15≈1440 应废弃

(3)分部分项工程量清单计价表，见表 4-10(采用挖机挖土，15t 液压压路机)

分部分项工程量清单计价表　　　　　　　　　表 4-10

序号	项目编码	工程内容	单位	数量	金额	
					综合单价	合价
1	040101001	挖二类土方	m³	2000	2.1796	4359.26
2	040103001	填土方	m³	2400	4.042	9700.8

(4)分部分项工程量综合单价计算表(表 4-11)

分部分项工程量综合单价计算表　　　　　　　表 4-11

序号	项目编码	项目内容	单位	数量	综合单价组成				
					人工费	材料费	机械费	管理费	利润
1	040101001	挖二类土方	m³	2000					
	(1-233)	1m³ 挖机挖二类土(不装车)	1000m³	2.0	(140.4) 280.8		(1732.45) 3464.9	(241.04) 482.08	(65.74) 131.48
2	040103001	填方	m³	2400					

序号	项目编码	项目内容	单位	数量	综合单价组成				
					人工费	材料费	机械费	管理费	利润
	(1-362)	15t 液压机填土	1000m³	2.4	(140.4) 336.96	(42.0) 100.8	(2656.2) 6347.88	(359.92) 863.808	(98.16) 235.58
	(2-1)	路床碾压							
	(1-290)	8t 汽车运土 200m	1000m³	0.348		(33.6) 11.693	(4454.47) 1550.16	(573.29) 199.5	(156.35) 54.41

注：表 4-11 的管理费是以三类工程的费率取费。

【例题 4-16】

某道路修筑桩号为 0＋050～0＋550，路面宽度 10m，路肩各 0.5m，土质为三类土。填土要求密实度 93％（10t 振动压路机碾压），道路挖方 3980m³，填方 2080m³，施工采用 1m³ 反铲挖机进行但不装车，土方平衡挖、填土方场内用 75kW 推土机推土 50m，不考虑机械进出场；余方弃置用人工装车，8t 自卸汽车运 3km，路床碾压按路面宽度每边加 30cm，请编制道路土方工程量。

清单和计价（人、材、机及费率）标准依据 2004 年江苏省市政工程计价表，不调整（2007 年江苏省市政造价员考题）。

解：

（1）题意分析

① 施工时用 1m³ 反铲挖机挖三类土 3980m³，不装车。

② 75kW 推土机将 2080m³ 土方运 50m（压实度 93％）。

③ 3980－2080×1.15＝1588m³ 人工装土，8t 自卸汽车运 3km。

④ 路床碾压按路面宽 10.6m 计算，10.6×500＝5300m²。

⑤ 路肩整形 1×500＝500m²

（2）根据题意列出分项分部工程量清单表（表 4-12 和表 4-13）

分项分部工程量清单表　　　　　　　　　　　　　表 4-12

工程名称：××道路

序号	项目编码	工程内容	计量单位	工程数量	金额/元	
					综合单价	合价
1	040101001	挖一般土方	1000m³	3.98	5310	21133.8
2	040103001	填土方	1000m³	2.08	5330	11086.4
3	040103002	余土弃运 3km	1000m³	1.588	13090	20786.92
						53007.12

分项分部工程量清单计价表（不调整）　　　　　　　表 4-13

序号	项目编号	工程内容	单位	数量	综合单价组成					合计
					人工费	材料费	机械费	管理费	利润	
1	040101001	挖一般土方	m³	3980	1117.58		17011.24	2333.2	636.32	21098.34
	(1-234)	1m³ 反铲挖机挖 Ⅲ 类土，不装车	1000m³	3.98	(140.4) 558.79		(2062.44) 8208.51	(283.51) 1128.37	(77.32) 307.73	10203.4

续表

序号	项目编号	工程内容	单位	数量	综合单价组成					合计
					人工费	材料费	机械费	管理费	利润	
	(1-77)	75kW 推土机推土（Ⅰ、Ⅱ类）	1000m³	3.98	(140.4)\n558.79		(2211.74)\n8802.73	(302.72)\n1204.83	(82.56)\n328.59	10894.94
										21098.34/\n3980＝5.31
2	040103001	填方（压实度93%）	m³	2080	1155.99	87.36	7063.11	2004.82	780.24	11091.52
	(1-361)	10t 压路机压实土方	1000m³	2.08	(140.4)\n292.03	(42.0)\n87.36	(1590.31)\n3648.32	(222.74)\n507.12	(60.75)\n138.30	4673.13
	(2-1)	路床碾压	100m²	53	(8.42)\n446.26		(64.43)\n3414.79	(25.5)\n1351.5	(10.93)\n579.29	5791.84
	(2-5)	人工整形路肩	100m²	5.0	(83.540)\n417.7		(29.24)\n146.2		(12.53)\n62.65	626355
										11091.52/\n2080＝5.33
3	040103002	余土弃置（3km）	m³	1588	6131.27	53.36	11687.11	2293.22	625.38	20790.34
	(1-49)	人工装土	100m³	15.88	(386.1)\n6131.27			(49.69)\n789.08	(13.55)\n215.17	7135.52
	(1-291)	8t 自卸汽车运 3km	1000m³	1.588		(33.6)\n53.36	(7359.64)\n11687.11	(947.19)\n1504.14	(258.32)\n410.21	13654.82
										20790.34/\n1588＝13.09

注：表中（ ）为计价表内得的。

【例题 4-17】 若上题遇到工期紧张，需夜间作业，并规定推土机及 1m³ 挖机进场一次，因作业场地 50m，线路长按 80m 计算，则措施项目列表（表 4-14），单位工程费用汇总表（表 4-15）：

措施项目分析表　　　　　　　　　　　　　表 4-14

序号	项目编号	措施项目费名称	单位	数量	综合单价组成					合计
					人工费	材料费	机械费	管理费	利润	
1	费用	文明施工费	项	1	0.00	530.07	0.00	0.00	0.00	530.07
		分部分项工程量清单×1%		1	0.00	530.07	0.00	0.00	0.00	530.07
2		临时设施费	项	1	0.00	795.11	0.00	0.00	0.00	795.11
		分部分项工程量清单×1.5%		1	0.00	795.11	0.00	0.00	0.00	795.11
3		大型机械进出场费安拆费	项	1	0.00	0.00	7072.56	0.00	0.00	7072.56
	J14001	1m³ 挖掘机场外运输费	元/次	1	0.00	0.00	3758.13	0.00	0.00	3758.13

续表

序号	项目编号	措施项目费名称	单位	数量	综合单价组成					
					人工费	材料费	机械费	管理费	利润	合计
	J14003	75kW 推土机场外运输费	元/次	1	0.00	0.00	3314.43	0.00	0.00	3314.43
4		临时供电	元		535.39	169.77	0.00	171.31	53.55	930.02
	1-729	接电缆	40	1	(180.88) 180.88			(57.88) 57.88	(18.09) 18.09	256.85
	1-734	电杆(杆长 9m内)	根	3	(118.17) 354.51	(56.59) 169.77		(37.81) 113.43	(11.82) 35.46	673.17
		总　计			535.39	1494.95	7072.56	171.31	53.55	9327.76

注：表内( )数据来自市政计价表。

单位工程费用汇总表   表 4-15

序号	项目名称	说　明	金额/元
1	分部分项工程量清单合计		53007.12
2	其中：人工大型土石方工程量清单	综合费用(人工土方)	
3	人工大型土石方工程量清单中人工费	人工费(人工土方)	
4	机械大型土石方工程量清单	综合费用(机械土方)	
5	其他工程量清单合计	分部分项综合费用-(2)-(4)	53007.12
6	措施项目清单合计		9327.76
7	其他项目清单合计		
8	规费	(9)+(10)+(11)+(12)+(13)+(14)	814.04
9	其中：(1) 工程定额测定费	{(1)+(6)+(7)}×0.1%	62334.88×0.1%=62.33
10	(2) 生产安全监督费	{(1)+(6)+(7)}×0.06%	3.74
11	(3) 建筑管理费	{(1)+(6)+(7)}×0.2%	124.67
12	4-1 劳动保险费—人工大型土石方	(3)×0.7%	
13	4-2 劳动保险费—机械大型土石方	(4)×0.7%	
14	4-3 劳动保险费—市政其他	{(5)+(6)+(7)}×1%	623.30
15	税金	{(1)+(6)+(7)+(8)}×3.44%	63148.92×3.44%=2172.33
16	工程造价	(1)+(6)+(7)+(8)+(15)	65321.25

第四节　附录D.2打拔工具桩——见《江苏省市政工程计价表》(2004)通用项目

1. 概述

工具桩：

(1) 定义：在施工的沟槽、基坑、围堰中采用打桩临时支撑沟槽、基坑和围堰的临时桩，在完工后即拔去的桩。

(2) 性质：临时性的。

(3) 分类：

① 木桩：常用小头 $\phi16\sim\phi20$cm，长为 4~10m 松原木。

② 钢桩：常用槽钢(8-Ⅰ30)或工字钢(Ⅰ30a)。

(4) 打桩设备：桩架、动力装置、桩锤(落锤、单双汽锤、柴油汽锤、振动液压锤)和桩帽。

(5) 打桩方法

① 锤击法。

② 静力打桩法：静压力桩机(压力 600~1200kN)、液压压桩机。

(6) 打桩顺序与流水方向

① 逐排打设——土体向一方挤压。

② 由边沿向中央打——中间部分挤压紧密，桩不易打入。

③ 自中央向边沿打——较好。

④ 分段打——较好。

(7) 控制：

① 摩擦桩：以标高为主，贯入度参考。

② 端承桩：以贯入度为主，标高参考。

2. 说明——见《江苏省市政工程计价表》(2004)**通用项目第二章打拔工具桩**(P151)

1) 有关名词

(1) 水上作业——距河岸线 1.5m 以外或水深>2m。

(2) 陆上作业——距河岸线 1.5m 以内或水深<1m。

2) 说明

(1) 水上打拔工具桩按两艘驳船捆扎成船台作业。驳船捆扎和拆除费用按《江苏省市政工程计价表》(2004)桥涵工程相应定额执行。

(2) 打拔工具桩均以直桩为准。如遇斜桩，按相应定额人、机乘以 1.35。

(3) 定额中已包括导桩及导桩夹木的制、安、拆内容，不能另计。

(4) 木桩按疏打计；钢板桩按密打计。如按疏打应将定额内人工乘以 1.05。

(5) 钢、木桩的防腐费不能另计。

(6) 打拔桩架 90°调面及超运距移动不计。

(7) 钢板桩摊销按十年计算。每天使用费为 3.6 元/(t·d)。

3. 工程量计算规则——见通用项目第二章 P151

(1) 为 1m<水深<2m，其工程量按水、陆作业各 50% 计算。

(2) 圆木桩以设计桩长及小头直径 D 计算圆木桩体积；钢板桩以吨为计算单位。

附：钢板桩使用费=钢板桩定额使用量×使用天数×3.6 元/(t·d)

(3) 竖拆打桩架次，按施工组织设计规定计算。若无规定按打桩的进行方向：双排桩每 100 延米计算一次，单排桩每 200 延米计算一次，不足者多计算一次。

(4) 凡打断，打弯桩需拔起再锤打，且不计工程量。

(5) 打拔桩时土质类别的划分，见打拔桩土质类别分类表——甲、乙级土。

4.【例题 4-18】 以锡航桥资料举例

锡航桥有二墩二台，均用钻孔桩做桩基。根据施工方案，不论水中还是陆上均应搭设工作平台各 30m，每个平台均用木支架组成。现进行工程量清单计价，见表 4-16，表 4-17。（先按《江苏省市政工程计价表》(2004)计价后，再根据 2006 年第四期材料信息价调差的方法做）

分部分项工程量清单表　　　　　　　　　　表 4-16

序号	项目编码	项目名称	单位	数量	金额/元	
					综合单价	合价
1	040301001001	搭拆水中、陆地圆木桩钻孔平台	m	60	1389.25	83355

分部分项工程量清单综合单价分析表　　　　　　表 4-17

序号	项目编号	工程名称	单位	数量	综合单价					综合单价
					人工费	材料费	机械费	管理费	利润	
1	040301001001	搭拆水中陆地圆木桩钻孔平台	m	60	216.98	775.49	226.94	129.65	40.18	1389.24
	3-584	组拆船排吨位在 80t×2 内	次	1	1014.54	1699.26	1176.05	700.99	219.96	4809.90
	1-453	竖拆卷扬机打桩机	次	1	735.6	479.65	653.14	444.4	138.7	2451.65
	1-454	竖拆卷扬机拔桩机	次	1	1090.24	210.99	1087.3	696.81	217.75	3303.1
	3-6 换	0.6t 柴油打桩机船上打木桩	10m³	4.32	1079.66	9990.81	940.52	646.46	202.02	12859.47
	1-486	水上拔圆木桩(8t 内乙级土)	10m³	4.32	917.42	0.00	482.54	447.99	140.0	1987.94
	1-225	1m³ 铲挖机挖三类土装车	1000m³	0.175	199.8	0.00	3579.46	486.39	132.65	4389.30
	1-294	8t 自卸车运土 10km 内	1000m³	0.175		28.2	18089.01	2328.06	634.92	21080.19
	1-53	人工平整场地	1000m²	0.3	211.12	0.0	0.0	27.17	7.41	245.7
	3-564	搭拆桩基陆上平台	1000m²	0.3	1203.61	635.89		385.16	120.36	2345.02
	3-569	搭拆桩基水上平台	1000m²	0.3	3639.32	2612.6	2534.10	1975.49	617.34	11378.25

第五节　附录 D.3 围堰工程

1. 概述

1）定义：在基坑四周修筑一道临时性、封闭挡水结构物。

2）性质：临时性。

3）作用：确保主、附工程在无水作业下正常工作。

4）共同要求：

（1）堰顶面标高——高出施工期间最高水位 0.5m 以上。

（2）平面尺寸：

① 外形与基础轮廓及水流状况适应，尽量减少压缩流水断面。

② 几个墩同时施工时，一般压缩流水断面≯30%。

③ 内部尺寸与基坑尺寸适应，除钢板桩围堰外，堰内脚至基坑边缘≮1m。

④ 防止渗漏和外侧表面的冲刷。

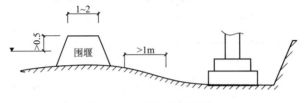

图 4-12 围堰工程示意图

（3）施工时选择各种围堰条件

① 施工地点水深及流速是选择的主要指标，也决定围堰高度。

② 河床土质决定了筑堰后基坑渗水量及稳定性。

③ 河道航运情况决定堰所占的最大流水面积以防妨碍航运。

④ 尽可能用当地土、竹、木来筑堰，同时应赶在汛期前施工。

5）常用围堰类型：

（1）土堰与草袋堰：适用：$h_{水深}$<2~3m，V<0.5m/s；材料：黏土；结构：顶宽>1m；迎水坡 1.5~3；内坡 1.5~2、施工首先应在河底清理后填土防漏水。

（2）钢板桩堰、套箱堰适用于水较深时，其具有材料强度高，防水性能好，穿透土层能力强并可重复使用等优点。

2. 说明——通用项目第三章（P168）

1）围堰尺寸——按施工组织设计确定，可参考表 4-18。

围堰尺寸参考表   表 4-18

顶宽	1~2m	2	2~2.5	2.5~3	
堰高	4m内	6m	5m	6m	
名称	土及草袋	土石混合	圆木堰	钢桩、钢板桩	筑岛填心

2）堰内土以自然方计，50m 内取材料筑堰（土、砂、石）不计挖、运、材料费；50m 外取材料筑堰可计算挖、运、材料费，但应扣除现场土方人工 55.5 工/100m³ 黏土。

3）围堰施工中未用驳船改搭设栈桥时驳船费改套相应脚手架子目。围堰定额中的各种木桩、钢材均按水上打拔工具桩的相应定额执行，数量按实际计算。

3. 工程量计算规则——见通用项目第三章（P169）

1）围堰以 m³ 或延米长为计算

（1）用 m³ 计量时以围堰断面积乘以长度。

（2）用 m 计量时以围堰中心线长度计算。

2）堰高按施工期内最高临水面加 0.5m 计算。

4.【例题 4-19】

典古桥施工时航道部门不同意断航，只能采用月亮坝来施工桥台。月亮坝共计使用

135m³用草袋叠砌，求其费用。（按江苏省市政工程计价表计算）

　　解：草袋坝围堰应是在措施项目费中的，但可套用(1-510)

人工：156.258 工/100m³×44×1.35＝9281.73 元

材料费 $\begin{cases} 草袋：1926×1.35×1.48＝3848.15 元 \\ 麻绳：30.6×1.35×6.18＝255.30 元 \\ 黏土：93×1.35×20＝2511 元 \end{cases}$

材料费合计 6614.45 元

机械费 $\begin{cases} 夯实机械 2.236×1.35×24.98＝75.4 元 \\ 驳岸(50t)1.709×1.35×200＝461.43 元 \end{cases}$

机械费合计 536.83 元

$$\Sigma＝9281.73＋536.83＝9755.56 元$$

管理费：9755.56×32％＝3121.78 元

利润：9755.56×10％＝975.56 元

分部分项工程量清单计价表见表4-19。

分部分项工程量清单计价表　　　　表 4-19

序号	项目编码	单位	数量	综合单价组成					单价
				人工费	材料费	机械费	管理费	利润	
8	围堰	项	1	9281.73	6614.45	526.83	3121.78	975.56	
	(1-510)草袋围堰	100m³	1.35	9281.73	6614.45	526.83	3121.28	975.56	20520.35

第六节　附录D.4支撑工程——见《江苏省市政工程计价表》(2004)通用项目P178～182

1. 概述

1）定义：防止沟槽、基坑坍塌的一种临时性挡土墙结构物

2）分类与形式：

(1) 挡板支撑：

① 组成：立柱、横枋、顶撑、衬板。

② 形式有挡板垂直和挡板水平。

(2) 钢木结合支撑

① 适用：坑深 3m 以上或基坑过宽。

② 形式：支歧路隧道施工时形式。

(3) 板桩墙支撑：在开挖前先打入土中一定深度后，边挖边设支撑。

① 适用：基坑平面尺寸较大且深，附近有建筑物。

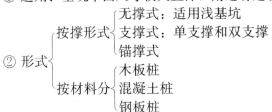

② 形式 $\begin{cases} 按撑形式 \begin{cases} 无撑式：适用浅基坑 \\ 支撑式：单支撑和双支撑 \\ 锚撑式 \end{cases} \\ 按材料分 \begin{cases} 木板桩 \\ 混凝土桩 \\ 钢板桩 \end{cases} \end{cases}$

2. 说明：见《江苏省市政工程计价表》（2004）**通用项目第四章支撑工程**

1）挡土板间距不同时，不做调整。

2）放坡开挖不得计算挡土板。

3）挡土板支撑按槽坑两侧同时支撑挡土板考虑，支撑面积为两侧挡土板面积之和。

3. 工程量计算规则

按施工组织设计确定的支撑面积以 m^2 计算。

4.【例题 4-20】

某工程在雨水管道施工中，不能大开挖，采用支撑防护，横板、竖撑。该沟槽长 50m，宽 3.6m，深 2.8m；上层 1.0m，下层 1.8m，采用支撑，求支撑面积。

解： 当槽坑小于 4m 时，$S_{支撑}$＝槽深×槽长×2，因此：
$$S_{支撑} ＝ 1.8 \times 50 \times 2 ＝ 180 m^2$$

注：若本题深大于 4.1m，则两侧按一侧支撑板考虑，按槽坑一侧挡土板面积计算时，人工乘以 1.33，除挡土板外，其他材料乘以 2.0。

第七节 附录 D.5 拆除工程——见《江苏省市政工程计价表》（2004）通用项目 P183～208

1. 概述

1）定义：拆或挖去。

2）分类：根据项目特征分。

（1）拆道路：

① 旧路面：沥青类、混凝土类(有筋、无筋)。

② 旧基层：石灰土、三渣、二灰碎石时(人工拆除套有、无骨料多合土子目，机械拆除套无筋混凝土子目)。

③ 人行道：分道板、砖、混凝土、沥青类。

④ 预制侧缘石：分砖、石、混凝土三类。

（2）拆管道：拆除后保持旧管基本完好，破坏了的不套用。管道基础垫层拆除应按基础定额另计。

① 拆混凝土管。

② 拆金属管。

③ 拆镀锌管。

（3）拆桥梁工程：水中拆除人工乘以 1.3。

① 砖石结构：分井与砌体，以 $10m^3$ 实体。

② 混凝土和钢筋混凝土结构：20cm 以内的人工乘以 0.8；60cm 以上的人工乘以 2。

（4）沥青混凝土路面切边按"道路册"锯缝机子目计算 [P111 子目为(2-336)]。

2. 工程量计算规则——《江苏省市政工程计价表》（2004）**通用项目第五章 P183**

（1）拆除路及人行道时按 m^2 计算拆除面积。

（2）拆除侧平石及各类管道以 m 计算长度。

（3）拆除构造物及障碍物以 m^3 计算其体积。

(4) 伐树、挖树蔸按实挖数以棵计算。

(5) 路面凿毛、路面铣刨以 m² 计算面积，铣刨面积厚度大于 5cm 要分层铣刨。

(6) 拆除工程定额中未考虑地下水因素，若发生则另行计算。

3.【例题 4-21】

锡航桥主桥施工后桥面比引道高，为使路桥顺接，须拆除原引道的水泥混凝土路面和三渣基层及路边挡墙，侧平石。现举例如下：按《江苏省市政工程计价表》(2004)做，见表 4-20。

分部分项工程量计算表

表 4-20

	项目编码	工程名称	单位	数量	综合单价	合价/元
1	040801001	拆除混凝土路面 $h=25$cm	m²	310	25.12	7787.20
	(1-555)	机拆有筋 15cm 混凝土路面	100m²	3.1	1675.45	
	(1-556)×10	机拆有筋混凝土路面每增减 1cm	100m²	3.10	836.18	
2	040801002	拆三渣 $h=20$cm	m²	350	6.83	2390.50
	(1-557)	人拆三渣基层 15cm	100m²	3.5	512.99	
	(1-558)	人拆三渣基层每增减 1cm	100m²	3.5	169.83	
3	040801004	拆平石	m	80	1.11	88.80
	(1-583)	拆预制平石	100m	0.8	111.39	

第八节 附录 D.6 脚手架及其他工程——见《江苏省市政工程计价表》(2004)通用项目 P209~230

1. 概述

1) 脚手架

(1) 定义：为桥涵护岸施工必须搭设的架子称为脚手架。

(2) 常用脚手架形式类型。

① 木脚手架。

② 竹脚手架。

③ 钢管脚手架：WDJ 碗扣式(见桥梁工程施工与管理 P109，图 7-3、表 7-1)。

2) 基坑排水

(1) 表面排水法：在坑底四周挖边沟，开挖 1~2 个集水坑井，后用水泵或抽水机向外排水。

(2) 降低地下水位法——井点法。

① 定义：采用井点管降低地下水位以利基础施工的一种方法。

② 适用：粉质土、粉砂类土等采用抽水时易引起流砂现象，影响基坑稳定，渗透系数为(0.1~80)mm/d 砂土。

③ 分类：

A. 轻型井点

井点管：ϕ50mm 钢管，其下端头有 1~2m 滤管；

集水管：$\phi102\sim\phi127$ 管；

连接管：$\phi40\sim\phi50$ 橡皮胶水管或塑胶管；

抽水设备：真空泵、离心泵。

B. 喷射井点；一般井点管间距为 2.5m。

C. 大口径井点；大口径井点，一般井点管间距为 10m。

2. 说明（通用项目第六章 P209）

（1）砌筑物高度大于 1.2m 可计算脚手架搭拆费用。该定额中已包括斜道与拐弯平台搭设，不另计；基础和垫层不计算仓面脚手架。

（2）混凝土小型构件（即单体积在 0.04m³，重量在 100kg 内），半成品运输是指从预制、加工场取料中心至现场堆放使用中心距离超高 150m 运输。

（3）基坑排水根据批准施工组织设计确定。

① 降水深度小于 6m 采用轻型井点；降水深度大于 6m 采用喷射井点或大口径井点。

② 井点降水成孔过程中产生泥水处理及挖沟排水另计算工程量，有天然水源不计算水费。

③ 井点降水应备有电源，费用可另计。

3. 工程量计算规则（见《江苏省市政工程计价表》（2004）**第一册 P209）**

1）脚手架工程量计算

（1）墙面以 m² 计算（可用墙长乘以墙高计算面积）。

（2）柱形以 m² 计算（可用柱形砌体按图示柱结构外围长另加 3.6m 乘以砌筑高度）。

（3）浇筑混凝土仓面水平面以 m² 计算。

（4）拱盔及支架按第三册桥涵工程临时工程说明。

2）基坑排水

（1）轻型井点 1 套 50 根，不足 25 根为 0.5 套，超过 25 根为 1 套；喷射井点 30 根，大口径以 10 根为套。

（2）井点使用定额单位为套/天（一天按 24h 计算）。

（3）井管安拆以"根"计算。

4.【计算示例】

【例题 4-22】 某公司新砌大门口门柱两个，每根柱长 1m，宽 1m，高 4m，求脚手架工程量。

解：（1）根据规定砌筑工程高度大于 1.2m 可计算脚手架搭拆费用。

（2）砌墙为墙体 $S_{脚手架}$＝墙面水平边长×墙面砌筑高度。

（3）砌墙为柱形 $S_{脚手架}$＝（柱结构外围长＋3.6）×柱高。

（4）浇筑仓面脚手架＝仓面的水平面积。

【例题 4-23】 如图 4-13 所示为××桥梁拱盔和支架，试计算其工程量及费用。

解：（1）工程量计算

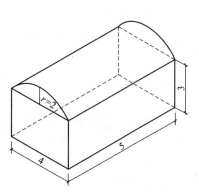

图 4-13 桥梁示意图

解法一：$\dfrac{\pi \times 2^2}{2} \times (5+2) = 43.98 m^2$ 其中，5＝桥宽＋2

解法二：$\because \dfrac{r}{l} = \dfrac{1}{2}$ ∴查表得 $K = 0.393$

∴ $0.393 \times 4 \times 4 \times (5+2) = 44.02 m^2$

(2) 支架 $4 \times 5 \times 3 = 60 m^3$。

(3) 本题计价时应为措施项目费，一般按《江苏省市政工程计价表》(2004)中通用项目 P211(1-629)、(1-630)套用或应按桥涵工程(4-575)、(4-576)套后计算(若不调整材差时)。

(4) 分部分项工程量清单计价表见表 4-21。

分部分项工程量清单计价表   表 4-21

序号	项目编号	项目名称	单位	数量	综合单位组成					总价
					人工费	材料费	机械费	管理费	利润	
1	(3-575)	拱盔	$100 m^3$	2.2	(2418.26) 5320.17	(1235.9) 2718.98	(752.62) 1655.76	(1014.68) 2232.3	(317.09) 697.6	12624.8
2	(3-576)	支架	$100 m^3$	0.6	(986.18) 591.71	(1672.38) 1003.43	(210.03) 12601.8	(382.79) 229.67	(119.62) 71.77	14498.38

注：表中( )数据为《江苏省市政工程计价表》(2004)的数据。

【例题 4-24】 排水费用亦为措施费，具体说来河道排水套用(1-893)；沟槽排水用(1-841)、(1-842)、(1-843)、(1-844)；井点排水套用(1-653)～(1-678)即可。

【例题 4-25】 轻型井点管总管长度为 448m，求井点管套数。

解：∵轻型井点每套长度＝$1.2 \times 50 = 60m$

∴井点套数为 $488 \div 60 = 8.13$ 套，取 9 套

【例题 4-26】 某管道开槽中采用轻型井点降水，井点管间距为 1.2m，开槽埋管为 $D_1 = 1200$，$L_1 = 130m$，$D_2 = 1000$，$L = 170m$。

求：(1) 井点管使用天数。

(2) 若施工期为 35d，其费用为多少？[按《江苏省市政工程计价表》(2004)不必调整]

解：(1) $\Sigma L = L_1 + L_2 = 130 + 170 = 300m$

井点根数：$300 \div 1.2 = 250$ 根

井点使用：250 根 $\div 50$ 根 $= 5$ 套

井点使用天数计算：$D_2 = 1000$，长为 $170 \div 1.2 \div 50 = 2.83$ 套，$3 \times 24 = 72$(套天)；$D_1 = 1200$，长为 $130 \div 1.2 \div 50 = 2.16$

可为 2.5 套，则 $2.5 \times 24 = 60$ 套天

则合计为 $72 + 60 = 132$(套天)

(2) 费用计算——查通用项目 P220 得(1-653)井点设备安装

$250 \times 357.95 = 8948.75$ 元，(1-655)井点设备拆除 $142.98 \times 25 = 3574.5$ 元；(1-656)井点设备使用费 $132 \times 506.51 = 66859.32$ 元，合计为 $8948.75 + 3574.5 + 66859.32 = 79382.57$ 元。

第九节　附录D.7护坡、挡土墙

1. 概述

1) 定义：一种挡土的结构物。

2) 分类：

(1) 按其在道路横断面上位置可分为：路堑墙、路堤墙、路肩墙、山坡墙。

(2) 按结构形式分为：重力式、衡重式、锚杆式、垛式、扶壁式。

(3) 按砌墙材料分：石砌、砖砌、混凝土、钢筋混凝土、加筋挡土墙。

3) 构造：一般有基础、墙身、排水设施、沉降缝等组成。

2. 说明（通用项目第七章 P232）

1) 搭设脚手架执行第六章脚手架定额。

2) 块石如冲洗（利用旧料），每 m³ 块石增加人工 0.24 工，水 0.5m³。

3. 工程量计算规则（计价表 P232）

1) 块石护底、护坡以不同平面厚度按 m³ 计算。

2) 浆砌块石、预制块体积按设计断面按 m³ 计算。

3) 浆砌台阶以设计断面的实砌体积计算。

4) 砂石滤沟按设计尺寸以 m³ 计算。

5) 现浇混凝土压顶及挡土墙以实际体积计算，模板按设计接触面积计算。

4.【例题 4-27】

某挡土墙如图 4-14 所示，其全长 100m，求其基础，墙身，内外墙，勾缝工程量。

解：

(1) 基础为：$1.3 \times 1.0 \times 100 = 130m^3$

(2) 墙身为：

$$\frac{0.5+1.0}{2} \times 2.5 \times 100 = 187.5m^3$$

(3) 勾缝：

① 内墙 $(2.5+0.1) \times 100 = 260m^2$

② 外墙 $(2.8+0.1) \times 100 = 290m^2$

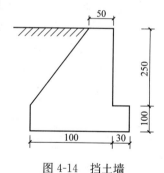

图 4-14　挡土墙

第十节　附录D.8河道清淤、防洪工程——计价表P246～305

1. 说明（计价表通用项目 P246）

(1) 本章各子目使用时不得调整。

(2) 泥结碎石子目用于场外施工便道。

(3) 场内搬运是指超过定额中规定 150m 运距的场内超运距的二次搬运费。

(4) 河床清淤是挖泥船正常工作时考虑的，如外界影响正常工作时可按市政计价表 P246 表调整。其疏浚工程土（砂）分级按市政计价表 4-22 调整。

（5）搭拆便桥时，若河的套用装配式钢桥定额。一般情况下根据批准施工组织设计分非机动车和机动车分别套用。

影 响 系 数 表　　　　　　　　　　　　　　　　　表 4-22

平均每台班影响时间(h)	0～0.4	0.4～1.2	1.2～2	2 以上
W 二次系数	1.0	1.1	1.25	1.45

2. 工程量计算规则

（1）料石面加工按加工面展开面积计算；浆砌镶面按砌筑面积计算；浆砌硅酸盐块按实际砌筑体积计算。

（2）便桥按桥面面积计算，即桥长与桥宽相乘，但对装配式钢桥按 m 计算（即桥长）。

（3）振动打桩及打粉煤灰桩：按设计桩长加 25cm 乘以桩管标准外径截面积以 m^3 计算。

（4）伸缩缝按设计断面积以 m^2 计算。

（5）堤防闸门。

① 闸门按设计图纸规定重量乘以吨计算（已包括电焊条、螺栓重量）。

② 砌筑和浇筑防洪墙用双排脚手架。砌筑和浇筑截渗墙自然地面以上用单排。

③ 防洪墙垫层按设计要求压实后断面以 m^3 计算。

④ 防洪墙双面勾缝、双面装饰的脚手架计算时，一面可用砌筑和浇筑墙脚手架，另一面按单排脚手架计算。

⑤ 砌筑或浇筑防洪墙、截渗墙均按设计实体积计算。

⑥ 现浇混凝土闸墩脚手架面积计算，是按闸墩每边垂直高度乘以长度加 1.5m 计算脚手架面积，套用单排脚手架。

⑦ 混凝土主洪墙的厚度均以平均厚度计算，指墙的基底放大部分以上或八字角上端以上平均厚度（压顶扩大部分除外）。

第五章 道 路 工 程

知识目标：

● 了解道路工程专业知识；

● 了解道路工程量清单项目，有5节60个清单项目；

● 掌握市政工程计价表中道路工程定额套用、定额换算；

● 理解道路工程的项目编码、项目特征、计量单位、工程量计算规则以及清单计价内容确定；

● 掌握道路工程的工程量清单计价的编制方法。

能力目标：

● 能根据《建设工程工程量清单计价规范》GB 50500—2008 及相关知识编制道路工程工程量清单及计价；

● 能根据计价规范、清单及《江苏省市政工程计价表》(2004)道路工程项目，对工程量清单进行综合单价的计算；

● 能根据市政计价表中道路工程项目的类别，各类规定及造价计算顺序计算其总价。

第一节 道路工程概述

1. 概述

道路就广义而言，有公路，城市道路，支用道路。它们在结构构造方面无本质区别，只是在道路的功能，所处地域，管辖权限等方面有所不同，它们是一条带状的实体构筑物。

城市道路主体工程有车行道(快、慢车道)、非机动车道，分隔带(绿化带)，附属工程有人行道，侧平石、排水系统及各类管线组成。特殊路段可能会修筑挡土墙。

城市道路车行道横向布置分为一幅、二幅、三幅、四幅式；根据道路功能、性质又可分为快速路、主干路、次干路、支路；而道路结构分为面层＋基层＋垫层＋土基。土基简称路基，是一种土工结构物，由填方或挖方修筑而成，路基须满足压实度要求；路面分为刚性路面与柔性路面。

2. 道路工程施工

(1) 道路施工有土石方工程，基层，面层，附属工程四大部分。各部分施工应遵守"先下后上，先深后浅，先主体后附属"原则。

(2) 土石方工程有路基土方填筑，路堑开挖，土方挖运，压路机分层碾压，特殊路段可能出现软土地基处理或防护加固工程。路床整形碾压是路基土方工程完成后，进行基层铺筑前应作的内容。基层有：石灰土，二灰碎石，三渣，水泥稳定碎石等要求压实后较紧密，孔隙率、透水性较小，强度比较稳定。

(3) 江苏地区面层常有沥青混凝土和水泥混凝土，现在一般是工厂拌制现场摊铺。

（4）附属工程包括平石，侧石，人行道，雨水井，涵洞，护坡，护底，排水沟，挡土墙。它们是起完善道路使用功能，保证道路主体结构稳定作用。

第二节　道路工程量清单编制

1. 概述

1）道路工程量清单编制有：分部分项工程量清单，措施项目清单，其他项目清单。

2）分部分项工程量清单编制，应根据《建设工程工程量清单计价规范》GB 50500—2008 附录 "D.2 道路工程" 规定的统一项目编码，项目名称，计量单位和工程量计算规则编制。

3）《建设工程工程量清单计价规范》GB 50500—2008 将道路工程共划分设置了 5 节 60 个清单项目，节的设置基本上是按照道路工程施工先后顺序编制的。

即，第一节："D.2.1 路基处理" 共设置 14 个清单项目。

第二节："D.2.2 道路基层" 共设置 15 个清单项目。

第三节："D.2.3 道路面层" 共设置 7 个清单项目。

第四节："D.2.4 人行道及其他" 共设置 6 个清单项目。

第五节："D.2.5 交通管理设施" 共设置 18 个清单项目。

4）道路工程分部分项工程量清单编制的最终成果是填写 "分部分项工程量清单" 表。正确填表应该：

（1）列项编码合理列出拟建道路工程各分部分项工程的清单项目名称，并正确编码。

（2）工程量计量——就列出的各分部分项工程量清单项目，逐项按照清单工程量计量单位和计算规则，进行工程数量的分析计算。

5）列项编码：

（1）列项编码是在熟悉施工图基础上，对照《建设工程工程量清单计价规范》GB 50500—2008 "附录 D.2 道路工程" 中各分部分项清单项目的名称，特征。工程内容，将拟建道路工程结构进行合理的归类组合，编排出一个个相对对立的与 "附录 D.2 道路工程" 各清单项目相对应的分部分项清单项目。

（2）要求：①确定各分部分项的项目名称，并予以正确的项目编码；②项目编码不重不漏；③当拟建工程出现新结构，新工艺，不能与《建设工程工程量清单计价规范》GB 50500—2008 附录的清单项目对应时，按《建设工程工程量清单计价规范》GB 50500—2008 3.2.4 条第二点执行。

（3）要点

① 项目特征——是形成工程项目实体价格因素的重要描述，也区别同一清单项目名称内，包含有多个不同的具体项目名称依据。项目特征由具体的特征要素构成，详见《建设工程工程量清单计价规范》GB 50500—2008 各附录清单项目的 "项目特征" 栏。【例】道路工程中按砌侧（平、缘）石，项目特征为①材料、②尺寸、③形状、④垫层、基础；材料品种，厚度，强度。

② 项目编码

项目编码应执行《建设工程工程量清单计价规范》GB 50500—2008 3.4.3 条规定："分部分项工程量清单的项目编码，一至九位应按附录 A，附录 B，附录 C，附录 D，附录 E 的规定设置，十至十二位根据拟建工程的工程量清单项目名称由其编制人设置，并应自 001 起顺序编制"。也就是说除需要补充项目外，前九位编码是统一规定的，照抄套用，而后三位编码可由编制人根据拟建工程中相同的项目名称，不同的项目特征而进行排序编码。

例如：某道路工程路面面层结构：

K0＋000～K0＋800 设计为 C30 水泥混凝土路面，厚 24cm，混凝土碎石最大粒径 4cm。

K0＋800～K0＋950 设计为 C35 水泥混凝土路面，厚 24cm，混凝土碎石最大粒径 4cm。则编码应分别为 040203005001 和 040203005002。从上例可看出，前 9 位相同，后 3 位不同，原因是特殊要素的改变，也意味着形成该工程项目实体的施工过程和造价的改变。作为指引承包商投标报价的分部分项工程量清单，必须给出明确的清单项目名称和编码，以便在清单计价时不发生理解上的歧义，在综合单价分析时科学合理。

2. 项目编码

道路工程中项目编码简述：编码为"040201"。

1) 路基处理，编码为 040201，共 14 项，见表 5-1。

路基处理项目编码表　　　　　　　　　　　　　　　　表 5-1

D.2.1 路基处理（编码：040201）

项目编码	项目名称	项 目 特 征	单位	工程量 计算规则	工 程 内 容
040201001	强夯土方	密实度	m³	按设计图示尺寸以体积计算	土方强夯
040201002	掺 石 灰	含灰量			掺石灰
040201003	掺 干 土	密实度、掺土率			掺干土
040201004	掺 石	材料、规格、掺石率			掺石
040201005	抛石挤淤	规格			抛石挤淤
040201006	袋装砂井	直径、填充料品种	m	按设计图示尺寸以长度计算	成孔、装袋砂
040201007	塑料排水板	材料、规格			成孔、打塑料排水板
040201008	石灰砂桩	材料配合比、桩径			成孔、石灰、砂填充
040201009	碎 石 桩	桩径、水泥含量			振冲器安装拆除、碎石填充、振实
040201010	喷 粉 桩	桩径、水泥含量			成孔、喷粉固化
040201011	深层搅拌桩				成孔、水泥浆制作、压浆、搅拌
040201012	土 工 布	材料品种、规格	m²	按设计图示尺寸以面积计算	土工布铺设
040201013	排水沟、截水沟	材料品种、断面、混凝土强度等级、砂浆强度等级	m	按设计图示尺寸以长度计算	垫层铺筑、混凝土浇筑、砌筑、勾缝、抹面、盖板
040201014	盲 沟	材料品种、断面、材料规格			盲沟铺筑

2) 道路基层，编码为 040202，共 15 项，见表 5-2。

3) 道路面层，编码为 040203，共 7 项，见表 5-3。

4) 人行道及其他，编码为 040204，共 6 项，见表 5-4。

道路基层项目编码表

表 5-2

D.2.2 道路基层（编码：040202）

项目编码	项目名称	项目特征	单位	工程量计算规则	工程内容
040202001	垫层	厚度、品种、材料规格	m²	按设计图示尺寸以面积计算，不扣除各种井所占面积	1. 拌合 2. 铺筑 3. 找平 4. 碾压 5. 养护
040202002	石灰土	厚度、含灰量			
040202003	水泥土	厚度、水泥含量			
040202004	石灰、粉煤灰、土	厚度、配合比			
040202005	石灰、碎石、土	厚度、配合比、碎石规格			
040202006	石灰、粉煤灰、碎石	材料品种、厚度、碎石规格、配合比			
040202007	粉煤灰	厚度			
040202008	砂砾石				
040202009	卵石				
040202010	碎石				
040202011	块石				
040202012	炉渣				
040202013	粉煤灰、三渣	厚度、配合比、石料规格			
040202014	水泥稳定碎（砾）石	厚度、水泥含量、石料规格			
040202015	沥青稳定碎石	厚度、沥青品种、石料规格			

道路面层项目编码表

表 5-3

D.2.3 道路面层（编码：040203）

项目编码	项目名称	项目特征	单位	工程量计算规则	工程内容
040203001	沥青表面处治	沥青品种、层数	m²	按设计图示尺寸以面积计算，不扣除各种井所占面积	1. 洒油 2. 碾压
040203002	沥青贯入式	沥青品种、厚度			
040203003	黑色碎石	沥青品种、厚度、石料最大粒径			1. 洒铺，底油 2. 铺筑 3. 碾压
040203004	沥青混凝土	沥青品种、厚度、石料最大粒径			
040203005	水泥混凝土	沥青强度等级、面料最大粒径、厚度、掺合料、配合比			1. 传力杆及套筒制作、安装 2. 混凝土浇筑 3. 拉毛或压痕 4. 伸缝 5. 缩缝 6. 锯缝 7. 嵌缝 8. 路面养生
040203006	块料面层	材质、垫层厚度、规格、强度			1. 铺筑垫层 2. 铺筑块料 3. 嵌缝、勾缝
040203007	橡胶、塑料弹性面层	材料名称、厚度			1. 配料 2. 铺贴

人行道及其他项目编码表 表 5-4

D.2.4 人行道及其他(编码：040204)

项目编码	项目名称	项目特征	单位	工程量计算规则	工程内容
040204001	人行道块料铺设	材质，尺寸，垫层材料品种、厚度、强度，图形	m²	按设计图示尺寸以面积计算，不扣除各种井所占面积	1. 整形碾压 2. 垫层、基础铺筑 3. 块料铺设
040204002	现浇混凝土人行道及进口坡	混凝土强度等级，石料最大粒径、厚度，垫层、基础材料品种、厚度、强度			1. 整形碾压 2. 垫层、基础铺筑 3. 混凝土浇筑 4. 养生
040204003	安砌侧(平、缘)石	材料，尺寸，形状，垫层、基础材料品种、厚度、强度	m	按设计图示中心线长度计算	1. 垫层、基础铺筑 2. 侧(平、缘)石安砌
040204004	现浇侧(平、缘)石	材料品种，尺寸，形状，混凝土强度等级，石料最大粒径，垫层、基础材料品种、厚度、强度			1. 垫层铺筑 2. 混凝土浇筑 3. 养生
040204005	检查井升降	材料品种、规格，平均升降温度	座	按设计图示路面标高与原有的检查井发生正负高差的检查井的数量计算	升降检查井
040204006	树池砌筑	材料品种、规格，树池尺寸，树池盖材料品种	个	按设计图示数量计算	1. 树池砌筑 2. 树池盖制作、安装

3. 项目名称

具体项目名称应按照计价规范附录 D.2 中的项目名称(可称为基本名称)结合实际工程的项目特征要素综合确定。如上述水泥路面，具体的项目名称可表达为 C30 水泥混凝土面层(厚度 24cm，碎石最大 40mm)。具体的名称确定要符合道路工程设计、施工规范，也要照顾到道路工程专业方面的惯用表述。例如：道路基层结构在软基地段使用较普遍的是在石屑中掺入 6% 水泥，经过拌合，摊铺碾压成型。属于水泥稳定碎石类基层结构，按照惯用表述，该清单项目的具体名称可确定为"6% 水泥石屑基层(厚度 ×× cm)"，项目编码为"040202014001"。

4. 工程内容

工程内容是针对形成该分部分项清单项目实体的施工过程(或工序)所包含内容的描述，是列项编码时对拟建道路工程编码的分部分项工程量清单项目，与计价规范附录 D.2 各清单项目是否对应的对照依据，也是对已列出的清单项目，检查是否重列或漏列的主要依据。例如：道路面层中"水泥混凝土"清单项目的工程内容为：①传力杆及套筒制作、安装；②混凝土浇筑；③拉毛或压痕；④伸缝；⑤缩缝；⑥锯缝；⑦嵌缝；⑧路面养护。上述 8 项工程内容几乎包括了常规水泥混凝土路面的全部施工工艺过程。若拟建工程设计的是水泥混凝土路面结构，就可以对照上述工程内容编码。列出的项目名称是"C×× 水泥混凝土面层(厚 ×× cm，碎石最大 ×× mm)"，项目编码为"040203005 ×××"，这就是说的对应吻合。不能再另外列出伸缩缝构造、切缝机切缝、路面养护等清单项目名称，否则就属于重列。

但应注意"水泥混凝土"项目中，已包括了传力杆及套筒的制、安，没有包括纵缝拉杆、角隅加强钢筋、边缘加强钢筋的工程内容。当拟建的道路路面设计有这些钢筋时，就应该对照"D.7 钢筋工程"另外增列钢筋的分部分项清单项目，否则就属于漏列。

第三节　道路工程量计算

1. 常见图形计算公式（表 5-5）。

常见图形计算公式　　　　　　　　　　　　　　　　　　　　　　　　　　　　表 5-5

图　　形	公　　式
$\frac{1}{4}$圆	$A=\dfrac{\pi R^2}{4}$
扇形	$L=\dfrac{\pi\alpha R}{180}=0.01745\alpha R=\dfrac{2A}{R}$ $R=\dfrac{RL}{2}=0.00872R^2$ $\alpha=\dfrac{57.296}{R}$；$R=\dfrac{2A}{L}=\dfrac{57.296}{R}L$
弓形	$A=\dfrac{1}{2}[RL-C(R-h)]$；$C=2\sqrt{(2R-h)h}$ $R=\dfrac{C^2+4h^2}{8h}$；$L=0.01745\alpha$ $h=R-\dfrac{1}{2}\sqrt{4R^2-C^2}$；$\alpha=\dfrac{57.269L}{R}$
圆环	$A=\pi\left[\left(\dfrac{D}{2}\right)^2-\left(\dfrac{d}{2}\right)^2\right]=0.7854(D^2-d^2)$
直角角缘面积	$A=0.2146R^2=0.1075C^2$

图 形	公 式		
不定角角缘面积	$A=R^2\left(\tan\dfrac{\alpha}{2}-0.00873\alpha\right)$		
椭圆角缘面积	$ab\left(1-\dfrac{\pi}{4}\right)$		$\dfrac{\pi}{4}ab$
抛物线	$A=\dfrac{1}{3}ab$		$\dfrac{2}{3}ab$
	$V=\dfrac{h}{6}\left[3a^2+2h\cdot n\left(1-\dfrac{n}{m}\right)\right](m-n)$		

注：1. 无交叉口的路段面积=设计宽度×路中心线设计长度。

2. 有交叉口的路段面积=设计宽度×路中心线设计长度+转弯处增加面积（一般交叉口计算到转弯圆弧的切点断面）。

2. 转弯处增加面积常碰见的两种计算情况：

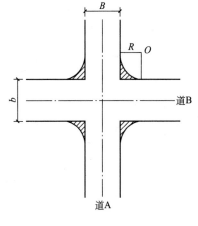

图 5-1　直角交叉示意图

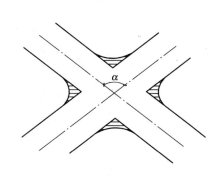

图 5-2　斜交交叉示意图

1）直角交叉（图 5-1）

实际此时可按：

（1）两条路宽相同（即 $B=b$ 时）

用椭圆公式计算： $A=0.2146R^2$

或 $A=0.1075C^2$ （5-1-1）

（2）两条路宽不同（$B\neq b$）

$$A=\left(1-\frac{\pi}{4}\right)ab$$ （5-1-2）

2）道路交叉转弯处增加面积斜交交叉（交叉 a）（图 5-2）

可按 $$A=R^2\left(\tan\frac{\alpha}{2}-0.00873\alpha\right)$$ （5-2）

3）人行道工程量计算

（1）直线段：铺设面积＝设计长度×（人行道宽度－侧石宽度）；

（2）交叉口转弯处铺设面积＝设计长度×0.7854（D^2-d^2）；

（3）交叉口转弯处侧（平）石长度＝0.01745×α×R。

上式中符号见表 5-5。

第四节　道路工程清单计价有关规定

1. 计算依据

（1）计价规范附录 D.2 道路工程清单项目对应的工程量计算规则。

（2）拟建道路工程施工图。

（3）招标文件及现场条件。

（4）其他有关资料。

2. 计算规则和计量单位

1）规定——道路工程。

（1）道路工程厚度均应以压实后为准。

（2）道路工程路床（槽）整平工程量以碾压宽度算至路牙外侧 15cm。

（3）软土地基处理（不管是人工或机械作业）均包括挖土、拌合、回填及（夯实）碾压等内容。

（4）道路基层尺寸应算到路牙外侧 15cm，若设计图纸已标明各结构层的宽度，则按设计图纸尺寸计算多个结构层的数量，不扣除各种井所占面积；相应路床（槽）宽度应与基层底层宽度同。

（5）石灰土、多合土养生面积按设计基层、顶层面积计算。

（6）面层工程量为设计长度乘以设计宽度减去两侧平石面积，不扣除各类井所占面积；伸缩缝面积为缝面积，以设计宽乘以设计厚。

（7）侧平石、树池以延米计算，包括各转弯处的弧形长度。

（8）人行道板、异形彩色花砖安砌按实铺面积计算，不扣除各类井所占面积。

（9）道路交通管理设施工程。

① 标杆安装按规格以直径乘以长度表示，以"套"计算，反光柱安装以"根"计算。

② 交通信号灯安装以"套"计算。

③ 圆形、三角形标志板安装，按作方面积套用定额，以"块"计算；减速板安装以

"块"计算。

④ 视线诱导器安装以"只"计算。

⑤ 管内穿线长度按内长度与余留长度之和计算；环形检测线敷设长度按实埋长度与余留长度之和计算。

⑥ 实线按设计长度计算，分界虚线按规定以线段长度乘以间隔长度表示，工程量按虚线总长度计算，横道线按实漆面积计算，停止线、黄格线、导流线、减速线、让行线参照横道线定额按实漆面计算。

⑦ 塑料管铺排长度按井中到井中以延米计算，邮电井长度不扣除。

⑧ 车行道中心隔离护(活动式)底座数量按实际计算。

⑨ 机非隔离栏分隔墩数量按实际计算；机非隔离护栏安装长度按整段护栏首尾两只分隔墩的外侧面之间的长度计算。

⑩ 文字标记按每个文字的整体外围作方高度计算。

A. 值警亭安装按设计图示数量计算。

B. 电缆保护管铺设按设计图示长度计算。

2) 计量单位。

(1) 路基处理应根据道路结构的类型，路线经过路段软土地基的土质、深度等因素，采取的处理方法可有多种选择，针对不同的处理方法，工程量计算规则和计算单位也不同。

① 强夯土方、土工布处理路基，按照设计图尺寸以 m^2 计算。

② 掺石灰、掺干土、掺石抛石挤淤泥的方法处理路基，按照设计图示尺寸以 m^3 计算。

③ 采用排水沟、截水沟、暗沟、袋袋砂井、塑料排水板、石灰砂桩、碎石桩、粉喷桩、深层搅拌桩排除地表水、地下水或提高软土承载力的方法处理路基，按设计图示长度以 m 计算。

(2) 道路基层(包括垫层)、面层结构，虽类型多，但均为层状结构工程量，按设计图示尺寸以 m^2 计算，且不扣各类井所占面积。

(3) 人行道与其他

① 人行道不论现浇与铺砌均以 m^2 计，不扣除各类井所占面积。

② 侧平石不论现浇与安砌均按设计图示中心线长度以 m 计算。

③ 检查井升降，按设计图示路面标高与原检查井所发生正负高差的检查井的数量以座计算。

④ 树池砌筑，按设计图示数量以个计算。

3. 计算示例

【例题 5-1】 某道路工程路面结构为二层式石油沥青混凝土路面。如图 5-3 所示，路段里程为 K4＋100～K4＋800，路面宽 12m，基层宽 12.5m，石灰土基层石灰剂量为 10%。面层分二层：上层为 LH-15 细沥青混凝土，下层为 LH-20 中粒式混凝土，请编制该路段路面分部分项工程量清单。

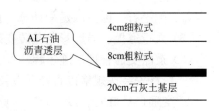

图 5-3 沥青路面结构图示

解: 1)列项编码:

根据该工程提供的路面结构设计图和相应资料,对照计价规范表D.2.2道路基层和表D.2.3道路面层。

石灰土基层的工程内容为:

① 拌合;

② 铺筑;

③ 找平;

④ 碾压;

⑤ 养护。

沥青混凝土路面的工程内容为:

① 撒铺底油;

② 铺筑;

③ 碾压。

确定该路段的分部分项工程量清单如下。

(1)项目名称:10%石灰稳定土基层(厚20cm)。项目编码:040202002001。

(2)项目名称:LH-20中粒式沥青混凝土面层(厚8cm,含AL透层)。项目编码:040203004001。

(3)项目名称:LH-15细粒式沥青混凝土面层(厚4cm)。项目编码:040203004002。

2)工程量计算

根据该工程提供的路段里程、路面各层宽度,按照清单工程量计算规则。各分部分项工程量计算如下。

(1)10%石灰稳定土基层:$700×12.5=8750m^2$。

(2)LH-20中粒式沥青混凝土面层:$700×12=8400m^2$。

(3)LH-15细粒式沥青混凝土面层:$700×12=8400m^2$。

3)填写分部分项工程量清单表见表5-6。

分部分项工程量清单 表5-6

工程面层:××道路工程

序号	项目编码	项 目 名 称	计量单位	工程数量
1	040202002001	10%石灰稳定土基层(厚20cm)	m²	8750
2	040203004001	LH-20中粒式沥青混凝土面层(厚8cm,含AL透层)	m²	8400
3	040203004002	LH-15细粒式沥青混凝土面层(厚4cm)	m²	8400

4)本例要点

(1)本例的路面结构层,设计有AL石油沥青透层,是为了使基层和面层有良好的粘结力,该层不属结构层,在施工时与LH-20中粒式沥青混凝土结构一起进行,故将其合并,同时在清单中给予注明。

(2)粗、中、细粒式沥青混凝土的加工和摊铺虽然施工工艺完全相同,但由于粒径的不同,价格也应分别列出清单项目,这就是编制工程量清单时强调的要区分"最大粒径"、

"级配"、"强度"等特征的原因所在。路面面层结构除柔性的沥青路面外，还有刚性的水泥混凝土路面。水泥混凝土路面的工程量清单与柔性路面基本相同。但需注意两个方面，一是水泥混凝土路面中的各种缝并入路面项目清单内，路面中的伸缝、切缝拆开来编制工程量清单。二是将构成路面结构的钢筋(除传力杆及套筒外)另外编钢筋工程量清单。

【例题 5-2】 无锡市某路长 500m，宽 10m。其中快车道 8m，两边各 1m 人行道，填土平均厚度为 1.0m，路面结构形式如图 5-4 所示，平石(侧石)的规格 100×20×12.5，试计算道路工程量。

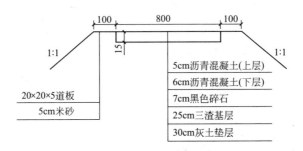

图 5-4　道路结构示意图

解： 工程量计算。

1）面层：[8−(0.2×2)]×500＝7.6×500＝3800m²

2）25cm 基层：[8＋(0.125×2)＋(0.15×2)]×500＝8.55×500＝4275m²

3）30cm 灰土层：顶宽为：8.55＋0.25×2＝9.05，底宽为 9.05＋0.3×2＝9.65，平均宽：$\dfrac{9.05+9.65}{2}=\dfrac{18.7}{2}=9.35$，面积为：9.35×500＝4675m²

4）路槽-路基顶面宽：(9.35＋1＋1)×500＝5675m²

5）土方计算：$[10×1−(0.15×8)−(1×0.1×2)]×500+\dfrac{1}{2}×1×1×2×500=4800m^2$

6）平石(侧石)：l＝500×2＝1000m

7）人行道和米砂：S＝(1−0.125)×2×500＝875m²；米砂同人行道。

4. 道路工程计价表换算

1）道路结构层清单厚度与计价表内厚度不同时，单价换算方法为。

(1) 结构层在 20cm 内且计价表中不同厚度的子目外有增减 1cm 可直接采用这些子目。

(2) 某些子目只有几种不同厚度而无增减 1cm 的可用：

换算公式：$\qquad\qquad B=A+(C-A)×d$ （5-3）

式中　B——介于两数值之间的数(即所要求的数)；

　　　A——相邻的低的那一数值；

　　　C——相邻的高的那一数值；

　　　d——介于两数值之间差：$\begin{cases} 步距为 10、0.1、0.2、0.3…… \\ 步距为 5，\dfrac{1}{5}、\dfrac{2}{5}、\dfrac{3}{5}…… \\ 步距为 2，\dfrac{1}{2}、1…… \end{cases}$

【例题 5-3】 求碎石底层 13cm 厚的单价换算。

解：查计价表(2-209)得 10cm 厚综合单价为 871.94 元/100m²

(2-210)15cm 厚综合单价为 1240.88 元/100m²

则 13cm 厚综合单价＝871.94＋(1240.88－871.94)×$\frac{3}{5}$＝1093.3 元/100m²。

超过 20cm 厚的结构应以两个铺砌层计算，这是 04 省市政工程计价表《道路工程》P19 第二章道路基层第五点说明。

【例题 5-4】 某路长 500m，宽 8m，基层采用 25cm 二灰土(石灰：粉煤灰：土＝12：35：53)，拖拉机拌合，其应用计价表哪个子目？

解：∵25cm 二灰土超过 20cm，应以两个铺砌层计算，应套用计价表中子目 [(2-143)×2]＋[(2-144)×(－15)]，不应套用子目(2-143)＋[(2-143)×5]。

【例题 5-5】 某路结构层中基层为人工拌合 30cm 厚 12％灰土，侧石基础垫层为 C10 混凝土面层。求其应套用哪个子目？

解：(1) 灰土厚 30cm 超过 20cm，应以两层铺筑层计算，应以子目(2-54×2)＋[2-59×(－10)] 计算，而不应套用子目(2-54)＋[(2-59)×10]。

(2) 侧石基础垫层现用 C10，而计价表中为 C15，这样就需要将计价表 P127 中(2-375)C15 换算为 C10。换算方法如下：查(2-375)中混凝土单价为 157.94 元/m³，而混凝土 C10 单价查《通用项目》P368 石子最大粒径 20mm 时为"001012"，此时为 155.26 元/m³，这时把子目(2-375)换算后材料费(换进 C10 混凝土，换出 C15)单价为：162.47－1.02×157.94＋1.02×155.26＝159.74 元，材料费合价为：18.6×159.24＝2971.16 元，人工单价不变为：35.8×18.6＝665.88 元。

2) 计价表中多合土基层中各种材料按常用的配合比编制的。当设计配合比与计价表内配合比不符时，有关材料消耗量可以调整，但人工和机械台班消耗量不得调整。即求解的步骤：

解：(1) 多合土的配合比为重量比，干紧容重为 D(由实验室测定)。

(2) 石灰：粉煤灰：土＝14：30：56，定额体积为 V。

(3) $\begin{cases} W_{石灰}=D×V×14\%＋定额损耗 \\ W_{粉煤灰}=D×V×30\%＋定额损耗 \\ W_{土}=D×V×56\%＋定额损耗 \end{cases}$

(4) 配合比中石灰 W 为熟石灰重量，还应根据生熟石灰的块末比查附录中的表换算为生石灰的重量。

【例题 5-6】 某道路工程人工拌合混合料基层为石灰：粉煤灰：土＝10：40：55，压实厚度为 16cm，请计算石灰、粉煤灰、土的消耗量。

解：当石灰、粉煤灰、土的干密度和损耗率系数等数据不掌握时，可利用定额进行换算。换算公式

$$G_l=G_d×\frac{l_i}{l_d} \tag{5-4}$$

式中　l_i——设计配合比；

l_d——计价表中配合比。

(1) 查定额(2-137)，石灰：粉煤灰：土＝12：35：53，厚度 15cm，此时石灰用量 2.65t，粉煤灰用量 9.08m³，黄土用量 9.48m³。

（2）查定额（2-139），石灰、粉煤灰、土每增减 1cm，石灰用量 0.18t，粉煤灰用量 0.61m³，黄土用量 0.63m³。

（3）15cm 厚换算材料用量：

$$石灰用量 = G_l = G_d \times \frac{l_i}{l_d} = 2.65 \times \frac{10}{12} = 2.21t$$

$$粉煤灰用量 = 9.08 \times \frac{40}{35} = 10.38m³$$

$$土用量 = 9.48 \times \frac{55}{53} = 9.84m³$$

（4）每减少增加 1cm 量为：

$$石灰用量 = 2.21/15cm = 0.15t/cm$$
$$粉煤灰用量 = 10.38/15cm = 0.692m³/cm$$
$$黄土用量 = 9.84/15cm = 0.656m³/cm$$

（5）16cm 压实厚度的消耗量为：

$$石灰用量 = 2.21 + 0.15 = 2.36t$$
$$粉煤灰用量 = 10.38 + 0.692 = 11.072m³$$
$$黄土用量 = 9.84 + 0.656 = 10.494m³$$

材料数量换算后代入消耗定额（2-129）和（2-131）中取代原配合比中的数量。

【例题 5-7】 某一工程混合料基层：石灰：粉煤灰：土的设计配合比为 10：42：48，压实度为 18cm，请计算石灰、粉煤灰、土的消耗量。（为人工拌合）

解：已知混合料压实密度、生石灰干密度、土的干密度与损耗率来进行计算。可利用公式，压实体积×材料含量×压实密度×损耗率系数÷干密度。

（1）查计价表（2-138），石灰：粉煤灰：土配合比为 12：35：53，厚度 15cm 子目；查计价表（2-140）石灰：粉煤灰：土配合比为 12：35：53，厚度 1cm 子目。

（2）已知压实密度 1.43t/m³，生石灰干密度为 1t/m³，损耗率为 1.031 土的干密度为 1.15t/m³，损耗率系数为 1.042，粉煤灰干密度为 0.75t/m³，耗损率为 1.031。

（3）15cm 厚材料用量：

$$石灰用量 = 0.15 \times 100 \times 0.1 \times 1.43 \times 1.031/1 = 2.21t$$
$$粉煤灰用量 = (0.15 \times 100 \times 42\% \times 1.43) \times 1.031/0.75 = 12.43m³$$
$$黄土用量 = (0.15 \times 100 \times 48\% \times 1.43) \times 1.042/1.15 = 9.32m³$$

（4）每增减 1cm 厚材料用料：

$$石灰用量 = 2.21/15cm = 0.147t/cm$$
$$粉煤灰用量 = 12.43/15cm = 0.829t/cm$$
$$黄土用量 = 9.33/15cm = 0.622m³/cm$$

（5）18cm 混合基层消耗量：

$$石灰用量 = 2.211 + 0.147 \times 3 = 2.652t/18cm$$
$$粉煤灰用量 = 12.43 + 0.829 \times 3 = 14.917t/18cm$$
$$黄土用量 = 9.33 + 0.622 \times 3 = 11.196m³/18cm$$

【例题 5-8】 某水泥石灰稳定土，定额标明厂拌人铺的配合比为 $8:80:12$，设计配合比为 $5.5:3.5:91$，厚度为 16cm，试确定水泥、石灰、土的实用定额值。

解： 运用公式

$$G_i=[G_d+B_d\times(H_1+H_0)]\times\frac{l_i}{l_d} \tag{5-5}$$

式中　H_1——设计厚度；

$\quad\quad H_0$——定额厚度；

$\quad\quad l_i$——设计配合比；

$\quad\quad l_d$——定额配合比；

$\quad\quad G_d$——定额设计值；

$\quad\quad B_d$——1cm 定额值。

查(2-90)，20cm 厚得 $6:10:84$ 时：

生石灰：3.71t

水泥：2.203t

土：20.97m³

则有：

$$石灰=\left[3.71-\frac{3.71}{20}(20-16)\right]\frac{5.5}{6}=2.72t$$

$$水泥=\left[2.203-\frac{2.203}{20}(20-16)\right]\frac{3.5}{10}=0.617t$$

$$土=\left[20.97-\frac{20.97}{20}(20-16)\right]\frac{91}{84}=18.17m³$$

5. 道路工程工程量清单计价

道路工程工程量清单计价应响应招标文件规定，完成工程量清单所列的全部费用，包括分部分项工程费、措施项目费和规费、税金。由于分部分项工程量清单是不可调整的闭口清单，因此，要先完成清单综合单价分析表后才能计算计价。

1) 分部分项工程量清单综合单价分析表

(1) 表中序号、项目编号、项目名称按业主提供的工程量清单相应内容填写。

(2) 工程内容按照"分部分项工程量清单综合单价计价表"的工程内容填写。

(3) 综合单价组成按照"分部分项工程量清单综合单价计价表"的单价对应抄写。

2) 分部分项工程量清单计价步骤

(1) 确定施工方案(其为各个清单的子目内容依据)；

(2) 参照《建设工程工程量清单规范》GB 50500—2008 附录 D 清单计价指引，根据施工图纸，结合工程量实际情况及施工方案确定各清单项目子目内容；

(3) 确定各组合项目定额子目；

(4) 从计价表中得出其人、材料、机械消耗量；

(5) 将各清单工程量乘以人、材料、机械消耗量并算出管理费和利润，从而得出各子目的合计；

(6) 将各子目合计相加再除以各清单项目工程量为其综合单价；

(7) 将综合单价乘以各清单项目工程量并相加之和即为分部分项工程量计价。

【范例】：见综合例题【例题 5-10】。

3）措施项目费

（1）措施项目费是根据拟建工程所处的地形、地质、现场环境等条件，结合具体的施工方法，由施工组织设计提出的具体措施计算出，然后填写《措施项目计价表》。

（2）措施项目清单编制有施工组织措施项目与施工技术措施项目。

（3）施工组织措施项目主要有文明施工，安全施工，临时设施，夜间施工，二次搬运，已完工程及设备保护，冬雨期施工，地下地上设施建筑物的临时保护设施。

（4）施工技术措施项目主要有大型机械设备进出场及安拆，混凝土和钢筋混凝土模板及支架、脚手架、施工排水降水、围堰、现场施工围护、便道、便桥等。

（5）施工组织措施项目计价

① 确定、计算取费基数。一般以"人工费＋机械费"为取费基数时，施工组织措施计算的基数＝分部分项工程量清单项目费中的人工费＋分部分项工程量清单中的机械费。

② 根据工程实际情况，参照《取费定额》确定各项施工组织措施的费率。

③ 计算各项组织措施费并合计，形成措施项目清单与计价表（二）（见本书 P54 表）。

（6）施工技术措施项目计价

① 根据工程实际情况及施工方案确定施工技术措施项目。涉及道路施工中技术措施项目有挖机、液压压路机、推土机等大型进出场及安拆、混凝土模板；施工护栏、遇到河塘的排水、地下水位高的若用井点法的可计施工降水。

② 参照计价规范结合施工方法，确定施工技术措施清单项目所包含的工程内容及其对应的定额子目，按定额计算规则计算施工技术措施项目的工程量。

③ 按规定进行人工、材料、机械费中有关项目调整。

④ 确定清单综合单价。

（7）注意：措施项目工程量计量单位是"项"，工程数量为"1"。

（8）根据有关规定填入措施项目清单与计价表（二）。

4）其他项目费、规费及税金

这部分的计算应按照招标文件的要求和第 4.0.6 条，第 4.0.7 条，第 4.0.8 条的规定执行，填写其他项目费计价表。根据《建设工程工程量清单计价规范》GB 50500—2008 规定取消工程定额测定费，增加安全生产监督费、工程排污费、社会保障费、住房公积金、危险作业意外伤害保险费。

第五节　道路工程工程量清单计价示例

【例题 5-9】　某道路工程桩号自 0＋500～1＋500，机动车道采用 C30 水泥混凝土，板面刻痕，路面结构如图 5-5 所示。假设混凝土板按 4m×5m 来分块。每隔 250m 设置一条沥青木板伸缝，其余为缩缝，机械锯缝深 5cm，采用沥青玛瑞脂嵌缝；构造钢筋 18t，钢筋网 2.4t；混凝土为集中搅拌非泵送混凝土，混凝土运输费不计；草袋养生。试计算该项水泥混凝土面层部分的综合单价（人、材、机价格及费率标准依据江苏省市政工程计价表，不调整）。（江苏省 2007 年市政造价员考题）

解：工程量计算（表 5-7）。

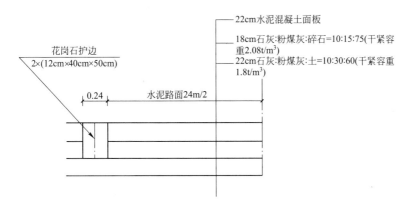

图 5-5 混凝土路面结构示意图

工程量计算

表 5-7

序号	子目名称	计算式	单位	数量
1	混凝土面板	1000×24	m²	24000
2	锯缝	(1000/5+1-3)×24	m	4752
3	缩缝	4752×0.05	m²	237.6
4	伸缝	$\left(\dfrac{1000}{250}-1\right)×24×0.22$	m²	15.84
5	路面刻痕	1000×24	m²	24000
6	钢筋构造筋		t	18
7	钢筋网		t	2.4
8	草袋养生	1000×24	m²	24000

分部分项工程量清单综合单价，见表 5-8。

分部分项工程量清单综合单价分析表

表 5-8

序号	项目编码	工程名称	单位	数量	基价	合价
	040203005001	水泥混凝土路面	m²	2400	68.07	1635669.62
1	(2-324)换	C30 水泥混凝土面板厚度 22cm	100m²	240	57108.82	1372516.80
2	(2-335)	缩缝沥青玛琋脂	10m²	23.76	485.66	11539.28
3	(2-336)	锯缝机锯缝	10m	475.2	66.58	31638.82
4	(2-327)	伸缝沥青木板	10m²	1.584	971.93	1539.54
5	(2-339)	路面刻痕	100m²	240	472.82	113476.8
6	(2-345)	构造钢筋	t	18	3471.88	62493.84
7	(2-346)	钢筋网	t	2.4	3537.56	8490.14
8	(2-341)	草袋养生	100m²	240	141.56	33974.4

注：2-324 换原因：题意告诉是集中搅拌非泵送混凝土，即根据总说明第七条（2）人工数量扣 15%，搅拌机数量全扣。基价为 5933.87－848.25×15%－87.81＝5710.82。

【例题 5-10】 综合例题

某市 YYH 城市道路工程，施工标段为 K2＋520～K2＋860。土石方工程已完成，路面及人行工程详见"YYH 道路工程图"如图 5-6 所示。招标文件要求工程需要的人行道、侧石块件运距 1km，其他材料运距按 10km 考虑，施工期间要求符合文明施工的有关规定。请编制该路面工程及附属工程的工程量清单并计价。

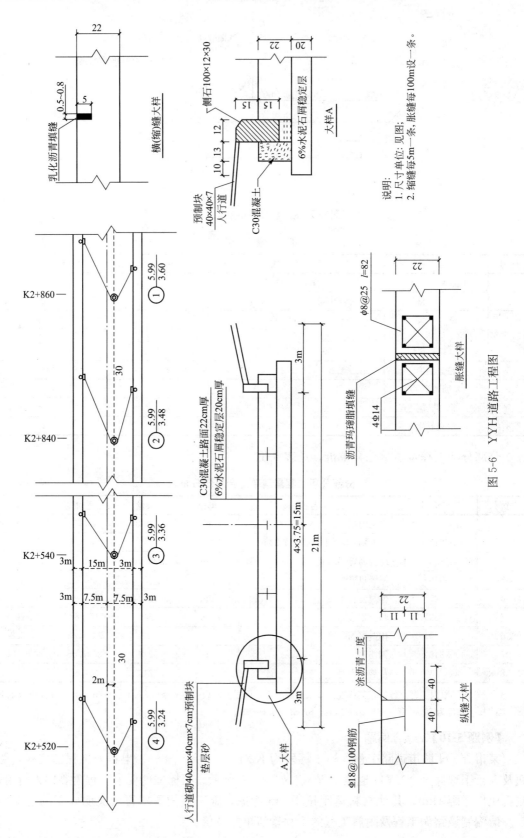

图 5-6 YYH 道路工程图

解：（1）清单工程量计算。

根据招标文件及提供的施工图，该标段施工内容为340m的单幅式水泥混凝土路面，路面结构为两层，该工程有人行道、侧石等，对照《计价规范》"D.2道路工程"列出分部分项工程量清单项目如下：

A. 6％水泥石屑基层：$340×[15+2×(0.12+0.13+0.10)]=5338m^2$。

B. C30水泥混凝土路面：$340×15m=5100m^2$。

C. 道路水泥混凝土路面钢筋：$1.629+0.449+0.047=2.125t$。

D. 人行道预制块铺砌：$(3-0.12)×340×2边=1958.40m^2$。

E. 混凝土侧石预制块安砌：$340×2=680m$。

（2）分部分项工程量清单，见表5-9。

分部分项工程量清单　　　　　　表5-9

工程名称：YYH道路工程

序号	项目编码	项目名称	计量单位	工程数量
1	040202014001	6％水泥石屑基层(厚20cm)	m²	5338
2	040203005001	C30水泥混凝土路面(厚22cm，碎石最大粒径40mm)	m²	5100
3	040701002001	水泥混凝土路面(构造筋)	t	2.125
4	040204001001	40×40×7人行道预制块铺砌(砂垫层)	m²	1958.40
5	040204003001	100×30×12混凝土侧石安砌(C30混凝土后座)	m	680

（3）措施项目清单（表5-10）。

（4）工程量清单计价

根据施工组织设计确定的施工方法，基层水泥石屑采用厂拌，8t自卸汽车运输，运距10km，人工摊铺机械碾压；水泥混凝

措施项目清单　　表5-10

工程名称：YYH道路工程

序号	项目名称
1	施工现场围栏

土路面采用搅拌机现场拌制；缩缝采用机切缝；路面洒水养护；施工期间采用施工围栏（管理费按人工费＋机械费的15％，利润按人工费20％计；人行道单价6.48元/块，即40.5元/m²；侧石单价22.54元/块，即22.54元/m）。

（1）分部分项工程分解细化。

在了解工程概况及熟读工程图纸的基础上，根据《计价规范》和所采用的某市《市政综合定额》，结合施工方案，列出各分部分项工程的施工项目，见表5-9。

（2）套用定额。

根据分解细化列出的具体施工项目，对照该地定额或企业定额各章定额子目的工作内容，对应套用规定定额子目编号。如C30水泥混凝土路面(厚22cm，碎石最大粒径40mm)分解细化的施工项目有C30混凝土路面浇筑(现场搅拌，碎石最大粒径40mm)、伸缝构造、切缝机切缝、路面洒水养护。

（3）计算工程量。

工程量的计算以图5-6"YYH道路工程图"的施工图纸为依据，遵守所采用的《市政

综合定额》的工程计算规则和计价办法进行计算；具体工程量的计算方法见表5-11。

施工项目工程量计算表 表 5-11

序号	施工项目	工程量(计算式)	备 注
	一、道路基层		
1	人工铺筑水泥石屑基层(20cm)	长×宽：340×[15+2×(0.12+0.13+0.10)]=5338m²	按采用的消耗量定额中工程量计算规则的规定
2	8t 自卸汽车运料 10km	长×宽×换算系数：5338×1.02=5444.76m²	
3	6%厂拌水泥石屑混合料	长×宽×换算系数：5338×1.02=5444.76m²	
4	路床整形碾压	长×宽：340×[15+2×(0.12+0.13+0.10)]=5338m²	
	二、道路面层	长×宽：340×15=5100 m²	
1	C30 混凝土路面浇筑	长×宽×定额换算厚度：5100×22.44/100=1144.44m³	按采用的消耗量定额中工程量计算规则的规定
2	C30 混凝土拌制(现场搅拌碎石最大粒径 40mm)	一条伸缝侧面积×条数：0.22×15×3=9.9m²	
3	伸缝构造	一条缝长×条数：15×(340÷5+1-3)=990m	
4	切缝机切缝	长×宽：340×15=5100m²	
5	路面洒水养护		
	三、路面钢筋		
1	构造钢筋重量	1. 纵缝拉杆(ϕ18)： 一条纵缝拉杆根数：340÷1.00+1=341 根 三条纵缝钢筋重： 0.8×0.00199t/m×341×3=1.629t 2. 胀缝钢筋： (1) 主筋(ϕ14)：[(3.75-0.05)+2×6.25×0.014]×0.00121t/m×8 根×4 段×3 条=0.450t (2) 箍筋(ϕ8)：一根长度 l=0.82m 一条胀缝一个车道内箍筋根数： [(3.75-0.05)÷0.25+1]×2 边=32 根 箍筋重：0.82×0.000396t/m×32×4 段×3 条=0.125t 3. 小计：1.629+0.450+0.125=2.204t	按采用的消耗量定额中工程量计算规则的规定
	四、人行道		
1	人行道铺砌	一侧人行道面积：(3-0.12)×340=979.20m²；总面积：(3-0.12)×340×2 边=1958.40m²	按采用的消耗量定额中工程量计算规则的规定
2	人行道碾压	总面积：(3-0.12)×340×2 边=1958.40m²	
3	汽车运人行道块(1km，人力装卸)	1958.40×0.07×1.02=139.83m³	

续表

序号	施工项目	工程量(计算式)	备 注
	五、侧石及其他		按采用的消耗量定额中工程量计算规则的规定
1	侧石安砌(勾缝)	340×2=680m	
2	后座混凝土浇筑(C15)	(0.13×0.22+0.12×0.07)×340×2边=25.16m³	
3	C15混凝土拌制	25.16×1.015=25.54m³	
4	后座模板面积	0.22×340×2=149.60m²	
5	汽车运侧石(1km,人力装卸)	680×0.3×0.12×1.015=24.85	

（4）填表计算。

（5）其他表格填写，见表5-12～表5-21。

分部分项工程量清单综合单价计算表　　　　　　　　　　　　　　　表5-12

工程名称：YYH道路工程　　　　　　　　　　　　　　　　　　　　　计量单位：m²

项目编码：040202014001　　　　　　　　　　　　　　　　　　　　　工程数量：5338

项目名称：6%水泥石屑基层(厚20cm)　　　　　　　　　　　　　　综合单价：25.41元

序号	定额编号	工程内容	定额单位	工程量	综合单价组成					分项合价
					人工费	材料费	机械费	管理费	利润	
1	—	厂拌6%水泥石屑混合料20cm	100m²	54.45	43.60	1794.79	78.72	18.35	8.72	105860.60
2	—	8t自卸汽车运料10km	100m²	54.45	0	0	253.04	37.96	0	15844.95
3	—	人工铺石屑基层20cm	100m²	53.38	102.8	0	56.79	23.94	20.56	10894.32
4	—	路床整形碾压	100m²	53.38	2.7	0	45.33	7.20	0.54	2977.00
合 价					8005.61	97726.32	23515.50	4728.33	1601.12	135576.87
单 价					1.50	18.31	4.41	0.89	0.30	

分部分项工程量清单综合单价计算表　　　　　　　　　　　　　　　表5-13

工程名称：YYH道路工程　　　　　　　　　　　　　　　　　　　　　计量单位：m²

项目编码：040203005001　　　　　　　　　　　　　　　　　　　　　工程数量：5100

项目名称：C30水泥混凝土路面(厚22cm,碎石最大40mm)　　　　综合单价：57.67元

序号	定额编号	工程内容	定额单位	工程量	综合单价组成					分项合价
					人工费	材料费	机械费	管理费	利润	
1	—	C30混凝土路面浇筑	100m²	51.00	529.20	129.20	32.68	84.28	105.84	44941.2
2	—	C30混凝土(现场搅拌,碎石最大粒径40mm)	10m³	114.44	61.80	1981.90	51.69	17.02	12.36	243158.68
3	—	伸缝构造	10m²	0.99	55.40	484.79	51.69	8.31	11.08	553.98
4	—	切缝机切缝	100m	9.90	98.00	106.09	83.61	27.24	19.6	3311.95
5	—	路面洒水养护	100m²	51.00	15.60	20.82	0	2.34	3.12	2135.88
合 价					35882.24	235989.89	8409.82	6643.29	7176.45	294101.69
单 价					7.04	46.27	1.65	1.30	1.41	

分部分项工程量清单综合单价计算表

表 5-14

工程名称：YYH 道路工程

项目编码：040701002001

项目名称：水泥混凝土路面钢筋(构造筋)

计量单位：t

工程数量：2.204

综合单价：2854.65 元

序号	定额编号	工程内容	定额单位	工程量	综合单价组成					分项合价
					人工费	材料费	机械费	管理费	利润	
1	—	构造钢筋	t	2.204	191.60	2570.80	21.90	32.03	38.32	6291.65
		合 价			422.29	5666.04	48.27	70.59	84.46	6291.65
		单 价			191.60	2570.80	21.90	32.03	38.32	

分部分项工程量清单综合单价计算表

表 5-15

工程名称：YYH 道路工程

项目编码：040204001001

项目名称：40×40×7 人行道预制块铺砌(砂垫层)

计量单位：m²

工程数量：1958.40

综合单价：18.10 元

序号	定额编号	工程内容	定额单位	工程量	综合单价组成					分项合价
					人工费	材料费	机械费	管理费	利润	
1	—	块料铺砌	100m²	19.58	193.20	4167.01	52.79	36.90	38.64	87885.61
2	—	人行道碾压	100m²	19.58	24.66	0	9.27	5.09	4.93	860.54
3	—	汽车运人行道块(1km,人力装卸)	10m³	13.98	95.04	0	226.78	48.27	19.01	5439.62
		合 价			5594.36	81590.06	4385.52	1496.98	1118.86	94185.77
		单 价			2.86	41.67	2.24	0.76	0.57	

分部分项工程量清单综合单价计算表

表 5-16

工程名称：YYH 道路工程

项目编码：040204003001

项目名称：100×30×12 混凝土侧石安砌(C30 混凝土后座)

计量单位：m

工程数量：680

综合单价：36.60 元

序号	定额编号	工程内容	定额单位	工程量	综合单价组成					分项合价
					人工费	材料费	机械费	管理费	利润	
1	—	侧石铺设(勾缝)	100m	6.80	364.00	2299.92	0	54.6	72.80	18980.98
2	—	后座混凝土浇筑(C15)	10m³	2.516	117.00	6.53	70.52	28.13	23.4	617.88
3	—	C15 混凝土拌制(搅拌机)	10m³	2.554	61.80	1550.20	51.69	17.02	12.36	4324.10
4	—	汽车运侧石(1km,人力装卸)	10m³	2.485	95.04	0	226.78	48.27	19.01	966.91
		合 价			3163.58	19615.10	872.99	605.48	632.72	24889.87
		单 价			4.65	28.85	1.28	0.69	0.93	

分部分项工程量清单综合单价分析表　　　　　　　　　表 5-17

工程名称：YYH 道路工程

序号	项目编码	项目名称	工程名称	综合单价组成					综合单价
				人工费	材料费	机械费	管理费	利润	
1	040202014001	6％水泥石屑基层（厚 20cm）	水泥石屑拌合、铺筑、找平、碾压、养护	1.50	18.31	4.41	0.89	0.30	25.41
2	040203005001	C30 水泥混凝土路面（厚 22cm，碎石最大粒径 40mm）	混凝土浇筑、压痕、伸缝、切缝、路面养护	7.07	46.27	1.65	1.30	1.41	57.67
3	040701002001	水泥混凝土路面钢筋（构造筋）	安装制作	191.60	2570.80	21.90	32.03	38.32	2854.65
4	040204001001	40×40×7 人行道预制块铺砌（砂垫层）	整形碾压、垫层铺筑、块料铺设	2.86	41.67	2.24	0.76	0.57	48.10
5	040204003001	100×30×12 混凝土侧石安砌（C30 混凝土后座）	基础铺筑、侧石安砌	4.65	28.85	1.28	0.89	0.93	36.60

分部分项工程量清单计价表　　　　　　　　　表 5-18

工程名称：YYH 道路工程

序号	项目编码	项目名称	计量单位	工程量	综合单价/元	合价/元
1	040202014001	6％水泥石屑基层（厚 20cm）	m²	5338	25.41	135638.58
2	040203005001	C30 水泥混凝土路面（厚 22cm，碎石最大粒径 40mm）	m²	5100	57.67	294117.00
3	040701002001	水泥混凝土路面钢筋（构造筋）	t	2.204	2854.65	6291.65
4	040204001001	40×40×7 人行道预制块铺砌（砂垫层）	m²	1958.40	48.10	94199.04
5	040204003001	100×30×12 混凝土侧石安砌（C30 混凝土后座）	m	680	36.60	24888.00
		分部小计				555134.27

措施项目费计算表　　　　　　　　　表 5-19

工程名称：YYH 道路工程

序号	定额编号	工程内容	定额单位	工程量	定额值/元					分项合价
					人工费	材料费	机械费	管理费	利润	
1	—	纤维布施工护栏（高 2.5m）	100m	3.4	15.84	177.02	55.75	10.74	3.17	892.57
2	—	后座模板安拆	10m²	14.96	22.60	93.67	7.36	4.49	4.52	1984.29
		合　价								2876.86

措施项目清单计价表　　　　　　　　　　表 5-20

工程名称：YYH 道路工程

序　　号	项　目　名　称	金额(元)
1	文明施工	1107.48
2	安全生产	5592.78
3	临时设施	11074.81
4	混凝土、钢筋混凝土模板及支架、后座模板安拆	5592.78
5	施工现场围栏	892.57
	合　　　计	20651.93

单位工程费汇总表　　　　　　　　　　表 5-21

工程名称：YYH 道路工程

序　　号	项　目　名　称	金额(元)
1	分部分项工程量清单计价合计	555134.27
2	措施项目清单计价合计	20651.93
3	其他项目清单计价合计	
4	规费(略)	
5	税金(略)	
	合　　　计	

【**例题 5-11**】 如图 5-7 所示：计算(1)该交叉口路面面积。(2)交叉口 100m²，18cm 二灰碎石基层的综合单价。已知石灰：粉煤灰：碎石为 8：12：80，采用拌合机拌合。假设二灰碎石干紧容重为 2.1t/m³。生熟石灰的换算系数为 1.1；碎石的定额损耗率为 2%；石灰、粉煤灰损耗率为 3%，材料用水与干紧容重比例为 8%，水的定额损耗率为 5%。人、材、机单价及费率标准依据《江苏省市政工程计价表》(2004)计取。(江苏省 2005 年市政造价员考题)

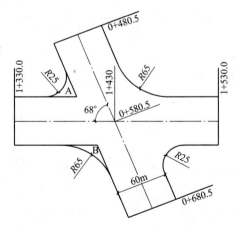

图 5-7　道路示意图

解： (1) 交叉口面积计算

① 60×(680.5−480.5)=12000m²

② 40×(1530−1430−30)+40×(1430−1330−30)=5600

③ 根据不定角缘面积公式来计算：

$$A = R^2 \left(\tan \frac{\alpha}{2} - 0.00873\alpha \right)$$

A. $2A = 2 \times 25 \times 25 \left(\tan \frac{112}{2} - 0.00873 \times 112° \right) = 631.13 \text{m}^2$

B. $2B = 2 \times 65 \times 65 \left(\tan \frac{68}{2} - 0.00873 \times 68° \right) = 683.61 \text{m}^2$

交叉口面积＝12000＋5600＋631.13＋683.61＝18914.74m²

（2）实际配合比与计价表配合比不同时材料消耗量计算

【方法A】适用于已知干紧容重情况下：

$$W＝D×V×C＋定额损耗$$

式中　W——熟石灰重量；

D——干紧容重（由实验室测定）；

V——定额体积；

C——该成分在配合比中的百分比。

运用上述公式，查定额得(2-170)−2×(2-171)

∴

$$W_{熟石灰}＝D×V×8\%＋定额损耗$$
$$＝[2100×(0.18×100)×8\%]×1.03$$
$$＝3.115t$$
$$W_{粉煤灰}＝[2100×(0.18×100)×12\%]×1.03$$
$$＝4.672t$$
$$W_{碎石}＝[2100×(0.18×100)×80\%]×1.02$$
$$＝30.845t$$
$$W_{水}＝[2100×(0.18×100)×8\%]×1.03$$
$$＝3114.7kg$$

材料单价计算——依照计价表

（1）人工费 328−18.72×2＝290.56元

（2）机械费 74.4−0.89×2＝72.62元

（3）材料费：

$$生石灰＝3.115×140＝436.06元$$
$$粉煤灰＝4.672×20＝93.44元$$
$$碎石＝30.845×35.1＝1082.66元$$
$$水＝3.115×2.8＝8.722元$$
$$其他费＝(436.06＋93.44＋1082.66＋8.722)×5\%＝8.1元$$
$$材料费＝436.06＋93.44＋1082.66＋8.722＋8.1＝1628.98元$$

（4）管理费＝(290.56＋72.62)×35\%＝127.11元

（5）利润＝363.18×15\%＝19.07元

故　　　　综合基价＝290.56＋72.62＋1628.98＋127.11＋19.07
$$＝2138.34元$$

【方法B】：当不知道干紧容重时，可用公式 $G_l＝G_d×\dfrac{l_l}{l_d}$

（1）查(2-170)得石灰：粉煤灰：碎石＝10：20：70，厚度为30cm，此时石灰用量3.96t，粉煤灰9.29t，碎石28.37t。

（2）查(2-171)得，每增减1cm时石灰0.2t，粉煤灰0.47t，碎石1.43t。

（3）20cm厚换算材料用量

$$石灰用量＝C_d×\frac{l_i}{l_d}＝3.96×\frac{8}{10}＝3.168t$$

$$粉煤灰用量＝9.29 \times \frac{12}{20}＝5.574t$$

$$碎石用量＝28.37 \times \frac{80}{70}＝32.42t$$

（4）每增减 1cm 材料用量

$$石灰＝3.168 \div 20＝0.158t/cm$$

$$粉煤灰＝5.574 \div 20＝0.279t/cm$$

$$碎石＝32.42 \div 20＝1.621t/cm$$

亦可运用公式 $C_d \times \frac{l_i}{l_d}$ 后得到：

$$石灰＝0.2 \times 0.8＝0.16t/cm$$

$$粉煤灰＝0.47 \times 0.6＝0.282t/cm$$

$$碎石＝1.43 \times \frac{80}{70}＝1.63t/cm$$

（5）18 成 cm 厚材料量应为：

$$石灰＝3.168－0.158 \times 2＝2.851t$$

$$粉煤灰＝5.574－0.279 \times 2＝5.016t$$

$$碎石＝32.42－1.621 \times 2＝29.178t$$

（6）加损耗量后：

$$石灰＝2.851 \times 1.03＝2.937t$$

$$粉煤灰＝5.016 \times 1.03＝5.167t$$

$$碎石＝29.178 \times 1.02＝29.762t$$

据题意知：水＝$2.1 \times 0.18 \times 100 \times 8\% \times 1.05＝3.175t$

（7）代入《江苏省市政计价表》（2004）价格（2-170）得：

① 人工　$26 \times 12.645＝328.77$（元）

② 机械　74.41（元）

③ 材料：

$$石灰＝140 \times 2.937＝411.18（元）$$

$$粉煤灰＝20 \times 5.167＝103.34（元）$$

$$碎石＝29.762 \times 35.1＝1044.65（元）$$

$$水＝3.175 \times 2.8＝8.89（元）$$

$$其他费＝（411.18＋103.34＋1044.65＋8.89） \times 0.5\%＝7.85（元）$$

故　　　　　　　　材料费＝1575.91（元）

④ 管理费＝141.11（元）

⑤ 利润＝60.48（元）

故　　　　综合基价＝（328.77＋74.41＋1575.91＋141.11＋60.48）

　　　　　　　　　　＝2180.68（元）

【例题 5-12】　道路工程清单计价实例

1）设计依据（略）

2）技术规范（略）

3）地形地质水文条件（略）

4）设计简介

（1）道路全长 1189m，路幅宽 35m，横断面布置为：4.0m（人行道）＋12.5m（车行道）＋2.0（中央分隔带）＋12.5m（车行道）＋4.0m（人行道）＝35.0m。

（2）设计技术指标：

① 道路设计等级：城市次干道，设计时速为 40km/h。

② 设计荷载等级：道路路面设计以 BZZ—100m 为标准轴载。

③ 路面设计年限：沥青路面 15 年。

（3）道路平、纵面设计：

① 道路平面设计：全线无平曲线，沿线共有规划及即将建设的平面交叉口共 3 处。

② 道路纵断面设计：

沿线纵断面主要设计参数：道路最小纵坡为 0.3%；道路最大纵坡为 1.03%，最小凸形竖曲线半径为 $R=4000m$；最小凹形竖曲线半径为 $R=7000m$。

（4）路面设计：

路面结构采用沥青混凝土，其结构如下：

车行道

4cmAC-13I 细粒式沥青混凝土

5cmAC-16I 中粒式沥青混凝土

6cmAC-25I 粗粒式沥青混凝土

20cm 二灰碎石基层（6：14：80）

30cm 石灰土底基层（含灰量 12%）

人行道

6cm 厚彩色人行道板

2cm M10 水泥砂浆（1：2）

5cm 细石混凝土（C15）

10cm 石灰土（含灰 12%）

其中：二灰碎石配比：石灰：粉煤灰：碎石＝6：14：80（厂拌）

施工注意事项：

施工过程中除按有关市政工程的施工及验收规范施工外，还应满足下列要求：

（1）路基填土应不含有任何不适宜工程使用的土，如淤泥、沼泽土、含有残树等腐殖质的土以及含水量较大的土。

（2）路基填土必须分层压实，每层的压实厚度不得大于 25cm。

（3）路基范围内的淤泥、杂草、树根及表层耕植土必须全部清除。

（4）塘岸或局部地面坡度陡于 1：5 的路段，在清除淤泥和耕植土后，路基的纵横向均应将陡坡挖成台阶，每级台阶宽度不小于 1.0m，台阶面应做成内向倾 3% 状。

（5）道路基层及面层施工前应对路基作全面检查，其压实度、平整度、弯沉值等指标应满足设计及相关规范要求，如达不到设计规定值，应查出其范围后作进一步处理。

本说明和图纸中未尽事宜，按道路施工技术规范执行（图 5-8～图 5-15）。

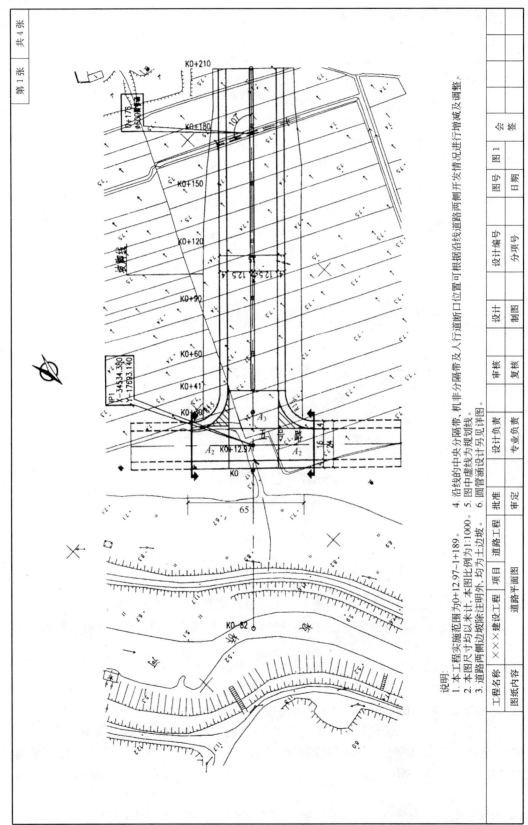

图 5-8 平面图一

说明:
1. 本工程实施范围为0+12.97~1+189。
2. 本图尺寸均以米计,本图比例为1:1000。
3. 道路两侧边坡除注明外,均为土边坡。
4. 沿线的中央分隔带、机非分隔带及人行道断口位置可根据沿线道路两侧开发情况进行增减及调整。
5. 图中虚线为规划线。
6. 圆管涵设计另见详图。

工程名称	×××建设工程	项目	道路工程	设计负责		设计		设计编号		图号	图1
图纸内容	道路平面图			专业负责		制图		分项号		日期	
				审核						会签	
				复核							
				批准							
				审定							

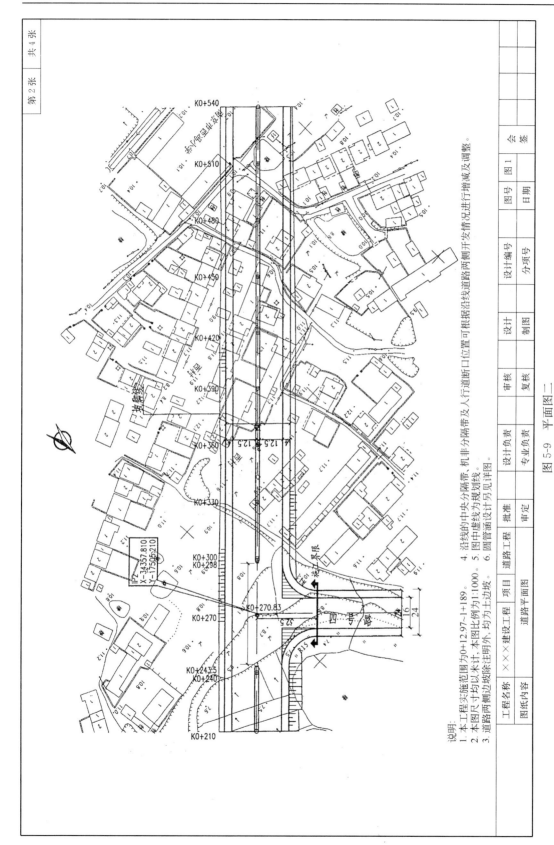

图 5-9 平面图二

说明:
1. 本工程实施范围为 K0+12.97~1+189。
2. 本图尺寸均以米计,本图比例为 1:1000。
3. 道路两侧边坡除注明外,均为土边坡。
4. 沿线的中央分隔带、机非分隔带及人行道断口位置可根据沿线道路两侧开发情况进行增减及调整。
5. 图中虚线为规划线。
6. 圆管涵设计另见详图。

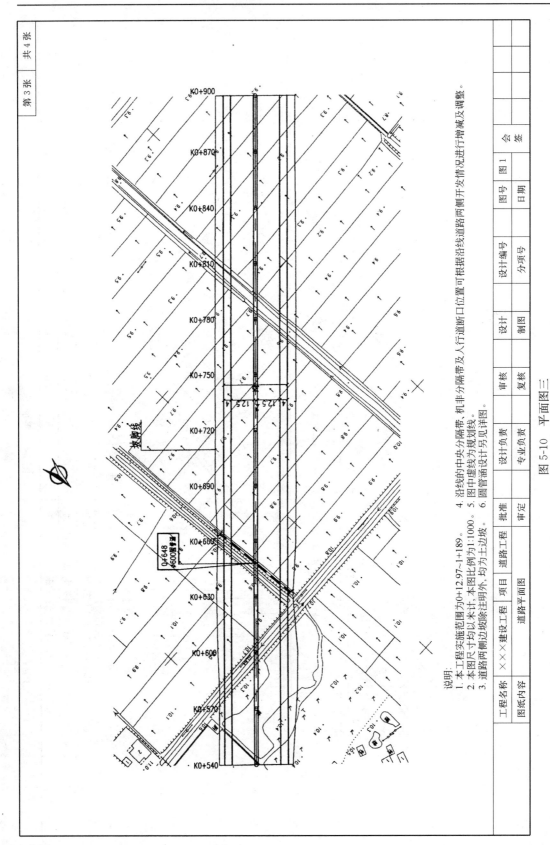

说明：
1. 本工程实施范围为0+12.97～1+189。
2. 本图尺寸均以米计，本图比例为1:1000。
3. 道路两侧边坡除注明外，均为土边坡。
4. 沿线的中央分隔带、机非分隔带及人行道断口位置可根据沿线道路两侧开发情况进行增减及调整。
5. 图中道线为规划线。
6. 圆管涵设计另见详图。

图 5-10 平面图三

| 工程名称 | ×××建设工程 | 项目 | 道路工程 | 批准 | | 审定 | | 设计负责 | | 专业负责 | | 审核 | | 复核 | | 设计 | | 制图 | | 设计编号 | | 图号 | 图 1 | 会 | |
| 图纸内容 | 道路平面图 | | | | | | | | | | | | | | | | | | 分项号 | | 日期 | | 签 | |

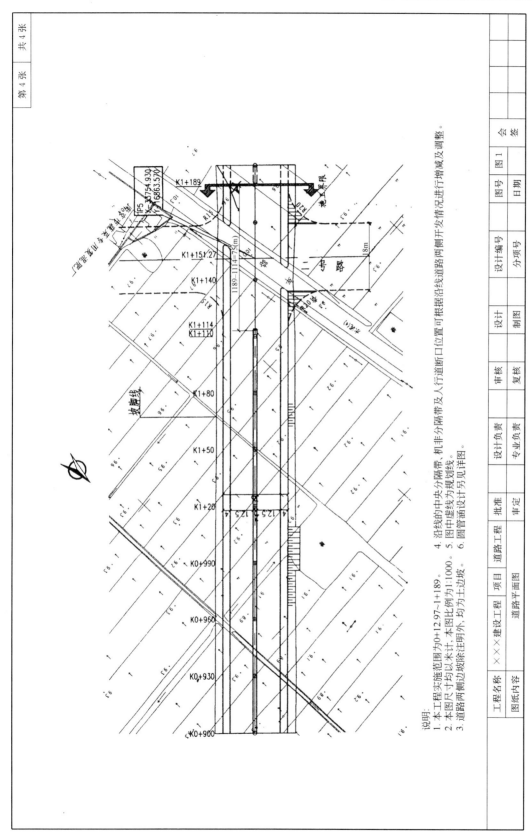

图 5-11　平面图四

说明:
1. 本工程实施范围为0+12.97~1+189。
2. 本图尺寸均以米计,本图比例为1:1000。
3. 道路两侧除注明外,均为土边坡。
4. 沿线的中央分隔带、机非分隔带及人行道断口位置可根据沿线道路两侧开发情况进行增减及调整。
5. 图中虚线为规划线。
6. 圆管涵设计另见详图。

工程名称	×××建设工程	项目	道路工程	批准		审核		设计		设计编号		图号	图1
图纸内容	道路平面图			审定		复核		制图		分项号		日期	
								设计负责		审核		会	
								专业负责		复核		签	

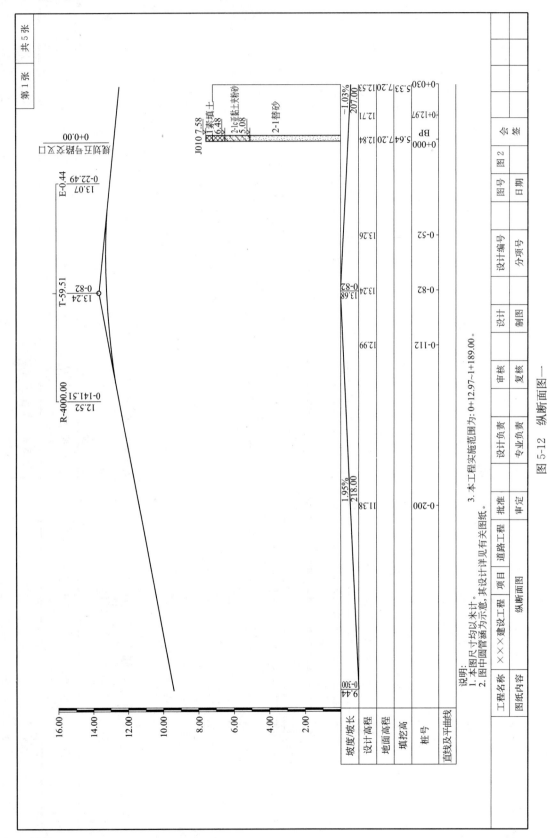

图 5-12 纵断面图一

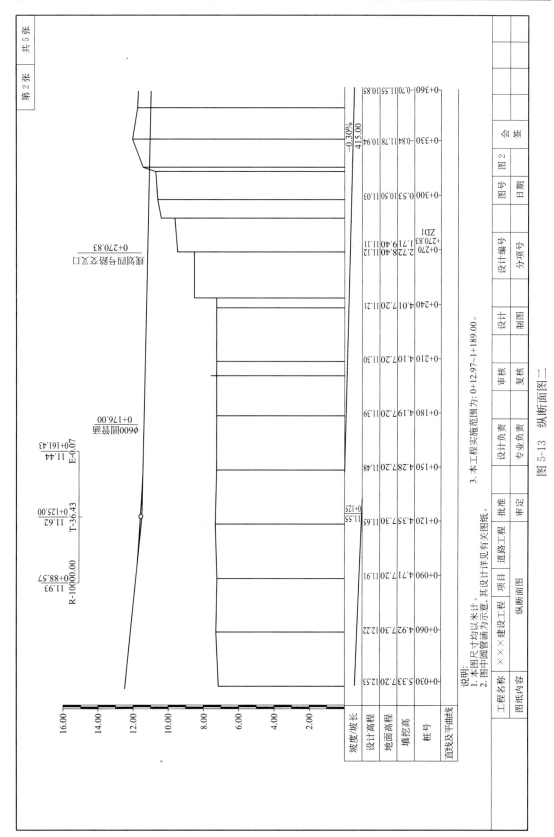

图 5-13 纵断面图二

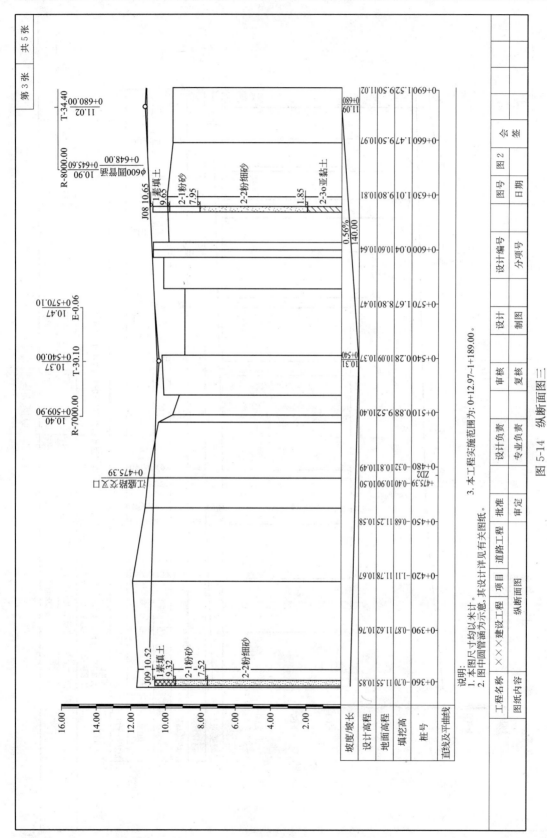

图 5-14 纵断面图三

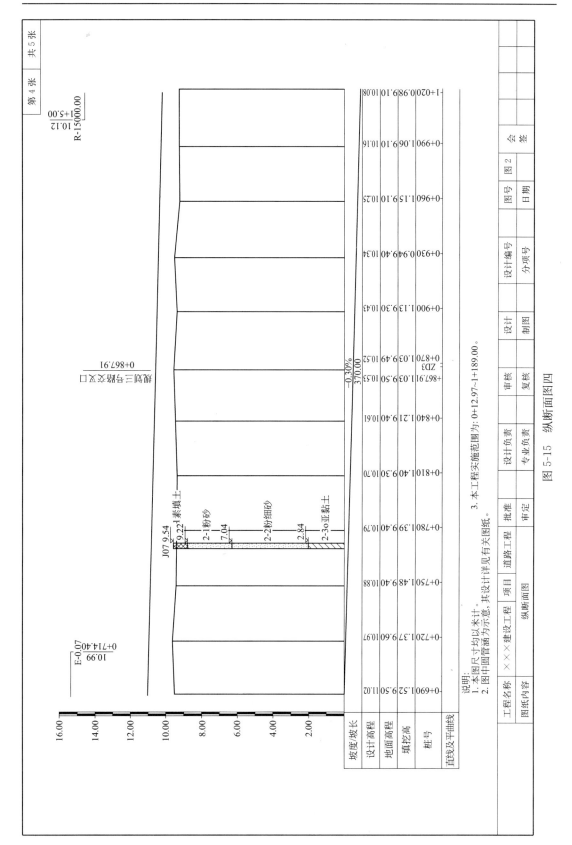

图 5-15　纵断面图图四

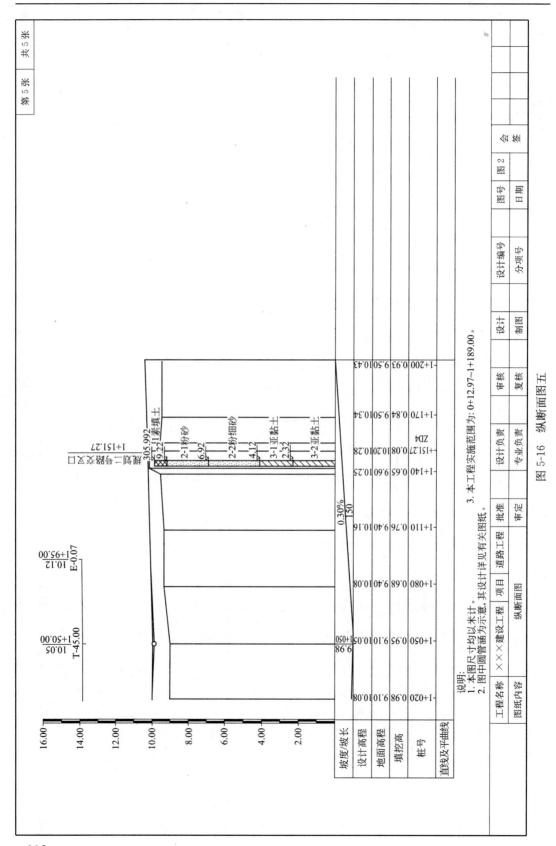

图 5-16 纵断面图图五

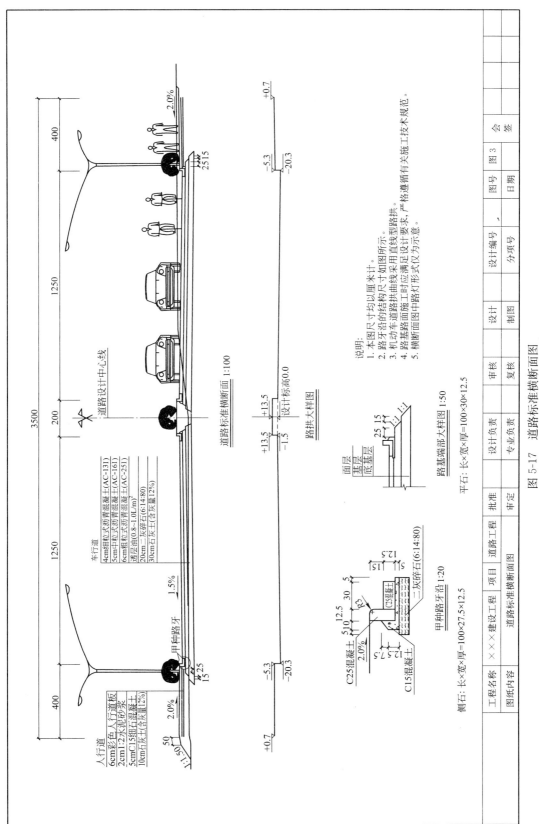

图 5-17　道路标准横断面图

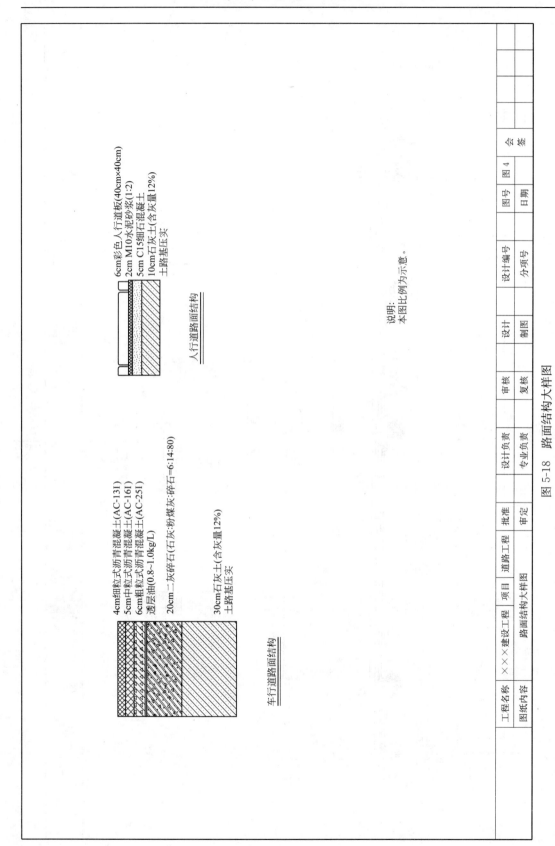

图 5-18 路面结构大样图

桩号	横断面积(m²)			平均面积(m²)			距高(m)	总数量	挖方分类及数量(m³)													填方数量(m³)	
	挖	填		挖	填				土						石							土	石
		土	石		土	石			I		II		III		IV		V		VI				
									%	数量	%	数量	%	数量	%	数量	%	数量	%	数量		
1	2	3	4	5	6	7	8	9	10	11	12	13	14	15	16	17	18	19	20	21	22	23
K0+12.79		250.90			232.92		17.22															6987.61	
K0+030		214.94			204.87		30.00															8139.95	
K0+060		194.39			188.41		30.00															5852.21	
K0+090		182.43			173.80		30.00															5213.93	
K0+120		165.17			163.23		30.00															4896.84	
K0+150		161.29			159.19		30.00															4775.71	
K0+180		157.09			154.30		30.00															4629.14	
K0+210		151.52			141.98		30.00															4259.55	
K0+240		132.45			86.18		30.83															2656.96	
K0+270.83		39.91		3.06	23.01		29.17	89.97						89.97							671.22	
K0+300	6.17	6.11		29.00	3.06		33.12	960.44						960.44							101.19	
K0+333.12	51.83			47.35			17.29	818.72						818.72								
K0+350.41	42.88			43.87			19.60	859.89						859.89								
K0+370.01	44.87			51.68			48.59	2511.07						2511.07								
K0+418.60	58.49			48.41			40.11	1941.54						1941.54								
K0+458.71	38.32			39.62			16.88	650.84						660.84								
K0+475.39	40.92			31.13	0.96		30.77	957.95						957.95								
K0+506.16	21.35	1.93		16.38	3.68		15.39	252.09						252.09							29.65	
K0+521.55	11.41	5.44		12.15	4.06		20.99	254.97						254.97							56.66	
K0+542.54	12.88	2.88		8.63	13.43		37.45	323.03						323.03							85.19	
K0+579.99	4.37	24.18		5.56	21.98		21.18	117.72						117.72							503.05	
K0+601.17	6.75	19.77		4.21	17.07		28.83	121.48						121.48							465.52	
K0+630	1.68	14.36		0.84	24.43		30.00	25.20						25.20							492.05	
K0+660		34.50			36.37		30.00															732.87	
K0+690		38.24			35.53		30.00															1091.10	
K0+720		32.81			34.69		30.00															1065.77	
K0+750		38.56																				1040.57	
本页合计								9894.89						9894.89							51546.75	
连前累加								9894.89						9894.89							51546.75	

工程名称	×××建设工程	项目	道路工程	批准		审核		设计负责		设计	
图纸内容	道路土方计算表			审定		复核		专业负责		制图	
图号	图5	设计编号		分项号		日期		会签			

图5-19　道路土方计算表一

135

桩号	横断面积(m²) 挖	横断面积(m²) 填 土	横断面积(m²) 填 石	平均面积(m²) 挖	平均面积(m²) 填 土	平均面积(m²) 填 石	距高(m)	总数量	挖方分类及数量(m³) 土 I %	I 数量	II %	II 数量	III %	III 数量	石 IV %	IV 数量	V %	V 数量	VI %	VI 数量	填方数量(m³) 土	填方数量(m³) 石
1	2	3	4	5	6	7	8	9	10	11	12	13	14	15	16	17	18	19	20	21	22	23
K0+750		36.56																				
K0+780		33.95			35.25		30.00														1057.63	
K0+810		33.68			33.81		30.00														1014.32	
K0+840		26.16			29.92		30.00														897.55	
K0+867.91		19.54			22.85		27.91														637.76	
K0+900		23.92			21.73		32.09														697.28	
K0+930		18.67			21.29		30.00														638.83	
K0+960		24.31			21.49		30.00														644.63	
K0+990		23.94			24.12		30.00														723.71	
K1+020		17.62		0.31	20.78		30.00	9.18						9.18							623.40	
K1+050	0.61	11.02		1.18	14.32		30.00	35.36						35.36							429.59	
K1+080	1.75	8.72		1.21	9.87		30.00	36.41						36.41							296.10	
K1+110	0.68	8.31		5.01	8.51		30.00	150.44						150.44							255.42	
K1+140	9.35	3.43		4.89	5.87		30.00	146.67						146.67							176.11	
K1+170	0.43	7.33		0.22	5.38		30.00	4.08						4.08							161.41	
K1+189		15.71			11.52		19.00														218.88	
本页合计								382.14						382.14							8472.62	
连前累加								10277.03						10277.03							6019.37	

工程名称	×××建设工程	项目	道路工程	批准		审核		设计负责		设计		设计编号		图号	图5
图纸内容	道路土方计算表			审定		复核		专业负责		制图		分项号		日期	
														会签	

图5-20　道路土方计算表二

第2张　共2张

1. 道路土方工程工程量清单计算

（1）挖一般土方：10277m³（见土方表）。

（2）填方：60019m³（见土方表）。

（3）余方弃置：$10277 \times 0.5 = 5139$m³。

（4）缺方内运（土方场内转运）：$10277 - 5139 = 5138$m³。

（5）缺方内运（外购土）：$60019 \times 1.15 - 5138 = 63884$m³。

注：未考虑道路范围淤泥及耕植土。

2. 道路工程清单工程量计算——应从上向下逐层计算。

4cm 厚 AC—131 细粒式：

应该有 $l = 1189 - 41 = 1148$m 及 5# 路口、4# 路口、2# 路处总数。

（1）0K+41～1K+189

$$2 \times [12.5 - (0.3 \times 2)] \times (1189 - 41) = 2 \times 11.9 \times 1148 = 27322.4\text{m}^2$$

（2）5# 路口，如图 5-21、图 5-22、图 5-23 所示。

①

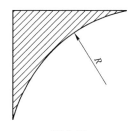

图 5-21

$$A_1 = 2A = 2 \times 0.2146 \times 15 \times 15 = 48.3 \times 2 = 96.6\text{m}^2$$

②

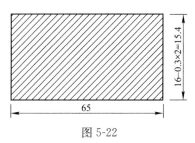

图 5-22

$$A_2 = 15.4 \times 65 = 1001\text{m}^2$$

③

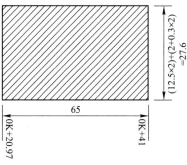

图 5-23

137

$$A_3 = 27.6 \times 20.03 = 552.79 \text{m}^2$$

（3）4#路口，如图5-24、图5-25、图5-26所示。

①

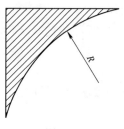

图 5-24

$$A_4 = 96.6 \text{m}^2$$

②

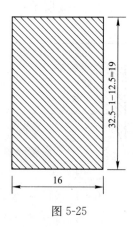

图 5-25

$$A_5 = 16 \times 19 = 304 \text{m}^2$$

③ 中央分隔带处

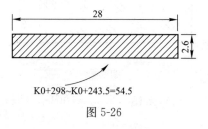

图 5-26

$$A_6 = 54.5 \times 2.6 = 141.7 \text{m}^2$$

（4）4#路口，如图5-27所示。

因是虚线，不必计算，但中央分隔带。

$$A_7 = 75 \times 2.6 = 195 \text{m}^2$$

因此：$\Sigma_{4\text{cm}}$（AC—131）细粒混凝土＝27322.4＋1650.39＋542.3＋195＝29710.09m²

$\Sigma_{5\text{cm}}$（AC—161）沥青混凝土＝29710.09m²

$\Sigma_{6\text{cm}}$（AC—251）沥青混凝土＝29710.09m²

透油层＝29710.09m²

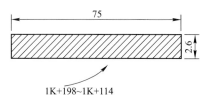

图 5-27

20cm 厚二灰砾石(石灰∶粉煤灰∶砾石＝6∶14∶80)：

(1) 0K＋41～1K＋189

$[12.5＋(0.125×2)＋(0.15×2)]×1148×2＝13.05×1148×2＝29962.8m^2$

(2) 5$^{\#}$路口——根据图 5-28～图 5-30 计算。

①

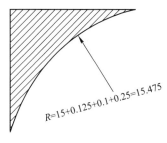

图 5-28

$A'_1＝2×0.2146×15.475^2＝102.78m^2$

②

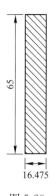

图 5-29

$A'_2＝65×16.475＝1070.88m^2$

③

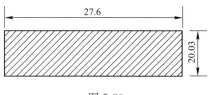

图 5-30

$$A'_3 = 27.6 \times 20.03 = 552.83 \text{m}^2$$

（3）4$^\#$路口——根据图 5-31～图 5-34 计算。

①

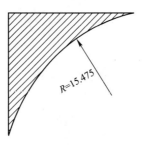

图 5-31

$$A'_4 = A'_1 = 102.78 \text{m}^2$$

②

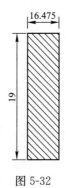

图 5-32

$$A'_5 = 16.475 \times 19 = 313.03 \text{m}^2$$

③ 中央分隔带处：

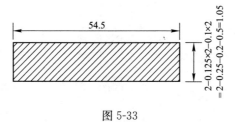

图 5-33

$$A'_6 = 1.05 \times 54.5 = 57.23 \text{m}^2$$

（4）2$^\#$路口——中央分隔带处（图 5-34）

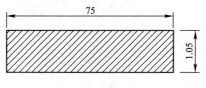

图 5-34

$$A_7' = 1.05 \times 75 = 78.75 \text{m}^2$$

$\Sigma_{20\text{cm}}$二灰砾石$= 29962.8 + 1726.49 + 473.04 + 78.75 = 32241.08 \text{m}^2$

30cm 厚(12%)的石灰土基层：

(1) 0K+41～1K+189

$(12.5 + 0.125 \times 2 + 0.1 \times 2 + 0.25 \times 2 + 0.2 \times 2 + 0.15 \times 2) \times 1148 \times 2$

$= 14.15 \times 1148 \times 2$

$= 32488.4$

(2) 5$^\#$路口：（图 5-35～图 5-37）

①

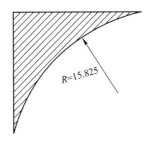

图 5-35

$$A_1'' = 2 \times 0.2146 \times 15.825 \times 12.825 = 107.48 \text{m}^2$$

②

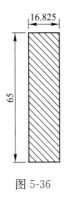

图 5-36

$$A_2'' = 65 \times 16.825 = 1093.63 \text{m}^2$$

③

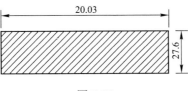

图 5-37

$$A_3'' = 27.6 \times 20.03 = 552.83 \text{m}^2$$

(3) 4$^\#$路口（图 5-38～图 5-40）

①

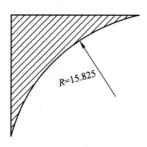

图 5-38

$$A''_4 = 107.48 \text{m}^2$$

②

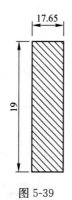

图 5-39

$$A''_5 = 17.65 \times 19 = 335.35 \text{m}^2$$

③

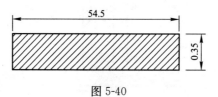

图 5-40

$$A''_6 = 0.35 \times 54.5 = 19.08 \text{m}^2$$

（4）2#路口（图 5-41）。

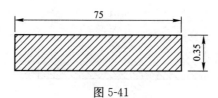

图 5-41

$$A''_7 = 0.35 \times 75 = 26.3 \text{m}^2$$

$$\Sigma_{30\text{cm}}\text{石灰土} = 32488.4 + 1753.94 + 461.91 + 26.3 = 34730.6 \text{m}^2$$

路床碾压＝34730.6

侧石：

(1) 0K＋41～0K＋189

∴　　　　　　　　　　　　$l=1148×4=4592m$

(2) 5#路口(图 5-42)。

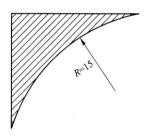

图 5-42

$$l_1=\frac{\pi\alpha R}{180°}=\frac{3.14×90×15}{180°}=47.1×2=94.2m$$

$$l_2=65m$$

(3) 4#路口：$l_3=94.2m$

(4) 2#路口——无

(5) 中央分隔带扣 $\begin{cases}0K＋298～0K＋243.5 & 即\ 54.5×2=109m\\1K＋114～1K＋118.9 & 即\ 75×2=150m\end{cases}$

因此：$\begin{aligned}&\Sigma_{侧石}=4592＋159.2＋94.2－109－150=4586.4m\\&\Sigma_{平石}=4586.4\end{aligned}$

人行道：

6cm 彩色道板(40×40×6)cm

(1) 全长　0K＋41～1K＋189

$$(4－0.125)×1148×2=8897m^2$$

(2) 5#路口(图 5-43)：

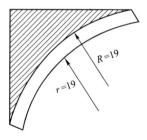

图 5-43

$$A_1'''=2×0.00218\alpha(D^2－d^2)$$
$$=2×0.00218×90×(19^2－15^2)$$
$$=0.3924×(361－225)=53.4m^2$$
$$A_2'''=65×(4－0.125)=65×3.875=251.9m^2$$

（3）4#路口：$\qquad\qquad\qquad A_3'''=53.4m^2$

减 $\qquad\qquad\qquad 53.4\times3.875=211.2$

$\qquad\sum_{6cm}$彩色道板$=8897+53.4+251.9+53.4-211.2=9044.5m^2$

$\qquad\qquad\qquad\sum_{2cm}$M10 砂浆层$=9044.5m^2$

$\qquad\qquad\qquad\sum_{5cm}$C15 细石混凝土$=9044.5m^2$

$\qquad\qquad\qquad\sum_{10cm}$石灰土（12%）$=9044.5m^2$

3. 道路工程清单计价工程量计算（施工工程量）

1）分部分项工程量

（1）$\sum_{4cm}$AC—131 细粒式沥青混凝土面积$=29710.09m^2$

（2）$\sum_{5cm}$AC—161 中粒式沥青混凝土面积$=29710.09m^2$

（3）$\sum_{6cm}$AC—251 粗粒式沥青混凝土面积$=29710.09m^2$

（4）透油层$=29710.09m^2$

（5）20cm 厚二灰砾石（石灰：粉煤灰：砾石$=6：14：80$）$=32241.08m^2$

（6）$\sum_{30cm}$12%石灰土基层$=3470.6m^2$

（7）路床碾压$=34730.6m^2$

（8）侧石（平石）各 4586.4m²

（9）人行道 $\begin{cases}6cm\ 彩色道板=9044.5m^2\\2cm\ 砂浆层=9044.5m^2\\5cm\ C15\ 混凝土=9044.5m^2\\10cm\ 石灰土=9044.5m^2\end{cases}$

（10）二灰砾石配合比换算：

因《江苏省市政工程计价表》（2004）P58 配合比为 10：20：70，而现在配合比为 6：

14：80 查（2-170）得 $\begin{cases}石灰用量为：3.96t/100m^2\\粉煤灰量为：9.29t/100m^2\\砾石量为：28.37t/100m^2\end{cases}$

根据现配合比则需：

石灰用量为：$C_d\times\dfrac{l_i}{l_d}=3.96\times\dfrac{6}{10}=2.376t$

粉煤灰用量为：$9.29\times\dfrac{14}{20}=6.503t$

砾石用量为：$28.37\times\dfrac{80}{70}=32.42t$

因此二灰砾石的石灰消解为 $2.376t/100m^2\times322.4108=766.05t$

（11）30cm 厚 12%石灰土的消解石灰量为：

查（2-67）厚 20cm 即为 $4.08\times2-0.21\times10=9.16-2.1=7.06t/100m^2$

因此石灰量为：$7.06t/100m^2\times347.306=2452t$

土为：$(24.21\times2-1.19\times10)=36.52\times347.306=12683.6m^3$

（12）人行道 10cm 石灰土（12%）

查（2-67）石灰为 $4.08-0.21\times10=4.08-2.1=1.98t/100m^2$

石灰量为：$1.98t/100m^2 \times 90.445 = 179.08t$

取土为：$24.21 - 1.19 \times 10 = 24.12 - 11.9 = 12.22 \times 90.445 = 1105.23m^3$

（13）人行道细石混凝土

$$9044.5 \times 0.05 = 452.225m^3$$

施工方案：

（1）以上 30cm 厚 12% 采用拖拉机拌合。

（2）人行道及侧石混凝土垫层为非泵送混凝土。

（3）土方采用机械施工，挖方为 50%，进出土方为 10km。

2）措施项目工程量

（1）纤维布施工护栏 $75 + 1189 \times 2 + 45 + 3.14 \times 15 - 15 + 3.14 \times 15 - 30 + 34 = 2581.2m^2$

（2）大型机械进退场费

① 挖机（$1m^3$），2 次（道路一次，土方一次）。

② 履带式推土机：90kW，为 2 次（道路土方各一次）。

③ 沥青混凝土摊铺机：8t，一次。

3）各类汇总表见表 5-22～表 5-29。

单位工程投标报价总表 表 5-22

工程名称：单位工程　　　　　　　　　标段　　　　　　　　　第 1 页　共 1 页

序号	汇 总 内 容	金额/元	其中：暂估价
1	分部分项工程	10007367.26	
2	措施项目	386795.75	
2.1	安全文明施工费	200147.34	
3	其他项目	0.00	
3.1	暂列金额	0.00	
3.2	专业工程暂估价	0.00	
3.3	计 日 工	0.00	
3.4	总承包服务费	0.00	
4	规　　费	239065.75	
5	税　　金	365783.07	
6	合计＝1+2+3+4+5	10999011.83	

分部分项工程量清单与计价表 表 5-23

工程名称：单位工程　　　　　　　　　标段　　　　　　　　　第 1 页　共 1 页

序号	项目编码	项目名称	项目特征描述	单位	工程量	金额/元		其中：暂估价
						综合单价	合价	
1	040101001001	挖一般土方	土壤类别：三类土方；挖土深度：见设计；运距自行考虑	m^3	10277	8.67	89101.59	

续表

序号	项目编码	项目名称	项目特征描述	单位	工程量	综合单价	合价	其中：暂估价
2	040103001001	填方	填方材料品种：三类土，密实度：93%	m³	60019	5.36	321701.84	
3	040103002001	余方弃置	运距 S＝10km	m³	5139	23.40	120252.60	
4	040103003001	缺方内运		m³	63884	28.42	1815583.28	
5	040202002001	石灰稳定土	厚度 30cm；含灰量 12%	m²	34730.6	41.65	1446529.49	
6	040202006001	石灰、粉煤灰、碎(砾)石	厚度 20cm	m²	32241.08	35.23	1135853.25	
7	040203004001	沥青混凝土	沥青品种：粗粒式；厚度 6cm	m²	29710.09	55.73	1655743.32	
8	040203004002	沥青混凝土	沥青品种：中粒式；厚度 5cm	m²	29710.09	43.50	1292388.92	
9	040203004003	沥青混凝土	沥青品种：细粒式；厚度 4cm	m²	29710.09	36.55	1085903.79	
10	040204001001	人行道块料铺设		m²	9044.5	87.02	787052.39	
11	040204003001	安砌侧(平、缘)石		m	4586.5	56.09	257256.79	

措施项目清单与计价表(一)　　　　表 5-24

工程名称：单位工程　　　　　标段　　　　　第1页 共2页

序号	项目名称	计算基础	费率/%	金额/元
1	现场安全文明施工	1.1～1.3		200147.34
1.1	基本费	分部分项综合费用	1	100073.67
1.2	考评费	分部分项综合费用	0.6	60044.20
1.3	奖励费	分部分项综合费用	0.4	40029.47
2	夜间施工	分部分项综合费用	0	0.00
3	冬雨期施工	分部分项综合费用	0	0.00
4	已完工程及设备保护	分部分项综合费用	0	0.00
5	临时设施	分部分项综合费用	1.5	150110.51
6	赶工措施	分部分项综合费用	0	0.00
7	工程按质论价	分部分项综合费用	0	0.00
8	住宅工程分户验收	分部分项综合费用	0	0.00
9	检验试验费	分部分项综合费用	0.15	15011.05
	合计	1.1～9		365268.90

措施项目清单与计价表(二)

表 5-25

工程名称:单位工程   标段   第 2 页 共 2 页

序号	项 目 名 称	金额/元
一	通用措施项目	21526.85
1	二次搬运	
2	大型机械设备进出场及安拆	13173.19
3	施工排水	
4	施工降水	
5	地上、地下设施,建筑物的临时保护措施	8353.66
6	特殊条件下施工增加	
二	专业工程措施项目	
7	模板及支架	
8	脚手架	
9	围堰	
10	筑岛	
11	便道	
12	便桥	
13	其他以"项"计价的措施项目	
	总 计	21526.85

规费、税金项目清单与计价表

表 5-26

工程名称:单位工程   标段   第 1 页 共 1 页

序号	项目名称	计 算 基 础	费率/%	金额/元
1	规 费	1.1~1.4		239065.75
1.1	工程排污费	分部分项综合费用+措施项目合计+其他项目合计	0	0.00
1.2	建筑安全监督管理费	分部分项综合费用+措施项目合计+其他项目合计	0.19	19748.91
1.3	社会保障费	分部分项综合费用+措施项目合计+其他项目合计	1.8	187094.93
1.4	住房公积金	分部分项综合费用+措施项目合计+其他项目合计	0.31	32221.91
2	税 金	分部分项综合费用+措施项目合计+其他项目合计+1	3.44	365783.07
	合 计	1+2		604848.82

承包人供应主要材料一览表

表 5-27

工程名称：单位工程　　　　　　　　　　　标段　　　　　　　　第1页 共1页

序号	材料编码	材料名称	规格、型号等特殊要求	单位	数量	单价/元	合价/元	备注
1	C000000	其他材料费		元	−1.592	1	−1.59	
2	C101021	细　砂		t	14.471	88.13	1275.33	
3	C101022	中　砂		t	1007.804	88.13	88817.77	
4	C102040	碎　石	5～16mm	t	266.774	59.57	15891.73	
5	C102042	碎　石	5～40mm	t	575.597	63.65	36636.75	
6	C102044	碎　石	25～40mm	t	375.634	63.65	23909.1	
7	C105009	生石灰		t	2497.242	280.5	700476.38	
8	C105012	石灰膏		m³	23.776	209.1	4971.56	
9	C301023	水　泥	32.5级	kg	284153.586	0.29	82404.54	
10	C302096	人行道板	30cm×30cm×6cm	千块	103.65	2790	289183.5	
11	C407012	木　柴		kg	2376.807	0.35	831.88	
12	C513083	钢脚手架管		kg	91.367	3.82	349.02	
13	C603003	柴　油		t	4.754	3280	15593.12	
14	C604015	沥青混凝土		t	4248.543	330.5	1404143.46	
15	C604034	石油沥青	60～100#	t	29.71	3772.33	112075.92	
16	C604040	细(微)粒沥青混凝土		t	2766.009	347.42	960966.85	
17	C604045	中粒式沥青混凝土		t	3526.588	337.33	1189623.93	
18	C608049	草袋子	1m×0.7m	m²	1375.95	1.43	1967.61	
19	C608159	纤维布		m	2147.392	1.62	3478.78	
20	C613146	煤		t	13.964	390	5445.96	
21	C613206	水		m³	8168.342	2.8	22871.36	
22	C707009	电		kW·h	256.502	0.75	192.38	
23	C902103	二灰结石		t	14227.989	69.72	991975.39	
24	C911178	黄　土		m³	14795.977	0	0	
25	C911186	混凝土缘石		m	4655.297	10	46552.97	
26	C911190	混凝土侧石(立缘石)		m	4655.297	11	51208.27	
27	变量	其他材料费		元	23724.957	1	23724.96	
		合　计					6074566.93	

分部分项工程量清单综合单价分析表

表 5-28
第 1 页　共 11 页

工程名称：单位工程　　项目编码：040101001001　　项目名称：挖一般土方　　标段：　　计量单位：m³

清单综合单价组成明细

定额编号	定额名称	定额单位	数量	单价					合价				
				人工费	材料费	机械费	管理费	利润	人工费	材料费	机械费	管理费	利润
(1-255)	拉铲挖掘机（斗容量 1.0m³）挖三类土、装车	1000m³	0.0010	237.60	0.00	3653.76	739.36	389.14	0.24	0.00	3.65	0.74	0.39
(1-290)	自卸汽车运土（8t 以内）运距 1km 以内	1000m³	0.0005	0.00	33.60	5625.02	1068.75	562.50	0.00	0.02	2.81	0.53	0.28
综合人工工日	0.01 工日		小计						0.24	0.02	6.46	1.27	0.67
			未计价材料费										
清单项目综合单价									8.67				

主要材料名称、规格、型号	单位	数量	单价/元	合价/元	暂估单价	暂估合价
水	m³	0.006	2.8	0.02	—	—
其他材料费			—			—
材料费小计			—	0.02		—

分部分项工程量清单综合单价分析表

表 5-28
第 2 页　共 11 页

工程名称：单位工程　　项目编码：040103001001　　项目名称：填方　　标段：　　计量单位：m³

清单综合单价组成明细

定额编号	定额名称	定额单位	数量	单价					合价				
				人工费	材料费	机械费	管理费	利润	人工费	材料费	机械费	管理费	利润
(1-360)	机械填土碾压内燃压路机 15t 以内	1000m³	0.0010	237.60	42.00	3884.30	783.16	412.19	0.24	0.04	3.88	0.78	0.41
综合人工工日			小计						0.24	0.04	3.88	0.78	0.41

续表

分部分项工程量清单综合单价分析表

项目编码	040103001001	项目名称	填方			计量单位	m³	
清单综合单价组成明细								
定额编号	定额名称	定额单位	数量	单价			合价	
				人工费　材料费　机械费　管理费　利润			人工费　材料费　机械费　管理费　利润	
	0.01工日						机械费 5.36	
清单项目综合单价								
主要材料名称、规格、型号	单位	数量	单价/元	合价/元		暂估单价	暂估合价	
水	m³	0.015		0.04	2.8(利润)	—	—	
其他材料费				0.04		—	—	
材料费小计				0.04				

表 5-28

第 3 页　共 11 页

工程名称：单位工程　　　　　　标段：

项目编码	040103002001	项目名称	余方弃置			计量单位	m³	
清单综合单价组成明细								
定额编号	定额名称	定额单位	数量	单价			合价	
				人工费　材料费　机械费　管理费　利润			人工费　材料费　机械费　管理费　利润	
(1-294)	自卸汽车运土(8t以内运距10km以内)	1000m³	0.0010	0.00　33.60　18111.25　3441.14　1811.13			0.00　0.03　18.11　3.44　1.81	
综合人工工日		小计					0.00　0.03　18.11　3.44　1.81	
清单项目综合单价				23.40				
主要材料名称、规格、型号	单位	数量	单价/元	合价/元		暂估单价	暂估合价	
水	m³	0.012		0.03	2.8(利润)	—	—	
其他材料费				0.03		—	—	
材料费小计				0.03				

分部分项工程量清单综合单价分析表

表 5-28
第 4 页　共 11 页

工程名称：单位工程　　　　　　标段

项目编码	04010300300 1	项目名称	缺方内运	计量单位	m³

清单综合单价组成明细

定额编号	定额名称	定额单位	数量	单价					合价				
				人工费	材料费	机械费	管理费	利润	人工费	材料费	机械费	管理费	利润
(1-255)	拉铲挖掘机(斗容量1m³)挖三类土，装车	1000m³	0.0010	237.60	0.00	3653.76	739.36	389.14	0.24	0.00	3.65	0.74	0.39
(1-294)	自卸汽车运土(8t以内)运距10km以内	1000m³	0.0010	0.00	33.60	18111.25	3441.14	1811.13	0.00	0.03	18.11	3.44	1.81
综合人工工日	小计								0.24	0.03	21.76	4.18	2.20
0.01工日	清单项目综合单价										28.42		

未计价材料费

主要材料名称、规格、型号	单位	数量	单价/元	合价/元	暂估单价	暂估合价
水	m³	0.012	2.8	0.03	—	—
其他材料费				—	0.03		—
材料费小计					0.03		—

分部分项工程量清单综合单价分析表

表 5-28
第 5 页　共 11 页

工程名称：单位工程　　　　　　标段

项目编码	040202002001	项目名称	石灰稳定土	计量单位	m²

清单综合单价组成明细

定额编号	定额名称	定额单位	数量	单价					合价				
				人工费	材料费	机械费	管理费	利润	人工费	材料费	机械费	管理费	利润
(2-1)	路床碾压检验	100m²	0.0100	14.26	0.00	89.26	19.67	10.35	0.14	0.00	0.89	0.20	0.10
(2-79)×2	石灰土基层，厚度15cm，拌合机拌合，含灰量12%	100m²	0.0100	335.80	1738.40	456.78	150.59	79.26	3.36	17.38	4.57	1.51	0.79

151

续表

项目编码	040202002001	项目名称	石灰稳定土	计量单位	m²

清单综合单价组成明细

定额编号	定额名称	定额单位	数量	单价					合价				
				人工费	材料费	机械费	管理费	利润	人工费	材料费	机械费	管理费	利润
(1-255)	拉铲挖掘机（斗容量1.0m³）挖三类土、装车	1000m³	0.0004	237.60	0.00	3653.76	739.36	389.14	0.09	0.00	1.33	0.27	0.14
(1-294)	自卸汽车运土（8t以内）运距10km以内	1000m³	0.0004	0.00	33.60	18111.25	3441.14	1811.13	0.00	0.01	6.61	1.26	0.66
(2-398)	集中消解石灰	t	0.0706	6.34	2.95	14.09	3.88	2.04	0.45	0.21	0.99	0.27	0.14
(2-193)	顶层多合土养生、洒水车洒水	100m²	0.0100	2.77	4.14	13.79	3.15	1.66	0.03	0.04	0.14	0.03	0.02
综合人工工日				小　计					4.07	17.64	14.53	3.54	1.85
0.09工日				未计价材料费									
				清单项目综合单价					41.65				

主要材料名称、规格、型号	单位	数量	单价/元	合价/元	暂估单价	暂估合价
黄　土	m³	0.363	0	0.00		—
生 石 灰	t	0.061	280.5	17.17		—
水	m³	0.140	2.8	0.39		
其他材料费	元	0.087	1	0.09		
材料费小计			—	17.64	—	—

分部分项工程量清单综合单价分析表

表 5-28
第 6 页 共 11 页

工程名称：单位工程

| 项目编码 | 040202006001 | 项目名称 | 石灰、粉煤灰、碎（砾）石 | | | | | 计量单位 | m² |

标段

清单综合单价组成明细

定额编号	定额名称	定额单位	数量	单 价					合 价				
				人工费	材料费	机械费	管理费	利润	人工费	材料费	机械费	管理费	利润
(2-173)	二灰结石混合料基层厂拌人铺，厚20cm	100m²	0.0100	249.48	3076.74	76.17	61.87	32.57	2.49	30.77	0.76	0.62	0.33
(2-193)	顶层多合土养生，洒水车洒水	100m²	0.0100	2.77	4.14	13.79	3.15	1.66	0.03	0.04	0.14	0.03	0.02
综合人工工日					小 计				2.52	30.81	0.90	0.65	0.35
0.06 工日					未计价材料费								
					清单项目综合单价				35.23				

主要材料名称、规格、型号	单位	数量	单价/元	合价/元	暂估单价	暂估合价
二灰结石	t	0.441	69.72	30.77		
水	m³	0.015	2.8	0.04		
其他材料费	元	0.000	1	0.00		
其他材料费				—		—
材料费小计				30.81		—

分部分项工程量清单综合单价分析表

表 5-28
第 7 页 共 11 页

工程名称：单位工程

| 项目编码 | 040203004001 | 项目名称 | 沥青混凝土 | | | | | 计量单位 | m² |

标段

清单综合单价组成明细

定额编号	定额名称	定额单位	数量	单 价					合 价				
				人工费	材料费	机械费	管理费	利润	人工费	材料费	机械费	管理费	利润
(2-275)	喷洒透层油；汽车式沥青喷洒机．喷油量1kg/m²	100m²	0.0100	3.17	378.40	14.10	3.28	1.73	0.03	3.78	0.14	0.03	0.02

续表

| 项目编码 | 040203004001 | | | | 项目名称 | | 沥青混凝土 | | | 计量单位 | | m² |

清单综合单价组成明细

定额编号	定额名称	定额单位	数量	单价					合价				
				人工费	材料费	机械费	管理费	利润	人工费	材料费	机械费	管理费	利润
(2-295)	粗粒式沥青混凝土土路面·机械摊铺 厚度6cm	100m²	0.0100	105.34	4778.52	199.65	57.95	30.50	1.05	47.79	2.00	0.58	0.31
综合人工日													
0.03工日			小　计						1.08	51.57	2.14	0.61	0.33
		未计价材料费											
		清单项目综合单价							55.73				

主要材料名称、规格、型号	单位	数量	单价/元	合价/元	暂估单价	暂估合价
沥青混凝土	t	0.143	330.5	47.26		
石油沥青：60~100#	t	0.001	3772.33	3.77		
其他材料费	元	0.250	1	0.25		
柴油	t	0.000	3280	0.20		
煤	t	0.000	390	0.08		
木柴	kg	0.032	0.35	0.01		
其他材料费			—	—		
材料费小计			51.57			

分部分项工程量清单综合单价分析表

表5-28

工程名称：单位工程　　　　标段　　　　　　　　第8页　共11页

| 项目编码 | 040203004002 | | | | 项目名称 | | 沥青混凝土 | | | 计量单位 | | m² |

清单综合单价组成明细

定额编号	定额名称	定额单位	数量	单价					合价				
				人工费	材料费	机械费	管理费	利润	人工费	材料费	机械费	管理费	利润
(2-304)	中粒式沥青混凝土土路面·机械摊铺 厚度5cm	100m²	0.0100	95.83	4046.62	139.11	44.64	23.49	0.96	40.47	1.39	0.45	0.23

续表

项目编码 0402030 04002　**项目名称** 沥青混凝土　**计量单位** m²

清单综合单价组成明细

定额号	定额名称	数量	单价					合价				
			人工费	材料费	机械费	管理费	利润	人工费	材料费	机械费	管理费	利润
	综合人工工日	0.02 工日						0.96	40.47	1.39	0.45	0.23
		未计价材料费										
		清单项目综合单价								43.50		

主要材料名称、规格、型号	单位	数量	单价/元	合价/元	暂估单价	暂估合价
中粒式沥青混凝土	t	0.119	337.33	40.04		
其他材料费	元	0.201	1	0.20		
柴　油	t	0.000	3280	0.16		
煤	t	0.000	390	0.05		
木　材	kg	0.026	0.35	0.01		
其他材料费			—	0.01	—	—
材料费小计			—	40.47	—	—

分部分项工程量清单综合单价分析表

表 5-28

标段

工程名称:单位工程

m²

项目编码 0402030 04003　**项目名称** 沥青混凝土　**计量单位** m²

清单综合单价组成明细

定额编号	定额名称	定额单位	数量	单价					合价				
				人工费	材料费	机械费	管理费	利润	人工费	材料费	机械费	管理费	利润
(2-311)	细粒式沥青混凝土路面,机械摊铺,厚度 3cm	100m²	0.0100	85.93	2448.00	120.29	39.18	20.62	0.86	24.48	1.20	0.39	0.21

续表

项目编码 040203004003　项目名称 沥青混凝土　计量单位 m²

清单综合单价组成明细

定额编号	定额名称	定额单位	数量	单价					合价				
				人工费	材料费	机械费	管理费	利润	人工费	材料费	机械费	管理费	利润
(2-312)×2	细粒式沥青混凝土路面，机械摊铺，厚每增减0.5cm	100m²	0.0100	28.52	825.40	60.86	16.98	8.94	0.29	8.25	0.61	0.17	0.09
综合人工工日													
0.03 工日	小　计								1.15	32.73	1.81	0.56	0.30
	未计价材料费												
	清单项目综合单价								36.55				

主要材料名称、规格、型号	单位	数量	单价/元	合价/元	暂估单价	暂估合价
细（微）粒沥青混凝土	t	0.093	347.42	32.21		
	元	0.163	1	0.16		
其他材料费 柴油	t	0.000	3280	0.10		
煤	t	0.000	390	0.04		
木柴	kg	0.022	0.35	0.01		
其他材料费			—	0.21		—
材料费小计			—	32.73		—

分部分项工程量清单综合单价分析表

表 5-28

工程名称：单位工程

项目编码 040204001001　项目名称 人行道块料铺设　标段　计量单位 m²

清单综合单价组成明细

定额编号	定额名称	定额单位	数量	单价					合价				
				人工费	材料费	机械费	管理费	利润	人工费	材料费	机械费	管理费	利润
(2-2)	人行道整形碾压	100m²	0.0100	68.11	0.00	9.96	14.83	7.81	0.68	0.00	0.10	0.15	0.08

续表

项目编码	0402040001001		项目名称	人行道块料铺设					计量单位	m²				

清单综合单价组成明细

定额编号	定额名称	定额单位	数量	单价					合价				
				人工费	材料费	机械费	管理费	利润	人工费	材料费	机械费	管理费	利润
(2-79)	石灰土基层，拌合机拌合，厚度15cm，含灰量12%	100m²	0.0100	167.90	869.20	228.39	75.30	39.63	1.68	8.69	2.28	0.75	0.40
(2-85) ×5	石灰土基层，拌合机拌合，含灰量12%，厚度每增减1cm	100m²	0.0100	37.60	298.45	15.40	10.07	5.30	0.38	2.98	0.15	0.10	0.05
(1-225)	正铲挖掘机（斗容量1.0m³）挖三类土，装车	1000m³	0.0001	237.60	0.00	3594.98	728.19	383.26	0.03	0.00	0.44	0.09	0.05
(1-294)	自卸汽车运土（8t以内）运距10km以内	1000m³	0.0001	0.00	33.60	18111.25	3441.14	1811.13	0.00	0.00	2.21	0.42	0.22
(2-398)	集中消解石灰	t	0.0198	6.34	2.95	14.09	3.88	2.04	0.13	0.06	0.28	0.08	0.04
(2-193)	顶层多合土养生洒水车洒水	100m²	0.0100	2.77	4.14	13.79	3.15	1.66	0.03	0.04	0.14	0.03	0.02
(3-288)	C15 现浇混凝土垫层	10m³	0.0050	582.12	2371.68	273.16	230.93	85.53	2.91	11.86	1.37	1.15	0.43
(2-356)	人行道板（30cm×30cm×6cm）安砌水泥砂浆垫层	100m²	0.0100	565.88	3921.67	0.00	107.52	56.59	5.66	39.22	0.00	1.08	0.57
综合人工工日	小　计								11.50	62.85	6.97	3.85	1.86
0.26 工日	未计价材料费												
	清单项目综合单价									87.02			

续表

人行道块料铺设

项目编码	040204001001	项目名称	人行道块料铺设		计量单位	m²
清单综合单价组成明细						
主要材料名称、规格、型号	单位	数量	单价/元	合价/元	暂估单价	暂估合价
黄　土	m³	0.242		0.00		
人行道板：30cm×30cm×6cm	千块	0.011	2790	31.97		
生石灰	t	0.042	280.5	11.67		
中　砂	t	0.087	88.13	7.65		
水泥：32.5级*	kg	24.089	0.29	6.99		
碎石：5~40mm	t	0.064	63.65	4.05		
水	m³	0.106	2.8	0.30		
其他材料费	元	0.253	1	0.25		
细　砂	t	0.002	88.13	0.14		
电	kW·h	0.010	0.75	0.01		
其他材料费			—		—	
材料费小计			—	62.85	—	

分部分项工程量清单综合单价分析表

表 5-28

工程名称：单位工程　　　　　　　　　　　　　　　第 11 页　共 11 页

项目编码	040204003001	项目名称	安砌侧（平、缘）石				计量单位	m
清单综合单价组成明细								
定额编号	定额名称	定额单位	数量	单价				
				人工费	材料费	机械费	管理费	利润
（2-377）	甲种路牙沿基础（12.5cm×27.5cm）	100m	0.0100	633.60	1534.46	27.85	125.68	66.15

合　价				
人工费	材料费	机械费	管理费	利润
6.34	15.34	0.28	1.26	0.66

续表

项目编码	040204003001	项目名称		安砌侧（平、缘）石				计量单位		m		

清单综合单价组成明细

定额编号	定额名称	定额单位	数量	单价					合价				
				人工费	材料费	机械费	管理费	利润	人工费	材料费	机械费	管理费	利润
(2-379)	混凝土侧石安砌（立缘石）长度50cm	100m	0.0100	382.93	194.93	0.00	72.76	38.29	3.83	1.95	0.00	0.73	0.38
(2-381)	混凝土缘石安砌 长度50cm	100m	0.0100	201.96	140.09	0.00	38.37	20.20	2.02	1.40	0.00	0.38	0.20
综合人工工日 0.28工日	小计								12.19	40.01	0.28	2.37	1.24
	未计价材料费									97784.18			
	清单项目综合单价									56.09			

主要材料名称、规格、型号	单位	数量	单价/元	合价/元	暂估单价	暂估合价
混凝土侧石（立缘石）	m	1.015	11	11.16		
混凝土缘石	m	1.015	10	10.15		
碎石：25~40mm	t	0.082	63.65	5.21		
中　砂	t	0.049	88.13	4.28		
水泥：32.5级	kg	14.264	0.29	4.14		
碎石：5~16mm	t	0.058	59.57	3.43		
石　灰　膏	m³	0.005	209.1	1.04		
草袋子：1m×0.7m	m²	0.300	1.43	0.43		
水	m³	0.016	2.8	0.05		
电	kW·h	0.037	0.75	0.03		
其他材料费			—	0.09	—	—
材料费小计			—	40.01	—	—

措施项目综合单价分析表

表 5-29

第 1 页　共 2 页

工程名称：单位工程　　　　　标段：

项目编码	2	项目名称	大型机械设备进出场及安拆	计量单位	项

清单综合单价组成明细

定额编号	定额名称	定额单位	数量	单价					合价				
				人工费	材料费	机械费	管理费	利润	人工费	材料费	机械费	管理费	利润
J14065	沥青摊铺机 12t 以内（带自动找平）场外运输费	元/次	1.0000	0.00	0.00	4112.16	781.31	411.22	0.00	0.00	4112.16	781.31	411.22
J14003	履带式推土机 90kW 以内场外运输费	元/次	1.0000	0.00	0.00	2888.77	548.87	288.88	0.00	0.00	2888.77	548.87	288.88
J14001	履带式挖掘机 1m³ 以内场外运输费	元/次	1.0000	0.00	0.00	3210.84	610.06	321.08	0.00	0.00	3210.84	610.06	321.08
综合人工工日			小　　计								10211.77	1940.24	1021.18
			清单项目综合单价						13173.19				
未计价材料费													
			其他材料费						—			—	
			材料费小计						—			—	

措施项目综合单价分析表

表 5-29

第 2 页　共 2 页

工程名称：单位工程　　　　　标段：

项目编码	5	项目名称	地上、地下设施、建筑物的临时保护措施	计量单位	

清单综合单价组成明细

定额编号	定额名称	定额单位	数量	单价					合价				
				人工费	材料费	机械费	管理费	利润	人工费	材料费	机械费	管理费	利润
(1-679)	纤维布施工围栏安拆（高 2.5m）	100m	25.8100	34.85	173.93	81.22	22.05	11.61	899.48	4489.13	2096.29	569.11	299.65

续表

项目编码	5	项目名称	地上、地下设施、建筑物的临时保护措施	计量单位	项

清单综合单价组成明细

定额编号	定额名称	定额单位	数量	单价					合价				
				人工费	材料费	机械费	管理费	利润	人工费	材料费	机械费	管理费	利润
综合人工工日									899.48	4489.13	2096.29	569.11	299.65
20.44工日													
	小　计												
	未计价材料费												
	清单项目综合单价								8353.66				

主要材料名称、规格、型号	单位	数量	单价/元	合价/元	暂估单价	暂估合价
纤维布	m	2147.392	1.62	3478.78		
钢脚手架管	kg	91.367	3.82	349.02		
水泥：32.5级	kg	868.765	0.29	251.94		
碎石：5~16mm	t	2.894	59.57	172.42		
中　砂	t	1.677	88.13	147.81		
其他材料费	元	88.012	1	88.01		
水	m³	0.465	2.8	1.30		
其他材料费			—		—	—
材料费小计			—	4489.13	—	—

第六章 桥 涵 工 程

知识目标：

● 了解桥涵工程专业知识；

● 了解桥涵工程工程量清单项目，有 9 节 74 个清单项目；

● 理解桥涵工程的项目编码，项目特征，计量单位，工程量计算规则以及清单计价内容确定；

● 掌握《江苏省市政工程计价表》(2004)桥涵工程定额套用，定额换算；

● 掌握桥梁工程的工程量清单与计价的编制方法。

能力目标：

● 能根据《建设工程工程量清单计价规范》GB 50500—2008 及相关知识编制道路工程工程量清单及计价；

● 能根据计价规范，清单及《江苏省市政工程计价表》(2004)桥涵工程对工程量清单进行综合单价的计算；

● 能根据《江苏省市政工程计价表》(2004)桥涵工程类别，各类费用规定及造价计算顺序计算其总价。

第一节 桥涵工程概论

1. 概述

桥梁包括桥面系、上部结构、支座、下部结构、附属工程。桥面系是指桥面铺装层，排水系统，伸缩缝，人行道，栏杆，路灯等。

上部结构是指桥(台)墩以上的部分。其类型很多。主要有：

主体结构—梁、拱圈、拉索、加筋肋、桥面板。

下部结构主要有墩(台)帽、墩(台)身、基础。目前墩(台)有重力式和轻型式两种。

附属工程有锥坡、护岸、导流堤、丁堤等。

在桥涵护岸工程中，计价规范有：桩基、现浇混凝土、预制混凝土、砌筑、挡坪、护坡、立交箱涵、钢结构、装饰和其他(包括金属拉杆、桥梁支座、桥梁伸缩缝装置、隔声屏障、泄水管、防水层等)。

2. 桥梁施工基本作业有

1) 模板工程。有木模板、钢模板、钢木结合模板。不管何种模板均可使模板在浇筑混凝土时不变形，因此都有支架定位。目前支架定位有木结构和钢管结构。

2) 钢筋工程。有普通筋与预应力筋两大类。前者用于 R.C 钢筋混凝土结构，后者用于预应力混凝土结构中。

(1) 常用的普通钢筋有光圆钢筋和螺纹钢筋两大种，它们根据受力要求弯制成各种形式的受力筋和箍筋，然后通过电焊或绑扎组成骨架。

（2）预应力筋由冷拔螺纹筋和钢绞线、钢丝束组成。通过张拉使其受力值大大提高。

3）混凝土工程—有普通混凝土和预应力混凝土之分。

（1）普通混凝土是由水泥、砂、石、水按一定比例经过拌合、浇筑、养护后达到不同强度的混凝土，与普通钢筋结合在一起承受多种荷载。

（2）预应力混凝土是通过先张或后张法与预应力筋牢固结合，承受较大的荷载。

先张法施工时，先将普通筋和预应力筋置于其上，然后张拉规定值后入模、浇筑混凝土。

后张法施工时先扎普通筋，后立模，并预先留孔，待混凝土达到一定强度后穿入预应力筋并张拉至其规定值，继而压浆和封端。

4）安装工程

（1）由于好多构件采用工厂化及装配式，因此往往要进行构件的出坑、运输、安装等工作。

（2）出坑、运输、安装中均可按设计规定的位置布置吊点或支承点。

（3）安装桥梁构件常有陆上安装及水中架设、高空架设，其他法。陆上安装法有汽车吊、跨墩式门式吊车吊、移动支架法；水上安装法有浮吊、扒杆法、钓鱼法；高空安装法有联合架桥机法、索道法、悬臂拼装法；其他法有转体法。

第二节　桥涵工程工程量清单计算

桥涵工程工程量计算比道路工程量计算麻烦得多。一座桥或一座涵洞工程量应按设计图各组成部分分别计算后叠加。在设计图中列有工程量表，但需复核其准确性，对于梁式桥上部结构工程量大都是根据构件长×宽×高（或厚），而拱桥工程量计算应分：

1. 常用图形及计算公式

1）拱肋计算

（1）圆弧拱，见图 6-1。

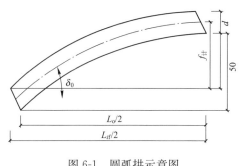

图 6-1　圆弧拱示意图

$$V = KLdB \qquad (6-1)$$

式中　L——计算跨径$=L_0 + d\Sigma\varphi_c$；

　　　L_0——指净跨径；

　　　B——拱圈宽度；

　　　d——拱圈厚度；

　　　K——系数，见表 6-1。

圆弧拱系数表　　　　　　　　　　　　表 6-1

f/L	1/2	1/3	1/4	1/5	1/6	1/7	1/8
K	1.571	1.2782	1.1594	1.1024	1.072	1.0535	1.0410

（2）拱盔立面积是指起拱线以上弓形侧面积（示意图见图 6-2），其工程量为：

$$F = K \times (净跨)^2 \qquad (6-2)$$

式中　K——系数见表 6-2。

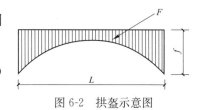

图 6-2　拱盔示意图

拱 盔 系 数 表   表 6-2

f/L	1/2	1/2.5	1/3	1/3.5	1/4	1/4.5	1/5	1/5.5	1/6	1/6.5	1/7	1/7.5	1/8	1/9	1/10
K	0.393	0.289	0.241	0.203	0.172	0.154	0.138	0.125	0.133	0.104	0.096	0.09	0.084	0.076	0.067

（3）悬链线抛物线拱弧长的计算式 $\qquad S=l\left[1+\dfrac{8}{3}\left(\dfrac{f}{l}\right)^2-\dfrac{32}{5}\left(\dfrac{f}{l}\right)^4\right]$ （6-3）

【例题 6-1】 已知：$l=30\text{m}$，$f/l=\dfrac{1}{8}$，若拱 $b\times h=80\text{cm}\times100\text{cm}$

求：（1）S＝？ （2）拱体积。

解：（1）∵ $\qquad\qquad\qquad\qquad f/l=\dfrac{1}{8}$

∴ $\qquad\qquad\left(\dfrac{f}{l}\right)^2=\dfrac{1}{64}=0.0156$； $\left(\dfrac{f}{l}\right)^4=\dfrac{1}{4096}=0.0024$

∴ $\qquad\qquad S=30\left(1+\dfrac{8}{3}\times0.0156-\dfrac{32}{5}\times0.0024\right)$

$\qquad\qquad\qquad =30(1+0.0416-0.0154)$

$\qquad\qquad\qquad =30.786\text{m}$

（2）$V=0.8\times1\times30.786=24.63\text{m}^3$

2）常用图形，见表 6-3

常 用 图 形   表 6-3

名称	图 形	符 号	面积 S 或体积 V
圆台		r—上底半径 R—下底半径 h—高	$V=\dfrac{1}{3}\pi h(R^2+Rr+r^2)$
球		r—半径 d—直径	$V=\dfrac{4}{3}\pi r^3=\dfrac{1}{6}\pi d^3$
球缺		h—球缺高 r—球半径 a—球缺底半径	$V=\dfrac{1}{6}\pi h(3a^2+h^2)$ $=\dfrac{1}{3}\pi h^2(3r-h)a^2$ $=h(2r-h)$

续表

名称	图　　形	符　　号	面积 S 或体积 V
球台		r_1，r_2—球台上，下底半径 h—高	$V=\dfrac{1}{6}\pi h\left[3\left(r_1^2+r_2^2\right)+h^2\right]$
圆环体		R—环体半径 D—环体直径 r—环体断面半径 d—环体断面直径	$V=2\pi^2 Rr^2$ $=\dfrac{1}{6}\pi^2 Dd^2$
桶状体		D—桶腹直径 d—桶底直径 h—桶高	$V=\dfrac{1}{12}\pi h\left(2D^2+d^2\right)$ （母线是圆弧形，圆心是桶的中心） $V=\dfrac{1}{15}\pi h\left(2D^2+Dd+\dfrac{3}{4}d^2\right)$ （母线是抛物线形）

2. 圆弧拱侧墙工程量计算

1）拱涵拱上侧墙工程量

（1）侧墙体积

如图 6-3 所示，侧墙体积为半跨一边的数量，整跨全拱的侧墙体积应乘以 4。

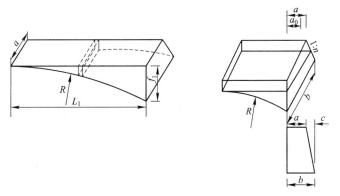

图 6-3　圆弧拱拱上侧墙体积计算示意图

侧墙体积依公式（6-4）进行计算：

$$V=\dfrac{1}{2}(a+b)f_1 L_1-aA-\dfrac{c}{f_1}\left(RA-\dfrac{1}{3}L_1^3\right) \tag{6-4}$$

式中 L_1——拱圈外弧半跨长度；

f_1——拱圈外弧的高度；

R——拱圈外弧的半径；

a——侧墙顶宽（在拱弧顶处）；

b——圆弧拱圈外起拱线处侧墙底宽；

c——侧墙底宽与顶宽之差。

$$b=a+c=a+nf_1$$

A——半剖圆 LMN 的面积，即为：

$$A=K_0L_1^2$$

n——侧墙背坡率。

K_0 取值见表 6-4：

侧墙体积外侧半坡圆 LMN 的面积系数表   表 6-4

$\frac{f_1}{2L_1}$	$\frac{1}{2}$	$\frac{1}{3}$	$\frac{1}{4}$	$\frac{1}{5}$	$\frac{1}{6}$	$\frac{1}{7}$	$\frac{1}{8}$	$\frac{1}{9}$	$\frac{1}{10}$
K	0.2146	0.1828	0.1503	0.1261	0.1064	0.0923	0.0814	0.0727	0.0659
K_0	0.7854	0.4839	0.3497	0.2739	0.2269	0.1934	0.1686	0.1495	0.134

V 值亦可用下式进行计算：

$$V=K_1aL_1^2+K_2nL_1^3 \tag{6-5}$$

K_1，K_2 值见表 6-5。

如拱顶有厚为 h 的垫层，则侧墙系自拱顶以上 h 距离处开始，则尚应加算直线部分的体积，其值为：

$$V'=\left(a_0+\frac{nh}{2}\right)hL_1 \tag{6-6}$$

（2）侧墙勾缝面积（表 6-5）

$$A=KL_1^2 \tag{6-7}$$

式（6-7）中 $K=\ln(m+\sqrt{m^2-1})$，m 为拱轴系数。

侧墙勾缝面积系数表   表 6-5

$\frac{f_1}{2L_1}$	$\frac{1}{2}$	$\frac{1}{3}$	$\frac{1}{4}$	$\frac{1}{5}$	$\frac{1}{6}$	$\frac{1}{7}$	$\frac{1}{8}$	$\frac{1}{9}$	$\frac{1}{10}$
K_1	0.2146	0.1828	0.1503	0.1261	0.1064	0.0923	0.0814	0.0727	0.0659
K_2	0.0479	0.0313	0.0212	0.0161	0.0107	0.0078	0.0062	0.0055	0.0040

2）U 形桥台的圆弧拱侧墙工程量（图 6-4）

U 形桥台的侧墙由图 6-4 的 V_3，V_4，V_5 和 V_6 四部分组成。而 V_1 和 V_2 为拱圈上的侧墙体。其中 V_1 由公式（6-8）进行计算，V_3，V_4，V_5 和 V_6 是将 U 形桥台侧墙分成简单的台体相应的体积。每个棱台体的体积可用式（6-8）进行计算。

$$V=\frac{L}{6}\left[3B(h_大+h_小)+n(h_大^2-h_大h_小+h_小^2)\right] \tag{6-8}$$

式中 L——为各棱台体顺桥向划分的长度，m；

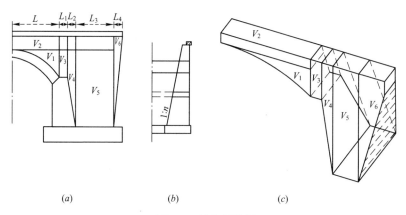

(a) (b) (c)

图 6-4 桥台侧墙图

B——各棱台体的宽度；

$h_大$——各棱台体大面的高度；

$h_小$——各棱台体小面的高度；

n——棱台体边坡坡率。

3）护拱体积的计算

设墩上护拱的设置自拱脚向跨中各为 $\dfrac{1}{2}L_1$ 及 D；台上护拱的设置与墩上类似，如图 6-5 所示。

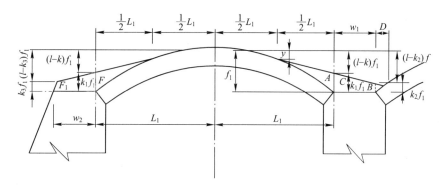

图 6-5 护拱体积计算示意图

（1）拱上护拱体积

$$V_A \approx \frac{1}{4}\Big[B - 2C\frac{2f_1 n}{3}\Big(2 - k_1 + \frac{y}{f_1}\Big)\Big]k_1 f_1 L_1 \qquad (6-9)$$

当 $D = \dfrac{L_1}{4}$ 时

$$V_B \approx \frac{1}{8}\Big[B - 2C\frac{2f_1 n}{3}\Big(2 - k_1 + \frac{y}{f_1}\Big)\Big]k_1 f_1 L_1 \qquad (6-10)$$

当 $D = \dfrac{L_1}{6}$ 时

$$V_B \approx \frac{1}{12}\Big[B - 2C\frac{2f_1 n}{3}\Big(2 - k_1 + \frac{y}{f_1}\Big)\Big]k_1 f_1 L_1 \qquad (6-11)$$

式中 B——拱圈全宽；

C——拱顶处侧墙宽度；

f_1——拱圈外弧的高；

n——拱侧墙内边坡（高∶宽$=1∶n$）；

L_1——拱圈外弧半径长度；

k_1，k_2——计算系数，见表6-6。

圆弧拱 k_1，k_2 数值表　　　　　　　　　　表6-6

系数 $\dfrac{f_1}{2L_1}$ D		$\dfrac{1}{2}$	$\dfrac{1}{3}$	$\dfrac{1}{4}$	$\dfrac{1}{5}$	$\dfrac{1}{6}$	$\dfrac{1}{7}$	$\dfrac{1}{8}$	$\dfrac{1}{9}$	$\dfrac{1}{10}$
$\dfrac{L_1}{4}$	k_1	0.723	0.636	0.597	0.579	0.567	0.560	0.556	0.551	0.549
	k_2	0.651	0.546	0.500	0.480	0.465	0.458	0.453	0.449	0.447
$\dfrac{L_1}{6}$	k_1	0.631	0.512	0.470	0.453	0.440	0.434	0.430	0.425	0.425
	k_2	0.553	0.410	0.363	0.345	0.330	0.323	0.319	0.315	0.315
$\dfrac{y_v}{f_1}$		0.134	0.183	0.208	0.222	0.230	0.235	0.238	0.244	0.247

（2）墩顶护拱体积

$$V_c \approx [B-2Cf_1n(2-k_1)]k_1f_1w_1 \tag{6-12}$$

采用的符号意义同前，w_1 为墩顶宽度。

（3）台顶护拱体积

$$V_F \approx \frac{f_1}{2}[(B-2C-f_1n)(k_1-k_2)+f_1n_1(k_1^2+k_3^2)] \times (W_2-k_3f_1n_2) \tag{6-13}$$

$$k_3 = \frac{k_1L_1-k_4b_2}{L_1-k_4f_1n_2}$$

式中 k_4——计算系数，自表6-7查得；

$$k_4 = 2\left(1-k_1-\frac{y}{f_1}\right)$$

n_1——台侧墙内边坡（高∶宽$=1∶n_1$）；

n_2——台背坡（高∶宽$=1∶n_2$）；

W_2——台顶宽；

其余符号意义同前。

k_4 数值表（圆弧拱）　　　　　　　　　　表6-7

系数 $\dfrac{f_1}{2L_1}$ D	$\dfrac{1}{2}$	$\dfrac{1}{3}$	$\dfrac{1}{4}$	$\dfrac{1}{5}$	$\dfrac{1}{6}$	$\dfrac{1}{7}$	$\dfrac{1}{8}$	$\dfrac{1}{9}$	$\dfrac{1}{10}$
$\dfrac{L_1}{4}$	0.286	0.362	0.390	0.398	0.406	0.410	0.412	0.410	0.408
$\dfrac{L_1}{6}$	0.470	0.610	0.644	0.650	0.660	0.662	0.664	0.662	0.656

4）拱体填料体积

如图 6-5 所示，则拱体填料体积 $V_\text{料}$ 为

$$V_\text{料}=2BA-V_\text{墙}-V_\text{护} \tag{6-14}$$

式中　$V_\text{墙}$，$V_\text{护}$——整跨全拱的侧墙及护拱体积（不包括墩台上面的体积）；

　　　　B——拱全宽；

　　　　A——侧墙勾缝面积。

5）两侧及拱腹勾缝面积

如图 6-4（a）所示，两侧及拱腹勾缝面积 A 为：

$$A=U(2Ld+L08) \tag{6-15}$$

式中　L_0——圆拱净跨径。

6）桥（涵）墩体积

（1）圆头墩体积 ［图 6-6（a）］

$$V=B_1H(r+R_1)+\frac{1}{3}\pi H(r^2+rR_1+R_1^2) \tag{6-16-1}$$

（2）椭圆头墩体积 ［图 6-6（b）］

$$V=B_2H(r+R_2)+\frac{1}{6}\pi H(r^2+rR_2+R_2^2) \tag{6-16-2}$$

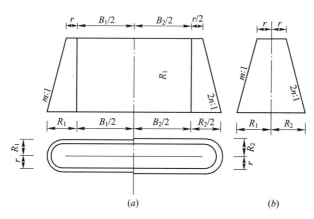

图 6-6　桥墩示意图桥（涵）墩体积

3. 八字翼墙工程量计算

八字翼墙工程量计算

计算八字翼墙墙身体积时将墙体切割为三个简单的几何体（图 6-7），下面分别列出各部分体积计算原理及相应公式：

（1）过端部顶面水平剖切得出下部四棱柱（图 6-7d）

四棱柱体积 V_1：

$V_1=［上底面积＋下底面积］\times 高 \div 2$

　　$=\{［C+h_\text{端}/n_0+C］\times(h_\text{端}/2)+［(h_\text{根}-h_\text{端})/n_0+C+(h_\text{根}/n_0)+C］\times(h_\text{端}/2)\}$

　　　$\times m(h_\text{根}-h_\text{端})/2$

　　$=［C+h_\text{端}/n_0+C+(h_\text{根}-h_\text{端})/n_0+C］\times m(h_\text{根}-h_\text{端})h/4$

　　$=［(2h_\text{跟}/n_0)+4C］\times m(h_\text{根}-h_\text{端})h_\text{端}/4$

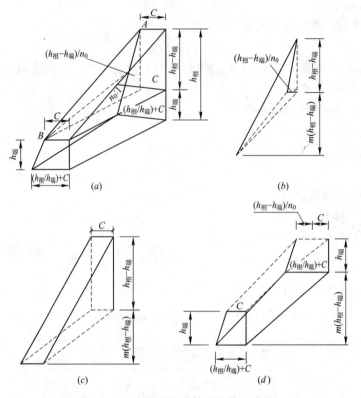

图 6-7　八字翼墙墙身体积计算示意图

（2）过 AC 竖直刨切，得出一个三棱锥和一个三棱柱（图 6-7b、图 6-7c）

上部三棱柱体积 V_2

$$V_2 = 三角形面积 \times 厚$$
$$= [(h_{根} - h_{端}) \times 2] \times m(h_{根} - h_{端}) \times C$$
$$= [(mC)/2](h_{根} - h_{端})^2$$

上部三棱柱体积 V_3

$$V_3 = 底面积 \times 高 \div 3$$
$$= \frac{1}{3} \times \left[\frac{(h_{根} - h_{端})}{2} \times \frac{(h_{根} - h_{端})}{n_0} \times m(h_{根} - h_{端}) \right]$$
$$= \frac{m(h_{根} - h_{端})^3}{6n_0}$$

（3）翼墙墙身体积：

将三个体积相加，即：

$$V = V_1 + V_2 + V_3$$
$$= \left(\frac{2h_{根}}{n_0} + 4C \right) \times \frac{m(h_{根} - h_{端})}{4} \times h_{端} + \frac{mC}{2}(h_{根} - h_{端})^2 + \frac{m(h_{根} - h_{端})^3}{6n_0}$$
$$= \frac{mh_{根}h_{端}}{2n_0}(h_{根} - h_{端}) + mCh_{端}(h_{根} - h_{端}) + \frac{mC}{2}(h_{根} - h_{端})^2 + \frac{m(h_{根} - h_{端})^3}{6n_0}$$
$$= mCh_{端}(h_{根} - h_{端}) + \frac{mC}{2}(h_{根} - h_{端})^2 + \frac{mh_{根}h_{端}}{2n_0}(h_{根} - h_{端}) + \frac{m}{6n_0}(h_{根} - h_{端})^3$$

$$=\frac{mC}{2}(h_根-h_端)(2h_端+h_根-h_端)+\frac{m}{6n_0}(h_根-h_端)\left[3h_根 h_端+(h_根^2-2h_根 h_端+h_端^2)\right]$$

$$=\frac{mC}{2}(h_根-h_端)(h_根+h_端)+\frac{m}{6n_0}(h_根-h_端)(h_根^2+2h_根 h_端+h_端^2)$$

$$=\left[mC(h_根-h_端)(h_根+h_端)\right]+m(h_根-h_端)\left[(h_根^2-h_根 h_端+h_端^2)\right]\div 6n_0$$

$$=\frac{mC(h_根^2-h_端^2)}{2}+\frac{m(h_根^3-h_端^3)}{6n_0}$$

式中　V——八字翼墙墙身体积；

$h_根$——八字墙根部断面高度；

$h_端$——八字墙端部断面高度；

m——路基边坡；

n_0——八字墙根部或端部断面背坡坡率。

因此得单个翼墙墙身体积计算公式，见下式：

$$V_身=\frac{1}{2}mC(h_根^2-h_端^2)+\frac{m}{6n_0}(h_根^3-h_端^3)$$

$$=\varphi(h_根^2-h_端^2)+\eta(h_根^3-h_端^3)$$

式中：$\varphi=\frac{1}{2}mC$；

$\eta=\frac{m}{6n_0}$。

（4）墙基体积计算

如图 6-8 所示，对于墙基体积可用式(6-16)计算：

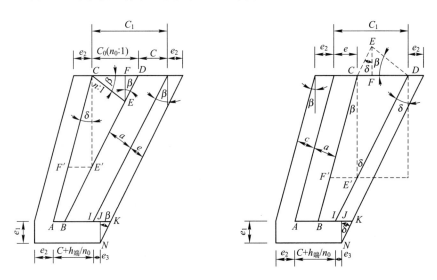

图 6-8　墙基示意图

$$V_基=m(C+e_1+e_2)(h_根-h_端)d+\frac{m}{6n_0}(h_根^3-h_端^3)d+\left(e_1+e_2+C+\frac{h_根}{n_0}\right)e_4 d$$

$$=\xi(h_根-h_端)+\lambda(h_根^2-h_端^2)d+xd \tag{6-17}$$

其中：$\xi=m(C+e_1+e_2)$

$$\lambda=\frac{1}{2}\frac{m}{n_0}$$

$$x=\left(e_1+e_2+c+\frac{h_根}{n_0}\right)e_4$$

d 为八字翼墙基础厚度。

e_4 为八字翼墙端部基础出檐襟边宽；一般取垂直襟边 e 值。

（5）翼墙顶面面积计算

$$A_顶=C\sqrt{1+m^2}(h_根-h_端)$$
$$=\omega(h_根-h_端) \tag{6-18}$$

式中：$\omega=C\sqrt{1+m^2}$

对于斜坡端墙式洞口大、小翼墙，其顶面为斜面，所以其面积为：

$$A_顶=C\sqrt{1+m^2}\times\sqrt{1+I_涵^2}(h_根-h_端) \tag{6-19}$$

（6）有河床纵坡影响时的修正

当有河床纵坡影响时，翼墙各部工程数量可根据洞口正做与斜做不同，应对翼墙长度影响系数加以修正，即将所求得的工程量相应地乘以 $\dfrac{1}{1\pm mI_涵}G$，$\dfrac{\cos\varphi}{\cos\varphi\pm mI_涵}$ 或 $\dfrac{1}{1\pm mI_涵}$ 各值。

【例题 6-2】 正交涵洞、上游洞口八字翼的张角 $\beta=30°$，基础厚度 $d=0.60$m，襟边宽度 $e=0.20$m，路基边坡为 $1:1.5(m=1.5)$。求上游洞口两个翼墙墙身、基础圬工体积及墙顶水泥砂浆抹面面积。

解：（1）求两个翼墙墙身体积

经计算，当 $\beta=30°$ 时，

$$\varphi=\frac{1}{2}em=\frac{1}{2}\times\frac{0.40}{\cos30°}\times1.5=0.345，\quad \eta=\frac{m}{6n_0}=\frac{1.5}{6\times3.75}=0.0667$$

按单个翼墙墙身体积计算公式计算

$$V_身=2[\varphi(h_根^2-h_端^2)+\eta(h_根^3-h_端^3)]$$
$$=2[0.345(4^2-0.40^2)+0.0667(4^3-0.40^3)]$$
$$=19.44\text{mm}^3$$

（2）求两个翼墙基础体积

由 $\beta=30°$，$e=0.20$mm，经计算得：

$$\xi=1.36,\quad \lambda=0.20,\quad x=0.203$$

按式（6-17）计算：

$$V_基=2\times\left[\left(e_1+e_2+\frac{h_根}{n_0}\right)+\left(e_1+e_2+\frac{h_端}{n_0}\right)\right]\times m(h_根-h_端)\times\frac{d}{2}$$

$$=\left[\left(0.23+0.22+\frac{4}{3.75}\right)+\left(0.23+0.22+\frac{0.4}{3.75}\right)\right]\times1.5\times(4-0.4)\times\frac{0.60}{2}$$

$$=11.21\text{m}^3$$

另加翼墙端部基础襟边部分 $2\times0.122=0.24$m³

则基础体积： $V_基=11.21+0.24=11.45$m³

（3）求两个翼墙墙面面积

当 $\beta=30°$ 时，经计算 $\omega=0.84$。

则： $A_\text{顶}=2\omega(h_\text{根}-h_\text{端})=2\times0.84\times(4-0.40)=6.05\text{m}^3$

【例题 6-3】 斜交斜做涵洞，$\alpha=50°$，下游洞口八字翼墙，β_0（水流扩散角）$=100°$，翼墙身高 $h_\text{根}=3.5\text{m}$，$h_\text{端}=0.20$，墙顶宽 $a=0.40\text{m}$，翼墙正背坡为 $4:1(n_0=4)$，基础厚度 $d=0.60\text{m}$，襟边宽 $e=0.10\text{m}$，路基边坡为 $1:1.5(m=1.5)$，求下游洞口两个翼墙墙身及基础圬工体积。

解：（1）洞口翼墙组合形式

$$\beta_1=\beta_0+\alpha=10°+50°=60°（正翼墙）$$
$$\beta_2=\beta_0-\alpha=10°-50°=-40°（正翼墙）$$

（2）正翼墙墙身及基础体积（$\beta=60°$）

一个正翼墙墙身体积：

$$c=\frac{a}{\cos\beta}=\frac{0.4}{\cos60°}=0.8$$

$$n_0=\left(n+\frac{\sin\beta}{m}\right)\cos\beta=\left(4+\frac{\sin60°}{1.5}\right)\cos60°=2.29$$

$$\varphi=\frac{1}{2}Cm=\frac{1}{2}\times0.8\times1.5=0.600$$

$$\eta=\frac{m}{6n_0}=\frac{1.5}{6\times2.29}=0.109$$

$$V_\text{身}=\varphi(h_\text{根}^2-h_\text{端}^2)+\eta(h_\text{根}^3-h_\text{端}^3)$$
$$=0.6\times(3.5^2-0.4^2)+0.109\times(3.5^3-0.4^3)=11.92\text{m}^3$$

一个正翼墙基础体积：

$$V_{\text{基}_1}=2\times m(h_\text{根}-h_\text{端})\times\left[\left(e_1+e_2+\frac{h_\text{根}}{n_0}\right)+\left(e_1+e_2+\frac{h_\text{端}}{n_0}\right)\right]=7.03\text{m}^3$$

另加翼墙端部基础襟边部分体积：

由 $n_0=2.29$，$m=1.5$，$n=4$，$\beta=60°$。可算得为 $V'=0.08$

因此，一个正翼墙的基础体积为：

$$V_\text{基}=7.03+0.08=7.11\text{m}^3$$

（3）反翼墙墙身及基础体积（$\beta=40°$）

因为正反翼墙的 n_0 值不同。现按下列公式计算。

一个反翼墙墙身体积 $V_\text{身}=\varphi(h_\text{根}^2-h_\text{端}^2)+\eta(h_\text{根}^3-h_\text{端}^3)$

由 $\beta=40°$，经计算得 $\varphi=0.390$，$\eta=0.0912$

$$V_\text{身}=0.390\times(3.50^2-0.20^2)+0.0912\times(3.50^3-0.20^3)=8.67\text{m}^3$$

一个反翼墙身基础体积 $V_\text{基}=\xi(h_\text{根}-h_\text{端})+\lambda(h_\text{根}^2-h_\text{端}^2)d+xd$

由 $\beta=40°$，$e=10\text{cm}$，得：

$$\xi=1.19\quad\lambda=0.274$$

$$x=\left(e_1+e_2+\frac{h_\text{端}}{n_0}\right)\times e_4=0.087$$

其中：n_0 由 $m=1.5$、$n=4$、$\beta=40°$ 可算得。

$$V_{\underset{基}{}}=[1.19\times(3.50-0.20)+0.274\times(3.50^2-0.20^2)]\times0.60+0.087\times0.60=4.42$$

4. 锥形护坡工程量计算

1) 锥形护坡工程量计算

(1) 锥型片石护坡体积(图 6-9)

外锥体积:

$$V_1=\frac{\pi}{12}mnh_{\underset{锥}{}}^3=Kh_{\underset{锥}{}}^3 \tag{6-20}$$

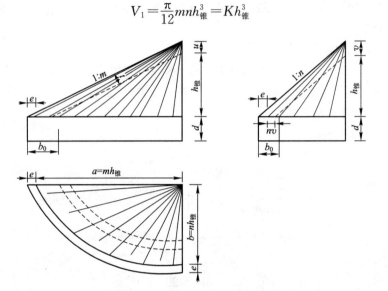

图 6-9 锥坡示意图

内锥体积 V_2 根据下列条件计算:

$$平均高度=h_{\underset{锥}{}}-\frac{1}{2}(u+v)=h_{\underset{锥}{}}-\frac{1}{2}(K_1+K_2)t \tag{6-21}$$

$$长半轴=mh_{\underset{锥}{}}-mu=m(h_{\underset{锥}{}}-K_1t) \tag{6-22}$$

$$短半轴=nh_{\underset{锥}{}}-nv=n(h_{\underset{锥}{}}-K_2t) \tag{6-23}$$

$$V_2=Kh_{\underset{锥}{}}^3\left[1-K_3\frac{t}{h_{\underset{锥}{}}}+K_4\left(\frac{t}{h_{\underset{锥}{}}}\right)^2-K_5\left(\frac{t}{h_{\underset{锥}{}}}\right)^3\right] \tag{6-24}$$

片石护坡体积 $$V=V_1-V_2 \tag{6-25}$$

$$V_{\underset{坡}{}}=Kh_{\underset{锥}{}}^3\left[K_3\frac{t}{h_{\underset{锥}{}}}-K_4\left(\frac{t}{h_{\underset{锥}{}}}\right)^2+K_5\left(\frac{t}{h_{\underset{锥}{}}}\right)^3\right] \tag{6-26}$$

式中:$K=\frac{\pi}{12}mn$;

$K_1=\frac{\sqrt{1+m^3}}{m}$;

$K_2=\frac{\sqrt{1+n^3}}{n}$;

$K_3=1.5(A+B)$;

$K_4=\frac{A^2}{2}+2AB+\frac{B^2}{2}$;

$$K_5 = \frac{1}{2}(A^2B + AB^2)。$$

（2）锥形护坡基础体积（图6-9）

根据椭圆周长 $[S = K_0(a+b)\pi]$ 及基础断面 $b_0 \times d$ 计算，得：

$$V_{基} = \frac{K_0\pi}{4}[(m+n)h_{锥} + 2e - b_0]b_0 \times d \qquad (6\text{-}27)$$

（3）锥形护坡表面积

$$A_{坡} = K_A h_{锥} \qquad (6\text{-}28)$$

其中：$K_A = K(K_1 + \sqrt{K_1 K_2} + K_2)$；

K、K_1、K_2 符号意义同前。

（4）锥心填土体积

按（6-29）计算：

$$V_土 = V_2 \qquad (6\text{-}29)$$

此时，t 值以 $t + t_1$（片石护坡厚度＋垫层厚度）代入。

或按下式计算：

$$V_土 = K h_{锥} - V_{(坡+垫)} \qquad (6\text{-}30)$$

式中：$V_{(坡+垫)}$ 按公式（6-26）计算，厚度采用 $t + t_1$。

（5）至基础外缘椭圆扇形底面积

$$A_底 = \frac{\pi}{4}(m h_{锥} + e)(n h_{锥} + e) \qquad (6\text{-}31)$$

2）变坡度锥型护坡体积计算

当路基边坡高度超过规定数值 h_0 时，其底部边坡一般应放缓，因此相应地采用变坡度锥型护坡，见图6-10，锥坡上部的边坡为 m 及 n，锥坡底部的边坡为 m_1 及 n_1。

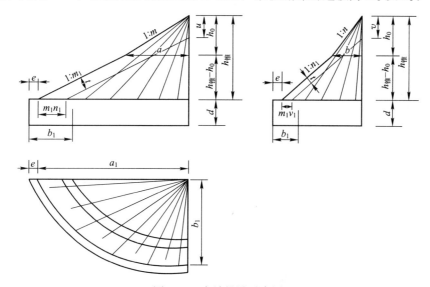

图6-10　变坡锥坡示意图

变坡度锥形护坡上部体积的计算已知上述内容，其底部体积的计算如下：

锥坡底部外截锥体体积 V_3：

175

$$V_3 = \frac{\pi}{24}(h-h_0)\left[2(ab+a_1b_1)+ab_1+a_1b\right] \tag{6-32}$$

锥坡底部内截锥体体积 V_4：

只要将上式中 a、b、a_1、b_1 分别以 $a-m_1u_1$、$b-n_1v_1$、$a_1-m_1u_1$、$b_1-n_1v_1$ 代入，即可得：

$$V_4 = \frac{\pi}{24}(h-h_0)\left[2(ab+a_1b_1)+ab_1+a_1b-3n_1v_1(a+a_1-m_1u_1)-3m_1u_1(b+b_1-n_1v_1)\right]$$

$$\tag{6-33}$$

锥坡底部体积 V：

$$V = V_3 - V_4 \tag{6-34}$$

式中：$m_1u_1 = \sqrt{1+m_1^2}\,t$；

$m_1v_1 = \sqrt{1+m_1^2}\,t$。

3) 扭坡洞口工程量计算

扭坡洞口各部尺寸见图 6-11。其工程量计算分单个扭坡体积、扭坡基础体积、扭坡围领体积等计算，这里限于本书篇幅不予推导其计算公式，仅给出相应公式供应用。

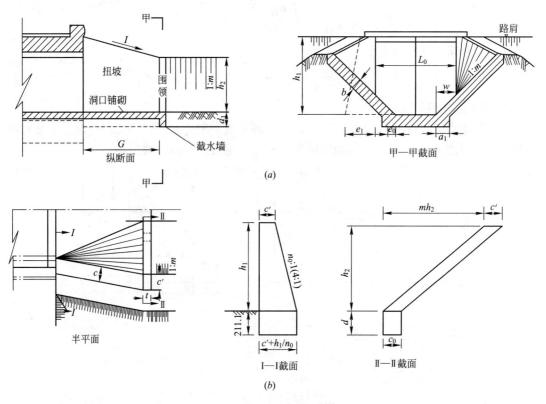

图 6-11 正交涵扭坡洞口

(a)当涵洞与壕沟不同宽；(b)当涵洞与壕沟同宽

(1) 单个扭坡墙墙身体积

$$V = \left\{\frac{1}{3}(A_1+A_2)+\frac{1}{12}\left[h_1(c'+c_0)+h_2\left(2c'+\frac{h_1}{n_0}\right)\right]\right\}G \tag{6-35}$$

式中：$A_1 = \frac{1}{2}\left(2c' + \frac{h_1}{n_0}\right)h_1$；

$A_2 = \frac{1}{2}\left(2c' + c_0\right)h_2$。

（2）单个扭坡墙基础体积

$$V = \frac{1}{2}\left(c' + c_0 + \frac{h_1}{n_0}\right) \tag{6-36}$$

式中各符号见图 6-11。

5. 钢筋计算

（1）钢筋长度确定，计算公式：钢筋长＝构件长－保护层厚×2＋末端弯钩增加长－弯起钢筋伸长量。

（2）钢筋的混凝土保护层

受力钢筋的混凝土保护层，应符合设计要求，当设计无具体要求时，不应小于受力钢筋的公称直径，并应符合表 6-8 的要求。

纵向受力钢筋保护层　　　　　　　　　　　　　　表 6-8

(GB 50010—2002)纵向受力钢筋的混凝土保护层最小厚度　　　　单位：mm

环境类别		板、墙、壳			梁			柱		
		≤C20	C25～C45	≥C50	≤C20	C25～C45	≥C50	≤C20	C25～C45	≥C50
一		20	15	15	30	25	25	30	30	30
二	a	—	20	20	—	30	30	—	30	30
	b	—	25	20	—	35	30	—	35	30
三		—	30	25	—	40	35	—	40	45

注：1. 基础中纵向受力钢筋的混凝土保护层厚度不应小于 40mm；当无垫层时不应小于 70mm。

2. 处于一类环境且由工厂生产的预制构件，当混凝土强度等级不低于 C20 时，其保护层厚度可按本表中规定减少 5mm，但预应力钢筋的保护层厚度不应小于 15mm；处于二类环境且由工厂生产的预制构件，当表面采取有效保护措施时，保护层厚度可按本表中一类环境数值取用。

3. 预制钢筋混凝土受弯构件钢筋端头的保护层厚度不应小于 10mm；预制肋形板主肋钢筋的保护层厚度应按梁数值取用。

4. 板、墙、壳中分布钢筋的混凝土保护层厚度不应小于本表中相应数值减 10mm，且不应小于 10mm；梁、柱中箍筋和构造钢筋的保护层厚度不应小于 15mm。

5. 当梁、柱中纵向受力钢筋的混凝土保护层厚度大于 40mm 时，应对保护层采取有效的防裂构造措施。

6. 处于二、三类环境中的悬臂板，其上面应采取有效的保护措施。

7. 对有防火要求的建筑物，其混凝土保护层厚度尚应符合国家现行有关标准的要求。

8. 处于四、五类环境中的建筑物，其混凝土保护层厚度尚应符合国家现行有关标准的要求。

（3）钢筋的弯钩长度

HPB235 级钢筋末端需做 180°，135°，90°弯钩时，其圆弧弯曲直径 D 不应小于钢筋直径 d 的 2.5 倍，平直部分长度不宜小于钢筋直径 d 的 3 倍，见图 6-12。

由图 6-12 可见：

$$180°弯钩每个长＝6.25d$$

$$135°弯钩每个长＝4.9d$$

$$90°弯钩每个长＝3.5d$$

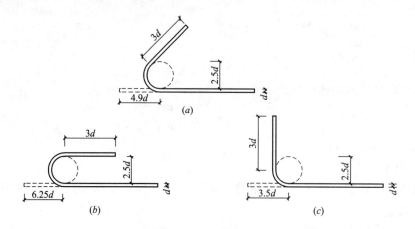

图 6-12　弯起钢筋示意图

(a)135°弯钩；(b)180°半圆弯钩；(c)90°直钩

（4）弯起钢筋的增加长度——在下料时应减去的

弯起钢筋的弯起角度，一般有 30°，45°，60°，90°，180°。其弯起伸长值为：0.35d，0.5d，0.85d，1d，1.5d，其弯起增加值是指斜长与水平投影长度之间的差值，见图 6-13。

图 6-13　弯钩示意图

弯起钢筋斜长及增加长度计算方法见表 6-9。

弯起钢筋斜长及增加长度计算表　　　　　　　　　　表 6-9

形状				
计算公式	斜边长 s	2h	1.414h	1.155h
	增加长度 $s-l=\Delta l$	0.268h	0.414h	0.566h

（5）钢筋长度

箍筋的末端应做弯钩，弯钩形式应符合设计要求。当设计无具体要求时，用Ⅰ级钢筋或冷拔低碳钢丝的箍筋，其弯钩的弯曲直径应不大于受力钢筋直径，且不小于箍筋直径的 2.5 倍；弯钩平直部分的长度，对一般结构，不宜小于箍筋直径的 5 倍，符合抗震要求的结构，不应小于箍筋直径的 10 倍，见图 6-14。

箍筋长度，可按构件断面外边周长减 8 个混凝土保护层厚度再加弯钩长度计算。为了

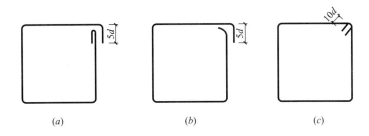

图 6-14 箍筋弯钩长度示意图

$(a)90°/180°$一般结构；$(b)90°/90°$一般结构；$(c)35°/135°$一般结构

简化计算，也可按构件断面外边周长加上增减调整值计算，计算公式为：箍筋长度＝构件断面外边周长＋箍筋调整值

箍筋长度调整表见表 6-10。

箍筋长度调整表

表 6-10

单位：mm

形状	直径 d						备注
	4	6	6.5	8	10	12	
	Δl						
抗震结构	−88	−33	−20	22	78	133	$\Delta l=200-27.8d$
一般结构	−133	−100	−90	−66	−33	0	$\Delta l=200-16.75d$
	−140	−110	−103	−80	−50	−20	$\Delta l=200-15d$

注：本表根据《混凝土结构工程施工质量验收规范》GB 50204—2002 第 5.3.2 条编制，保护层按 25mm 考虑。

（6）纵向受力钢筋搭接长度

当纵向受拉钢筋的绑扎搭接接头面积百分率不大于 25％时，其最小搭接长达应符合表 6-11 的规定。

(GB 50204—2002)纵向受拉钢筋的最小搭接长度　　　　表 6-11

钢筋类型		混凝土强度等级			
		C20	C20~C25	C30~C35	≥C40
光圆钢筋	HRB235 级	45d	35d	30d	25d
带肋钢筋	HRB335 级	55d	45d	35d	30d
	HRB400 级、RRB400 级	—	55d	40d	35d

注：两根直径不同钢筋的搭接长度，以较细钢筋的直径计算。

当纵向受拉钢筋的绑扎搭接接头面积百分率大于 25%，但不大于 50% 时，其最小搭接长度应按表 6-11 中的数值乘以 1.2 取用；当接头面积百分率大于 50% 时应按上表中的数值乘以 1.35 取用。

当符合下列条件时，纵向受拉钢筋的最小搭接长度应按下列规定进行修正：

① 带肋钢筋的直径不大于 25mm 时，其最小搭接长度应按相应数值乘以系数 1.1 取用。

② 对环氧树脂涂层的带肋钢筋，其最小搭接长度应按相应数值乘以系数 1.25 取用。

③ 当在混凝土凝固过程中受力钢筋易受扰动时(如滑模施工)，其最小搭接长度应按相应数值乘以系数 1.1 取用。

④ 对末端采用机械锚固措施的带肋钢筋，其最小搭接长度可按相应数值乘以系数 0.7 取用。

⑤ 当带肋钢筋的混凝土保护层厚度大于搭接钢筋直径的 3 倍且配有箍筋时，其最小搭接长度可按相应数值乘以系数 0.8 取用。

⑥ 对有抗震设防要求的结构构件，其受力钢筋的最小搭接长度对一、二级抗震等级应按相应数值乘以系数 1.15 采用；对三级抗震等级应按相应数值乘以系数 1.05 采用。在任何情况下，受拉钢筋的搭接长度都不应小于 300mm。

(7) 钢筋的锚固长度

当计算中充分利用钢筋的抗拉强度时，受拉钢筋的锚固长度应按下列公式计算：

普通钢筋

$$l_a = \alpha \frac{f_y}{f_t} d \qquad (6\text{-}37)$$

预应力钢筋

$$l_a = \alpha \frac{f_{py}}{f} d \qquad (6\text{-}38)$$

式中

　f_y、f_{py}——普通钢筋、预应力钢筋的抗拉强度设计值；

　　　f_t——混凝土轴心抗拉强度设计值，当混凝土强度等级高于 C40 时，按 C40 取值；

　　　d——钢筋的公称直径；

　　　α——钢筋的外形系数，按表 6-12 取用。

钢筋的外形系数　　　　　　　　　　　　　　　　　　　表 6-12

钢筋类型	光圆钢筋	带肋钢筋	刻痕钢丝	螺旋肋钢丝	三股钢绞线	七股钢绞线
A	0.16	0.14	0.19	0.13	0.16	0.17

注：光面钢筋系指 HRB235 级钢筋，其末端应做 180°弯钩，弯后平直段长度不应小于 3d，但作受压钢筋时可不做弯钩；带肋钢筋系指 HRB335 级，HRB400 级钢筋及 RRB400 级余热处理钢筋。

当符合下列条件时，计算的锚固长度应进行修正：

① 当 HRB335，HRB400 和 RRB400 级钢筋的直径大于 25mm 时，其锚固长度应乘以修正系数 1.1。

② HRB335、HRB400 和 RRB400 级的环氧树脂涂层钢筋，其锚固长度应乘以修正数 1.25。

③ 当钢筋在混凝土施工过程中易受扰动（如滑模施工）时，其锚固长度应乘以修正数 1.1。

④ 当 HRB335、HRB400 和 RRB400 级钢筋在锚固区的混凝土保护层厚度大于钢筋直径的 3 倍且配有箍筋时，其锚固长度可乘以修正数 0.8。

⑤ 除构造需要的锚固长度外，当纵向受力钢筋的实际配筋面积大于其设计计算面积时，如有充分依据和可靠措施，其锚固长度可乘以设计计算面积与实际配筋面积的比值。但对有抗震设防要求及直接承受动力荷载的结构构件，不得采用此项修正。

（8）钢筋重量计算：

① 钢筋理论重量

计算公式：

$$钢筋理论重量＝钢筋长度×每米重量＝l×0.006165d^2 \qquad (6-39)$$

式中　d——以 mm 为单位的钢筋直径。

每米重 $0.006165d^2$ 的推导过程如下：

$$钢筋每米重＝每米钢筋的体积×钢筋的密度$$
$$＝1×\pi r^2×7850kg/m^3＝1000×0.7854d^2×0.00000785kg/mm^3$$
$$＝0.00785×0.7854d^2＝0.006165d^2$$

【例题 6-4】　按公式 $0.006165d^2$ 计算 $\phi4～\phi12$ 钢筋的每米重。

解：

$\phi4$：　　　　　　　　　　$0.006165×4×4＝0.099(kg/m)$

$\phi6$：　　　　　　　　　　$0.006165×6×6＝0.222(kg/m)$

$\phi6.5$：　　　　　　　　$0.006165×6.5×6.5＝0.260(kg/m)$

$\phi8$：　　　　　　　　　　$0.006165×8×8＝0.395(kg/m)$

$\phi10$：　　　　　　　　　$0.006165×10×10＝0.617(kg/m)$

$\phi12$：　　　　　　　　　$0.006165×12×12＝0.888(kg/m)$

② 钢筋工程量计算：

计算公式：钢筋工程量＝Σ（分规格长×分规格每米重）×（1＋损耗率）

【例题 6-5】　根据图 6-15，计算 8 根现浇 C20 钢筋混凝土矩形梁的钢筋工程量，混凝土保护层厚为 25mm。

解： ①号筋（$\phi16$，2 根）$l＝(3.90－0.025×2＋2×3.5×0.016)×2＝7.922(m)$

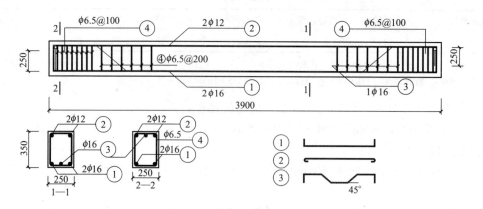

图 6-15　现浇 C20 钢筋混凝土矩形梁

②号筋($\phi12$，2 根)$l=(3.90-0.025\times2+0.012\times6.25\times2)\times2=8.0(\text{m})$

③号筋($\phi16$，1 根)

$l=3.90-0.025\times2+3.5d\times2-4\times5d=3.9-0.05+0.056\times2-2\times0.016=3.9704(\text{m})$

④号筋($\phi6$，5 根)间距 10cm 为 16 根，间距 20cm 为 $\dfrac{3.9-(0.725\times2)}{0.2}=12$ 档，即 13 个箍筋。

按箍筋长度调整表计算：

$$每个箍筋长=(0.3+0.2)\times2+0.1=1.1\text{m}$$

$$箍筋总长\ l=1.1\times16+1.1\times13=17.6+13.3=31.9\text{m}$$

计算 8 根矩形梁的钢筋重

$\phi16$：　　　($7.92+3.97)\times8$ 根梁$\times0.006165\times16\times16\times1.58\text{kg/m}=237.19\text{kg}$

$\phi12$：　　　　　　$8.0\times8\times0.888\text{kg/m}=56.83\text{kg}$

$\phi6.5$：　　　　　$31.9\times8\times0.26\text{kg/m}=66.35\text{kg}$

钢筋工程量小计：　　$167.99+56.83+58.91=283.73\text{kg}$

第三节　桥涵工程中的钢筋混凝土结构

1. 桥梁图的读图

1) 方法：形体分析的线面分析法。

桥梁虽是庞大而复杂的建筑物，但它总是由许多构件所组成。如果我们了解了每一个构件的形状和大小，再通过总体布置图把它们联系起来，弄清彼此之间的关系，就不难了解整个桥梁形状和几何尺寸了。因此读图时须运用形体分析与线面分析法。即，把桥梁由大化小、由繁化简、各个击破，再由零到整。也就是先整体后局部、再由局部到整体的反复过程。

读图时，决不能单看一个投影面，而是要同其他有关投影图联系起来，结合总图、详图、钢筋详细表及说明等，互相对照，弄清全部。

2) 步骤

(1) 先看图纸的设计说明，了解桥梁名称，种类，主要技术指标。施工措施及注意事项、比例、尺寸单位等。

(2) 其次看桥梁纵立面图、平面图、侧面图，了解桥梁的几何尺寸、形式，几墩几台，上部结构，附属结构等。

(3) 再看平面图，桥位地质断面图。达到了解所建桥位置、水文地质状态，对施工有什么影响，大致采用哪种方法施工。

(4) 最后看总体布置图，弄清各投影图关系。这时应先看立面图（包括纵剖面图）。了解桥梁类型，孔数，孔径，墩台数目，总高，了解河床地质断面图，再对照平面、侧（剖）面图，了解桥宽、人行道、车行道宽度及其他断面图等。

(5) 分看各构件的构造图，大样图，钢筋图，构件的详细构造。

(6) 了解桥梁各部分所使用建筑材料，并阅读工程数量表、钢筋详细表等说明。

(7) 看懂桥梁结构图后，再细看尺寸，进行复核，检查有无错误与遗漏。

(8) 各构件看懂后，再回过头来阅读总体图，了解各墩台，梁及各构件的相互配置及装配，看是否有矛盾或不对应之处，直到全部看懂为止。

2. 钢筋结构图

1) 定义：用钢筋混凝土结构制成的板，梁，拱圈，柱，桩等构件所代表的图形。

2) 图分类

(1) 一般构造图。表示构件的形状和大小，但不涉及构件的内部钢筋的布置情况。

(2) 钢筋混凝土结构图。表示构件内部钢筋的布置情况。它是钢筋根数，直径，断料，加工，绑扎，焊接，检验施工的重要依据。

3) 钢筋

(1) 种类。根据其强度和品种不同，可把钢筋分为五个等级，其编号，图示符号和形状见表 6-13。

各类钢筋形状和符号表　　　　　　　表 6-13

级 别	编 号	符 号	说 明
I	Q235	A	3 号光圆钢筋
II	HRB335	B	螺 纹
III	HRB400	C	螺 纹
IV	HRB400（热处理钢筋）	C^R	螺 纹
V		E	人 字 纹

(2) 按钢筋在整个结构中作用不同分为

① 纵向受力钢筋（主筋）——承受拉、压应力。

② 弯起筋（斜筋）——承受主拉应力并增加骨架稳定性。

③ 箍筋——固定受力筋位置，并承受剪力。

④ 架立筋——一般在梁上面，受压力，并将箍筋末端位置固定好，并与受力筋连成骨架。

⑤ 分布筋——固定受力筋位置，并使荷载更好地分布给受力钢筋和防止混凝土收缩及湿度变化出现的裂缝。

⑥ 其他筋——为起吊或满足构造要求而设置的预埋或锚固筋。

（3）钢筋加工中的弯钩与弯折、接口（焊接，绑扎）

钢筋弯钩

① 作用是增加它与混凝土粘结力。

② 一般在钢筋的端部做成弯钩，其形式有光圆弯钩（180°），直弯钩（90°）与斜弯钩（135°）。

③ 这时带弯钩的钢筋断料长度应为设计长度加上其相应弯钩的增长值（即分别为 6.25d，3.5d，4.9d）。

钢筋弯折

根据结构受力要求，有时需将部分受力筋进行弯折，这时弧长比两切线之和短些。这时其计算长度应减去折减数值（即 45°应减去 0.5d，90°应减去 d，180°应减去 1.5d）。

钢筋骨架

为制造钢筋混凝土构件，先将不同直径筋按照需要长度裁断，后根据设计和形状要求弯曲（即为成形），再将弯曲后钢筋按一定要求绑扎成某一形状，承受主要力。

（4）内容（由各类钢筋图箍筋图及钢筋详细表组成）

① 钢筋编号和尺寸标注方式

$$\frac{n\phi d}{l@S}N$$

式中　N——钢筋编号，n——钢筋根数；

d——钢筋直径 mm，L——钢筋长度；

@——钢筋或箍筋之间中心距；

S——钢筋或箍筋间距（cm）。

例如：$\frac{24\phi6}{200@300}⑥$，说明编号为 6 号的钢筋，有 24 根，直径 6mm，由 Q235 光圆钢筋组成，每根筋长为 $L=200$cm，箍筋间距为 300mm。

② 箍筋图

A. 作用是绑扎或焊接钢筋骨架的主要依据。

B. 一般用立面图与剖面图来表示。

C. 钢筋详细表：表内有钢筋编号，直径，每根长度，根数，总数及重量等。

【例题 6-6】 某工程上部结构为 C25 钢筋混凝土实心板桥。其单块板梁尺寸及配筋图如图 6-16 所示。求一块板梁的钢筋混凝土数量（m³）与钢筋数量（kg）——不计钢筋搭接长度、弯曲延伸率。钢筋计算数据 ϕ8——0.395kg/m，ϕ10——0.617kg/m，ϕ17——1.998kg/m。（2007 年江苏省市政造价员考题）

图 6-16 中：ϕ——R235，B——HRB335。

②③④筋弯折 45°，⑤筋弯折 60°（30°）。

解：（1）每块板钢筋混凝土数量：

$$(0.99\times0.28\times6.0)-\left[\frac{1}{2}(0.06+0.1)\times0.18\times6.0\right]\times2^{边}$$

$$-\frac{1}{2}\times0.1\times0.06\times6\times2^{边}=1.6632-0.1728-0.036=1.4544\text{m}^3$$

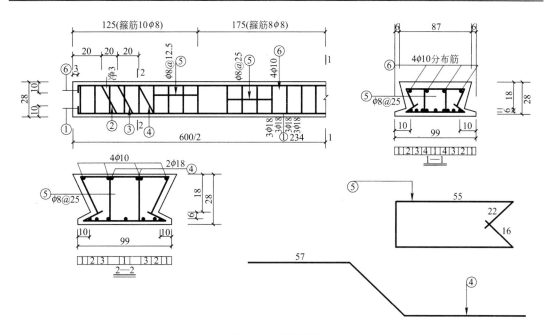

图 6-16 梁结构图

注：图示尺寸以 cm 计，板顶、侧钢筋净保护层为 3cm。

钢筋：A-235，B-HRB335

②、③、④钢筋弯折 45°，⑤钢筋弯折 60°(30°)。

(2) 钢筋：

N_1—$\phi18$ 为 3 根：

$$l_1 = 6-0.06+3.5d+0.2$$
$$= 5.94+3.5\times0.018$$
$$= 5.94+0.063\times2 = 6.266\times3 = 18.8\text{m}$$

N_2—$\phi18$ 为 2 根：

$$l_2 = (0.2+0.34+0.622+5.22+0.126-4\times0.5\times0.018)\times2$$
$$= (6.382+0.126-0.036)\times2 = 6.472\times2 = 12.944\text{m}$$

N_3—$\phi18$ 为 2 根，用材为

$$l_3 = (4.82+0.2+0.74+0.622+0.126-0.036)\times2$$
$$= (6.382+0.126-0.036)\times2 = 12.944\text{m}$$

N_4—$\phi18$ 为 2 根，用材为：

$$l_4 = (4.42+0.2+1.14+0.622+0.126-0.036)\times2 = 12.944\text{m}$$

N_5—$\phi8$ 箍筋计 36 只

$$l_5 = (0.55\times2)+0.22+0.22+0.16 = 1.7-3d-2\times0.5d = 1.7-3\times0.006-0.006$$
$$= 1.7-0.024 = 1.675\text{m}$$

箍筋只数计算

$$1.25\div0.125 = 10 \text{ 个}$$
$$1.75\div0.25 = 7+1 = 8 \text{ 个}$$

全梁应用 $10+8 = 18 \text{ 个}\times2^{边} = 36 \text{ 个}$

N_6—$4\phi10$：

$$l_6 = 6-0.06+0.14 = 6.08\times4 = 24.32\text{m}$$

钢 筋 计 算 表   表 6-14

序号	编号	简 图	直径	根数	每根长	总长	单位重	总重量/kg
1	N_1		$\phi18$	3	6.266	18.8	1.998	37.56
2	N_2	17 522 17	$\phi18$	2	6.472	12.944	1.998	25.86
3	N_3	37 482 37	$\phi18$	2	6.472	12.944	1.998	25.86
4	N_4	57 442 57	$\phi18$	2	6.472	12.944	1.998	25.86
5	N_5	55 22 22 10	$\phi8$	36	1.675	60.66	0.395	23.96
6	N_6		$\phi10$	4	6.266	25.064	0.617	15.46

第四节　工程量清单编制与计价及示例

1. 概述

桥涵护岸工程量清单编制有：分部分项工程量清单、措施项目清单、其他项目清单

1）分部分项工程量清单

（1）分部分项工程量清单的编制，应根据计价规范附录 D 桥涵护岸工程规定的统一项目编码，项目名称，计算单位和工程量计算规则编制。计价规范将桥涵护岸工程共分为 9 节 74 个清单项目。

第一节："D.3.1 桩基"编码 040301，共设置 7 个清单项目；

第二节："D.3.2 现浇混凝土"编码 040302，共设置 20 个清单项目；

第三节："D.3.3 预制混凝土"编码 040303，共设置 5 个清单项目；

第四节："D.3.4 砌筑"编码 040304，共设置 4 个清单项目；

第五节："D.3.5 挡墙、护坡"编码 040305，共设置 5 个清单项目；

第六节："D.3.6 立交箱涵"编码 040306，共设置 6 个清单项目；

第七节："D.3.7 钢结构"编码 040307，共设置 9 个清单项目；

第八节："D.3.8 装饰"编码 040308，共设置 8 个清单项目；

第九节："D.3.9 其他"编码 040309，共设置 10 个清单项目。

（2）填写分部分项工程量清单表时应解决：

列出编码：列出拟建桥涵工程各分部分项工程的清单项目名称，并正确编码。

列项目编码时应根据计价规范，招标文件有关要求，施工图设计和施工现场条件等综合考虑确定。

① 一个完整的桥涵工程分部分项工程量清单，应至少包括计价规范、"附录 D.1 土石

方工程和 D.3 桥涵护岸工程"中的有关清单项目,还可能出现计价规范"附录 D.2 道路工程,D.7 钢筋工程,D.8 拆除工程"等有关清单项目。

② 桥涵护岸工程的列项编码应在熟悉图纸基础上,对照计价规范"附录 D.3"中各分部分项清单项目的名称,特征,工程内容。将拟建的桥涵工程结构进行合理的分类组合,编排列出一个个相对独立的与"附录 D.3 桥涵护岸工程"各清单项目相对应的分部分项清单项目。其要求:

A. 正确确定各分部分项的项目名称及项目编码。

B. 项目编码不重复不漏项。

③ 项目编码正确的要点是

A. 项目特征:由具体的特征要素构成。

B. 项目编码:前 9 位编码是统一规定的,照抄套用,其后 3 位编码可由编制人根据拟建工程中相同名称,不同项目特征而进行排序编码。

例如:桩基中"钢筋混凝土方桩",统一项目编码为"040301003",其项目特征包括:*a*. 形式;*b*. 混凝土等级及石料最大粒径;*c*. 断面;*d*. 斜率;*e*. 部位。

若同一座桥梁中,上述 5 个项目特征有一个发生改变,则工程量清单编制时应在后 3 位的排序编码予以区别。因此:相同名称的清单项目,其项目特征完全相同,若特征要素的某项有改变,就需要有一个对应的项目编码。

C. 项目工程:应按照计价规范附录 D.3 中的项目名称,结合实际的项目特征要素综合确定。

D. 工程内容:是针对形成该分部分项清单项目实体的施工过程清单项目,与计价规范附录 D.3 桥涵护岸工程各清单项目是否对应的对照依据。

2) 桥涵工程编码表(表 6-15~表 6-22)

(1) 桩基(编码:040301),见表 6-15。

桩　　基　　　　　　　　　　　　　　　　表 6-15

项目编码	项目名称	项目特征	计量单位	工程量计算规则	工程内容
040301001	圆木桩	材质,尾径,斜率	m	按设计图示以桩长(包括桩尖)计算	1. 工作平台搭拆 2. 桩机竖拆 3. 运桩 4. 桩靴安装 5. 沉桩 6. 截桩头 7. 废料处置
040301002	钢筋混凝土板桩	混凝土等级,石料最大粒径,部位	m³	按设计图示以桩长(包括桩尖)乘以桩断面积以体积计算	1. 工作平台搭拆 2. 桩机竖拆 3. 场内外运桩 4. 沉桩 5. 送桩 6. 凿除桩头 7. 废料弃置 8. 混凝土浇筑及废料弃置

项目编码	项目名称	项目特征	计量单位	工程量计算规则	工程内容
040301003	钢筋混凝土方桩(管桩)		m	按设计图示桩长(包括桩尖)计算	1. 工作平台搭拆 2. 桩机竖拆 3. 场内外运桩 4. 沉桩 5. 送桩 6. 凿除桩头 7. 废料弃置 8. 混凝土浇筑及废料弃置 9. 桩芯混凝土弃置 10. 接桩
040301004	钢管桩		m	按设计图示桩长(包括桩尖)计算	1. 工作平台搭拆 2. 桩机竖拆 3. 场内外运桩 4. 沉桩、接桩 5. 送桩 6. 凿除桩头 7. 废料弃置 8. 切割钢管 9. 切割盖帽 10. 管内取土及余土弃置 11. 管内填土及废料弃置
040301005	钢管成孔灌注桩				1. 工作平台拆除 2. 桩机竖拆 3. 沉桩、灌注、拔管、凿桩头、弃废料
040301007	机械成孔灌注桩		m	按设计图示桩长(包括桩尖)计算	1. 工作平台拆除 2. 成孔机械竖拆 3. 护筒埋设 4. 泥浆制作 5. 成孔 6. 灌混凝土及桩头凿除废料处置
040301006	挖孔灌注桩				1. 挖桩成孔 2. 护壁制、安、拆 3. 土方运输 4. 混凝土浇筑及桩头凿除 5. 废料弃置

（2）现浇混凝土（编码040302），见表6-16。

现 浇 混 凝 土

表 6-16

项目编码	项目名称	项目特征	计量单位	工程量计算规则	工程内容
040302001	混凝土基础	1. 混凝土强度等级，石料最大粒径 2. 嵌石比例 3. 垫层厚度、材、品种强度	m³	按设计图示尺寸以体积计算	垫层铺筑、混凝土浇筑、养生
040302002	混凝土承台	部位；混凝土强度等级；石料最大粒径	m³	按设计图示尺寸以体积计算	垫层铺筑、混凝土浇筑、养生
040302003	墩（台）帽			按设计图示尺寸以体积计算	混凝土浇筑、养生
040302004	墩（台）身			按设计图示尺寸以体积计算	混凝土浇筑、养生
040302005	支撑架及横梁			按设计图示尺寸以体积计算	混凝土浇筑、养生
040302006	墩（台）盖梁			按设计图示尺寸以体积计算	混凝土浇筑、养生
040302007	拱桥拱座	混凝土强度等级；石料最大粒径	m³	按设计图示尺寸以体积计算	混凝土浇筑、养生
040302008	拱桥拱肋				
040302009	拱上构件	部位；混凝土强度等级；石料最大粒径	m³	按设计图示尺寸以体积计算	混凝土浇筑、养生
040302010	混凝土箱梁				
040302011	混凝土连续板	部位、强度、形式	m³	按设计图示尺寸以体积计算	混凝土浇筑、养生
040302012	混凝土板梁	部位、形式、强度、石料最大粒径	m³	按设计图示尺寸以体积计算	混凝土浇筑、养生
040302013	拱板	部位、强度、石料最大粒径	m³	按设计图示尺寸以体积计算	混凝土浇筑、养生
040302014	混凝土楼梯	形式、强度、石料最大粒径	m³	按设计图示尺寸以体积计算	混凝土浇筑、养生
040302015	混凝土防撞护栏	断面、混凝土强度、石料最大粒径	m³	按设计图示尺寸以体积计算	混凝土浇筑、养生
040302016	混凝土小型构件	部位、混凝土强度、石料最大粒径	m³	按设计图示尺寸以体积计算	混凝土浇筑、养生
040302017	桥面铺设	部位、混凝土强度、石料最大粒径沥青品种、厚度、配合比	m³	以设计图示尺寸以面积计算	混凝土浇筑、养生，沥青混凝土铺装及碾压
040302018	桥头塔板	混凝土强度等级、石料最大粒径	m³	以设计图示尺寸以体积计算	混凝土浇筑、养生
040302019	桥塔身	形状、混凝土强度、石料最大粒径	m³	以设计图示尺寸以体积计算	混凝土浇筑、养生
040302020	连系梁				

（3）预制混凝土（编码 040303），见表 6-17。

预 制 混 凝 土 　　　　表 6-17

项目编码	项目名称	项目特征	计量单位	工程量计算规则	工程内容
040303001	预制混凝土立柱	1. 形状、尺寸 2. 混凝土强度等级 3. 石料最大粒径 4. 预应力、非预应力 5. 张拉方式	m³	按设计图示尺寸以体积计算	混凝土浇筑、养生、构件运输、立柱安装、构件连接
040303002	预制混凝土板				
040303003	预制混凝土梁				混凝土浇筑、养生、构件运输、立柱安装、构件连接
040303004	预制混凝土桁架、拱构件	1. 部位 2. 混凝土强度 3. 石料最大粒径			
040303005	预制混凝土小型构件				

（4）砌筑（编码 040304），见表 6-18。

砌 　 筑 　　　　表 6-18

项目编码	项目名称	项目特征	计量单位	工程量计算规则	工程内容
040304001	干砌块料	部位、材料品种、规格	m³	按设计图示尺寸以体积计算	砌筑，勾缝
040304002	浆砌块料	1. 部位 2. 材料名称 3. 规格 4. 砂浆强度等级			1. 砌筑，勾缝 2. 抹面 3. 泄洪孔制安 4. 过滤层铺设 5. 沉降缝
040304003	浆砌拱圈	部位、规格、砂浆强度			砌筑、勾缝、抹石
040304004	抛石	要求、品种、规格			抛石

（5）挡墙、护坡（编码 040305），见表 6-19。

挡墙、护坡 　　　　表 6-19

项目编码	项目名称	项目特征	计量单位	工程量计算规则	工程内容
040305001	挡墙基础	1. 材料品种；2. 形式；3. 混凝土强度，石料最大粒径；4. 垫层厚度、材料、品种、强度	m³	按设计图示尺寸以体积计算	垫层铺筑，混凝土浇筑
040305002	现浇混凝土挡墙墙身	混凝土强度等级，石料最大粒径，泄水孔材料品种、规格，滤水层要求			混凝土浇筑、养生，抹灰，泄水孔制安，滤水层铺筑

续表

项目编码	项目名称	项目特征	计量单位	工程量计算规则	工程内容
040305003	预制混凝土挡墙墙身	混凝土强度等级，石料最大粒径，泄水孔材料品种、规格，滤水层要求	m³	按设计图示尺寸以体积计算	混凝土浇筑、养生，抹灰，泄水孔制安，滤水层铺筑
040305004	挡墙混凝土压顶	混凝土强度等级，石料最大粒径			混凝土浇筑、养生
040305005	护坡	材料品种，结构形式，厚度	m²	按设计图示尺寸以面积计算	修整边坡，砌筑

（6）立交箱涵(编码 040306)，见表 6-20。

立 交 箱 涵　　　　　　　　　　　　　　　　　　　表 6-20

项目编码	项目名称	项目特征	计量单位	工程量计算规则	工程内容
040306001	滑板	1. 透水管材料品种、规格 2. 垫层厚度，材料品种、强度 3. 混凝土强度，石料最大粒径	m³	按设计图示尺寸以体积计算	透水管铺设，垫层铺筑，混凝土浇筑、养生
040306002	箱涵底板	1. 透水管材料品种、规格 2. 垫层厚度，材料品种、强度 3. 混凝土强度，石料最大粒径 4. 石蜡层要求 5. 塑料薄膜品种、规格			石腊层，塑料薄膜，混凝土浇筑、养生
040306003	箱涵侧墙	1. 混凝土强度等级。石料最大粒径 2. 防水层工艺要求	m³		混凝土浇筑、养生，防水砂浆，防水层铺涂
040306004	箱涵顶板				
040306005	箱涵顶进	断面长度	kt·m	按设计图示尺寸以被顶箱涵的质量乘以箱涵位移距离分节累计计算	1. 顶进设备安、拆 2. 气垫层安、使用、拆除 3. 钢刃角制、安、拆 4. 挖土实顶 5. 场内外运输 6. 中继间安装、拆除
040306006	箱涵接缝	材料工艺要求	m	按设计图示止水带长度计算	接缝

（7）装饰(编码 040308)，见表 6-21。

装 饰   表 6-21

项目编码	项目名称	项目特征	计量单位	工程量计算规则	工程内容
040308001	水泥砂浆抹面	部位、厚度、砂浆配合比	m²	按设计图示尺寸以面积计算	砂浆抹面
040308002	水刷石饰面	材料、部位、厚度、砂浆配合比			饰面
040308003	剁斧石饰面	材料、部位、形式、厚度			
040308004	拉毛	规格、部位、厚度、砂浆配合比			砂浆、水泥浆拉毛
040308005	水磨石饰面	规格、部位、材料品种、砂浆配合比			饰面
040308006	镶贴面层	材质、规格、厚度、部位			镶贴面层
040308007	水质涂料	材料品种、部位			涂料涂刷
040308008	油漆	材料品种、部位、工艺要求			除锈，刷油漆

(8) 钢筋工程（编码 040701），见表 6-22。

钢 筋 工 程   表 6-22

项目编码	项目名称	项目特征	计量单位	工程量计算规则	工程内容
040701001	预埋铁件	材质、规格	t	按实际图示尺寸以重量计算	制、安
040701002	非预应力钢筋	材质、部位			张拉主台制、安、拆、钢筋及钢丝束制作张拉
040701003	先张法预应力钢筋	材质、直径、部位			
040701004	后张法预应力钢筋				钢丝束孔道制、安，锚具安装，钢筋、钢丝束制作、张拉，孔道压浆
040701005	型钢	材质、直径、部位			制作，运输，安装，定位

3) 清单工程量计算——工程量计算主要列出各分部分项工程清单项目后逐项按照清单工程量计量单位和计算规则，进行工程数量分析计算。

(1) 计算依据

① 计价规范附表 D.3 桥涵护岸工程各清单项目对应的"工程量计算规则"；

② 拟建的桥梁工程图；

③ 招标文件及现场条件；

④ 其他有关资料。

(2) 计算规则和计算单位

① 桩基

桥梁中桩基有圆木桩，钢筋混凝土板桩，钢筋混凝土方桩（管桩），钢管桩，灌注桩（又有人挖，钢筋混凝土机制成孔），其土质有甲、乙、丙三类。可查江苏省市政计价表桥涵工程册第一章中相关说明来定，计量时：

A. 钢筋混凝土板桩，按设计图示桩长（包括桩尖）乘桩的断面积以 m^3 计；

B. 圆木桩，钢筋混凝土方桩（管桩），钢管桩，灌注桩按设计图示的桩长（包括桩尖）以 m 计；

C. 打桩工程长度包括桩尖长度，送桩工程计算时应注意加深对平均标高，最高水位及平均水位的理解；后按打桩计算规则计算送桩工程量（以 m 计），超过 4m 根据不同深度乘以不同系数；

D. 灌注桩成孔工程量按设计入土深度计算，计价表中的孔深 H 是指护筒顶至桩底的深度，且同一孔中的不同土质，不论其深度如何，均执行计价表中总孔深的子目；

E. 灌注桩水下混凝土工程量按设计桩长加 1m 乘以设计横截面积计算；

F. 制备泥浆的数量按钻机所钻孔体积 3 倍以 $10m^3$ 计算；泥浆外运量为钻孔体积计算。

② 现浇混凝土

A. 清单工程量中除"混凝土防撞护栏"按设计图示尺寸以"m"计，"桥面铺装"按设计图示尺寸以"m^2"计外，其余各项均按设计图示尺寸以体积"m^3"计算。

B. 混凝土量按实体积计算（不包括空心板，梁的空心体积），不扣除钢筋、铁丝、铁件、预留压浆孔道和螺栓所占体积；模板工程按模板接触混凝土面积计算，同时考虑可能发生的支架工程量（包括底模）。

③ 预制混凝土

A. 各项清单工程量的计算规则为：按设计图示尺寸，以体积"m^3"计算；

B. 预制空心构件按图示尺寸扣除空心体积，以实体积计算（若采用橡胶囊作内模可根据 16m 内梁长增加 7％混凝土量，梁长＞16m 则增加 9％量）；模板以混凝土接触面积计，空心板不再扣除空心板接触模板工程量；灯柱，端柱，栏杆等小型构件按平面投影面积计算，但不包括底模。

④ 砌筑

A. 各项清单工程量按设计图示尺寸以体积 m^3 计算；

B. 砌筑工程量按设计图示尺寸以体积计算，但不扣除嵌入砌体中的钢管，沉降缝，伸缩缝及单孔面积 0.3 m^2 以内的预留孔所占的体积；

C. 拱圈底模工程量按模板接触砌体面积计算，但不包括拱盔和支架；

D. 砂浆调制按机拌，若人工拌制不予调整。

⑤ 钢筋工程

钢筋工程按设计图示尺寸以重量计算；以"t"为单位；锚具工程量按设计用量乘以计价表规定的系数计算；计算管道压浆时不扣除钢筋体积。

⑥ 挡墙护坡

工程量按照面积计算，在编制清单时，可按不同厚度再分详细，但挡墙砂石滤层工程量不能并入计算总体积中。

⑦ 立交箱涵（肋楞包括在内）

A. 箱涵底板，滑板，侧墙，顶板按设计图示尺寸以体积计算。且不扣除单孔面积

0.3m² 以下的预留孔洞体积；

$B.$ 箱涵顶进按照设计图示尺寸以被顶进箱涵的位移距离分节累计计算，位移距离不包括在场的运输距离，以箱涵涵体进入的顶进距离计算。

⑧ 钢结构

钢箱涵、钢板梁、钢桁梁、钢拱、劲性钢结构、钢结构叠合梁计算均按设计图示尺寸以重量计，但不包括螺栓、焊缝条的质量；

⑨ 装饰工程，按图纸尺寸以面积为单位进行计算，除金属油漆以吨计算外，其装饰中发生脚手架另计。

⑩ 安装工程

安装工程，安装预制构件工程量均按构件混凝土体积(不包括空心部分)以 m³ 计算。其运输规定：小型构件包括 150m 场内运输，大型构件无场内运输。

⑪ 临时工程

$A.$ 搭拆打桩平台，按 m² 计算。

$a.$ 桥梁打桩　　　　　　　　$F=N_1F_1+N_2F_2$

每座桥台(桥墩)　　　　$F_1=(5.5+A+2.5)\times(6.5+D)$

每条通道　　　　　　　$F_2=6.5\times[L-(6.5+D)]$

$b.$ 钻孔灌注桩　　　　　　　$F=N_1F_1+N_2F_2$

每座桥台(桥墩)　　　　$F_1=(A+6.5)\times(6.5+D)$

每条通道　　　　　　　$F_2=6.5\times[L-(6.5+D)]$

上式中：

F：工作平台总面积，m²；

F_1：每座桥台(桥墩)工作平台面积，m²；

F_2：桥台至桥墩间或桥墩至桥墩间通道工作平台面积；

N_1：桥墩和桥台总数，个；

N_2：通道总数，条；

D：最外侧二排桩之间距离，m；

L：桥梁跨径或护岸的第一根桩中心至最后一根桩中心之间的距离，m；

A：桥台(桥墩)每排桩第一根桩中心至最后一根桩中心之间的距离，m。

$B.$ 凡台与墩或墩与墩之间不能连续施工时(即不能断航、断交通或拆迁工作不配合)，每个墩台可计一次组装、拆除柴油打桩架及设备运输费，但需扣除相应通道面积。

$C.$ 桥涵拱盔、支架空间体积按起拱线以上弓形侧面积乘以桥宽加 2m 计算，桥涵支架体积为结构底至原地面(水上支架为水上支架平台顶面)平均标高乘以纵向距离再乘以桥宽加 2m 计算。

⑫ 构件运输

运输按场内运输(150m)范围内构件堆放中心至起吊点的距离计算，超出该范围按场外运输计算。

⑬ 其他

金属栏杆按设计图示尺寸以 t 计算；支座按设计图示数量以个数计算；钢桥维修设备按设计图示数量以套数计算；伸缩缝装置及供水管按图示尺寸以长度 m 为单位计算，油毛毡支座，隔声屏障，防水层按图示尺寸以面积 m^2 计算。

4) 工程量计算方法及有效位数取舍规定

(1) 计算方法是依照清单工程量计算规则及图示结构尺寸，按照数学公式，方法计算。

(2) 有效位数规定：

① 以 t 为单位，应保留小数点后三位，第四位四舍五入。

② 以 m^3、m^2、m 为单位，应保留小数后两位。

③ 以个、项、套为单位，应取整数。

5) 措施项目费用清单编制

(1) 跨越河流桥涵应根据桥涵大小，通航要求，考虑水上工作平台，便桥，大型吊装设备等。

(2) 陆地立交桥涵，根据周围建筑物限制，已有道路分布状况，可考虑是否开挖支护、开通便道、指明加工(堆放)场地，原有管线保护等。

(3) 根据开工路段是否需要维持正常的交通车辆通行，若要可考虑设置防护围栏等临时结构。

(4) 根据桥涵上下部结构类型，可考虑采用特定的施工方案，配套措施项目等。

(5) 响应招标文件的文明施工，安全施工，环境保护的措施项目等。

2. 定额套用及有关计算

这类问题是根据江苏省市政计价表来计算项目费用各种材料消费量。

【例题 6-7】 船上送桩($S=0.12m^2$)送桩长 4.6m，求换算后综合基价定额套用(2007年江苏省市政造价员考题)。

解： 根据题意送桩可查桥涵工程第一章打桩中得(3-91)，同时根据章说明第九条"1"的5m送桩乘以 1.2；根据项目内容求出基价。根据本项目内容相应定额子目及说明规定解得：

$$3687.51 \times 1.2 = 4425.01$$

【例题 6-8】 某桥梁工程需现浇混凝土实体桥台 C20 计 $600m^3$，石料最大粒径为31.5mm 时，试求其材料消耗量可进行施工备料。

根据项目内容求出项目的材料量，主要根据项目内容查相应定额子目中各种材料消耗量×工程量。

解： 查《江苏省市政工程计价表》(2004)第三册桥涵工程 P103，子目为(3-301)得 $10m^3$ 时的各类材料如下：

C20 为	$10.15m^3/10m^3 \times 600 = 609m^3$
草袋	$1.68 \times 60 = 100.8$ 个
水	$3.37 \times 60 = 202.2t$
电	$5.92 \times 60 = 355.2$ 度

查现浇 C20 每 m^3 混凝土需查〈通用项目〉P371 中 001026

水泥 325 为	$0.356 \times 10.15/10 \times 600 = 216.80t$
砾石	$1.307 \times 10.15/10 \times 600 = 795.96t$
中砂	$0.693 \times 10.15/10 \times 600 = 422.04t$
水	$0.190 \times 10.15/10 \times 600 = 115.71t$

【例题 6-9】 混凝土强度等级换算

　　某桥梁的混凝土墩身为 C25 计 200（m³），石料最大粒径为 40mm，而计价表中此类混凝土仅为 C20，这时应进行换算。

　　根据项目内容混凝土强度等级与计价中混凝土不一致时求 04 计价，主要应根据使用水泥强度等级是否相同与不同情况下分。

　　解：根据《第三册桥涵工程》P103 子目（3-301）中 C20 混凝土为 10.15（m³）/10m³。这时应根据工地上用水泥强度等级来求算各材料换算。

　　（1）若水泥强度等级相同，仅需材料数量求算。这时可查通用项目 P375 定额编号 001039 及 001040，它们分别为表 6-23，表 6-24。

换　算　表　　　　　　　　　　　　　　　　　　　　表 6-23

	C20	C25	相差金额（元）
水	0.18	0.18	
水泥	337	392	109.76－94.36＝15.4
石子	1.34	1.309	45.95－47.28＝－1.33
砂	0.682	0.663	25.19－25.92＝－0.73

　　这时换算差：　　　　　　15.4－1.33－0.73＝13.34 元

　　这种 C25 基价为：　　　　2745.81＋13.34＝2759.15 元/10m³

　　这种　　　　　　　　　　200÷10×2759.15＝5518.3 元

　　注：或采用通用项目 P375 的（001039）及 P37 子目同（001041）

　　（2）若水泥强度等级不同，这时需材料计算

换　算　表　　　　　　　　　　　　　　　　　　　　表 6-24

	C20	C25	相差金额/元
水	0.18	0.18	
水泥	337	321	－105.93＋94.35＝－11.57
石子	1.34	1.277	＋44.82－47.28＝－2.46
砂	0.682	0.773	＋29.37－25.92＝＋3.45

　　这时差价为：　　　　　　11.57＋2.46－3.45＝20.57 元

　　这时 C25 基价为：　　　　2745.81＋105.7＝2581.51 元

　　工程费为：　　　　　　　200÷10×2581.51＝51630.2 元

3. 求综合单价——是桥涵工程分部分项工程清单计价中的关键

　　实质上是分解细化桥涵工程量清单每个分部分项工程对应所采用消耗量定额中包含那些具体的定额子目工作内容，并对应地套用所采用的消耗量定额分析计算，然后将各子目费用组合汇总形成综合单价。这一过程实质上是先分解细化，后组合汇总的过程。分解目的是便于合理套用所采用的消耗量定额，组合的结果形成综合单价。具体说来：

　　1）分部分项工程分解细化：针对招标方提供的工程量清单进行分部分项工程的分解细化。即明确地列出每个分部分项工程具体由哪些施工项目组成，且应与所采用的消耗量定额的哪些子目相对应，才能够合理套用，进一步分析计算工程量清单综合单价

　　（1）认真阅读桥涵工程施工图，并到现场了解情况，掌握水文、地质、交通等方面详细资料。

（2）就桥涵工程土方、桩基、现浇混凝土、预制混凝土、砌筑及其他工程的各分部分项工程逐一考虑如下问题。

① 每个分部分项工程量清单已包括了施工图中的哪些具体施工项目。

② 施工图中未包含的施工项目应划归哪个分部分项工程量清单中计算。

③ 工程量清单中的每个分部分项工程采用何种施工方案？

④ 每个具体的施工选择哪种施工方案？

例如：预制 C30 非预应力混凝土板梁这个清单项目。根据计价规范，预制 C30 非预应力混凝土，清单工程内容有：空心板预制，养护，空心板运输，安装及板缝间的混凝土。这时我们可分解细化为：空心板预制，运输，安装及板缝间的灌注混凝土；板中钢筋制安归入钢筋工程清单各项目。但应注意：（1）若采购空心板，则不考虑混凝土的制作及模板工程；而施工单位自行预制，则预制空心板的模板工程应列入措施项目，同时还须考虑使用混凝土是现场拌制还是商品混凝土？（2）空心板运输、安装、板间灌注混凝土均涉及施工方法的选择，根据不同施工方法采用不同措施项目才行。

2）计算各分部分项工程分解细化列出的具体施工项目的工程量

【例题 6-10】 某小桥采用钢筋混凝土钻孔灌注桩，桩直径为 1.0m，长为 50m，桩顶距离原地面 1.5m。地质资料显示没有地下水，原地面 5m 以下为Ⅱ类土，再下去为次坚石。若工程量清单为表 6-25、钻孔桩工程量为 50m，可计算其综合单价。

分部分项工程量清单计价表 表 6-25

项目名称	工程内容	单位	工程量	综合单价组成					
				人工费	材料费	机械费	管理费	利润	综合计价
机械成孔灌注桩 1. 土壤：砂砾 2. 桩径：φ1000 3. 桩深：50m 4. C30	［3-121］埋设护筒	10m	0.25	647.14	126.32	471.56	357.98	118.87	1714.82
	［3-144］回旋钻机钻孔	10m	5.15	1309.28	358.35	8302.73	1559.07	377.75	2242.37
	残泥浆外运 1000m 以内	10m³	12.08			293.84	53.65	13.00	141.3
	［3-221］残泥浆外运每 5km 增 5000m	10m³	4.03			470.04	76.24	18.47	532.36
	［3-224］灌注混凝土	10m³	4.12	1577.1	9804.1	1698.1	531.24	128.72	3473.03
	［3-596］凿除桩顶钢筋混凝土	10m³	0.785	183.36	8.84	99.45	45.87	11.11	796.68

则 （1714.82×0.25）＋（2242.31×5.15）＋（141.3×12.08）＋（532.36×4.03）＋（3473.03×4.12）＋（796.68×0.785）＝30763.5 元；30763.5 元÷50m＝615.27 元/m

【例题 6-11】 如图 6-17 为某桥的钻孔桩基础桩支架平台，求平台工程量及支架每 m 的综合单价。（河中土质为乙级土）

解：（1）工程量

根据钻孔桩应搭牢固工作平台，而这平台用 φ20，$l＝800m$ 的圆木打入水中。其体积为 $V＝\pi R^2 \times l＝3.14 \times 0.1 \times 0.1 \times 8 \times 24＝6.0288m^3$；铺平台木板（5cm），其材料体积为 $V＝297 \times 0.05＝14.85m^3$；根据《江苏省市政工程计价表》(2004)桥涵工程 P194 中计算规则：

$$F＝N_1 F_1 ＋N_2 F_2, \quad 这时 N_1＝2$$

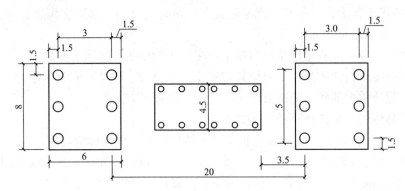

图 6-17　桥台支架平台计算示意图

而
$$F_1=(A+6.5)\times(6.5+D)$$

而 A 是桥墩每排桩的第一根桩中心至最后一根桩中心之间距离，而本例为 5m。

D 为最外侧两排桩之间距离，本例为 $6-1.5\times2=3$

∴
$$F_1=(5+6.5)\times(6.5+3)=11.5\times9.5=109.25m^2$$

而
$$F_2=6.5\times[L-(6.5+D)]$$

而 L 为桥跨径的第一根桩中心至最后一根桩中心之间距离，本例为 $3+20+3=26m$

因此 $F_2=6.5\times[26-(6.5+7.5)]=6.5\times(26-14)=6.5\times12=78m^2$
$$F=N_1F_1+N_2F_2=2\times109.5+1\times F_2=219+1\times78=297m^2$$

（2）分部分项工程量单价综合分析表（见表 6-26）

【例题 6-12】 若【例题 6-11】改为打桩的基础桩支架平台，又为多少？

∵
$$F=N_1F_1+N_2F_2,\quad 而现在 N_1=2,\quad N_2=1$$

而此时
$$A=5,\quad D=6-1.5\times2=3$$

∴
$$F_1=(5.5+5+2.5)\times(6.5+3)=13\times9.5=123.5m^2$$

而每条通道 $F_2=6.5\times[L-(6.5+D)]=6.5\times[26-(6.5+3)]$
$$=6.5\times(26-9.5)=6.5\times16.5=107.25$$

∴
$$F=2\times123.5+1\times107.25=247+107.25=354.25m^2$$

这时圆木桩体积应为 $V=\pi R^2\times l\times35=8.8m^3$，铺支架平台木板厚 5cm，其体积为 $V=354.25\times0.05=17.71m^3$。

4. 计价

桥涵护岸工程量清单计价应响应招标文件的规定，完成工程量清单所列项目的全部费用。包括分部分项工程费、措施项目费和规费、税金。

1）分部分项工程量清单计价

分部分项工程量清单计价就是根据招标文件提供的"分部分项工程量清单"，按照计价规范规定的统一计价格式，结合施工企业的实际情况，完成分部分项工程量清单计价表。

前面我们已计算出分部分项工程量清单综合单价了，因此只需填写"分部分项工程量清单计价表"。

（1）表中序号，项目编号，项目名称按招标方提供的工程量清单相应内容编写。

（2）工程内容：按照分部分项工程量清单综合单价计算的工程内容填写。

表 6-26

分部分项工程量清单综合单价分析表

（未调整）

序号	项目编码	项目名称	单位	数量	人工费	材料费	机械费	管理费	利润	小计	综合单价
1	40301007001	钻孔灌平台	m²	297							184.69
	（3-571）	搭拆水上支架	100m²	2.97						13962.3	41468.03
	（1-502）	水上柴油打桩机打、拆									
	（1-745）换	圆木桩及拆除	100m²	0.603						2290.81×1.3	1796.77
		支架平台木板铺设	100m²	2.97						13008.89×0.3	11590.92
2	40301007001	打桩平台	m²	313.75							
	（3-571）	搭拆水上支架	100m²	3.1375						13962.3	187
	（1-502）	水上柴油打桩机									
		打拆圆木桩	10m³	0.88						2290.81×1.3	43806.72
	（1-745）换	支架平台木板铺设	100m²	3.1375						13008.89×0.3	12244.62

（3）综合单价组成：按照分部分项工程量清单综合单价计算表的单价对应抄写填入。

计价步骤为：①确定施工方案；②确定各清单项目的组合工作内容；③确定各组合工作对应的定额子目，并根据定额工程量计算规则计算各组合工作内容的施工工程量；④确定人工、材料、机械单价，此时单价由企业自主参照市场信息确定；⑤考虑风险因素后确定综合单价；⑥计算分部分项工程量清单计价表。

【例题 6-13】 某单跨混凝土简支梁桥，桥宽 22.5m，桥台基础采用 ϕ100 钻孔灌注桩基础（C30 混凝土），地质为砂黏土层。桩基施工为围堰抽水施工法，回旋钻机成孔。试按 04 江苏省市政工程计价表有关规定计算该工程一个桥台钻孔灌注桩基础的分部分项工程量费用。假设：（1）承台与桥同宽，纵横向桩距相同，灌注桩 16 根/台。（2）一个桥台灌注桩基础钢筋用量为 9.951t。（3）人、材、机价格及费率标准依据《江苏省市政工程计价表》（2004），不调整。（4）竖拆桩费用不计。如图 6-18 所示，单位：cm。（2007 年江苏省市政造价员考题）

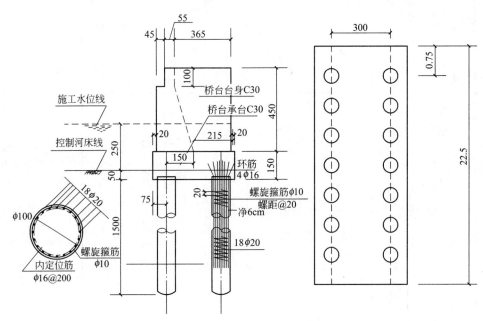

图 6-18 桥台示意图

解： 1）分部分项工程量计算

（1）钻孔桩支架平台：根据桥涵工程

P194［注］：当 ϕ≤1000mm，灌注支架套用重 1800kg，根据《桥涵工程》第三册中临时工程 P194 工程量计算规则：

$$F = N_1F_1 + N_2F_2 \quad \text{这时} \ A = 22.5 - 0.75 \times 2 = 21.0, \quad D = 3$$
$$= N_1[(A+6.5) \times (6.5+D)] + N_2\{6.5-[L-(6.5+D)]\}$$
$$= (21+6.5) \times (6.5+3) + 0$$
$$= 27.5 \times 9.5 = 261.3 \text{m}^2$$

（2）埋设护筒。因每只桥墩有 16 根灌注桩，每根桩深 15m，而河底线至工作支架平台施工水位线为 2.5+0.5＝3.0m，根据一般规定护筒顶与支架平，而护筒底应在河底下 1m 才行。因此护筒应为 3+1.0＝4.0m

16 只×4＝64m

（3）回旋钻机钻孔量为 16×（15＋0.5）＝16×15.5＝248m

（4）泥浆制作：

根据《桥涵工程》P42 工程量计算规则第七条——制备泥浆数量挖钻机所钻孔体积的 3 倍以 10m³ 计算，且第八条——泥浆外运工程量按钻孔体积（m³）计算。

A 泥浆量：$\pi R^2 \times 248 \times 3 = 3.1416 \times 0.5^2 \times 248 \times 3 = 584.34m^3$

B 泥浆运输（5km）：$\pi R^2 \times 248 = 3.1416 \times 0.5^2 \times 248 = 194.77m^3$

（5）C30 灌注桩

根据《桥涵工程》P42 工程量计算规则第三条——水下混凝土工程量按设计桩长增加 1m 乘以设计断面面积计算，因此：

$\pi R^2 \times H \times 16$ 根 $= 3.1416 \times 0.5^2 \times (15+0.15+1) \times 16$ 根 $= 202.95m^3$

（6）凿除桩顶混凝土：$3.1416 \times 0.5^2 \times 1 \times 16$ 只 $= 12.6m^3$

（7）凿除桩顶混凝土外运（10km）：12.6m³

（8）灌注桩钢筋：9.951t

2）整理成的分部分项工程量综合单价分析表见表 6-27。

3）措施项目费计价

桥涵工程量措施项目费应根据拟建工程所处地形、地质、现场环境的条件，结合施工方法，由施工组织设计决定。

计价时，措施工程量计算应响应招标文件要求，同时也可根据拟建工程确定的施工组织设计提出的具体措施补充计算。具体可从以下几个方面考虑。

（1）应根据当地有关部门要求，规定计算文明安全施工、环境保护等措施项目——护栏护围、设指示牌、交通执勤等。

（2）生产性临时设施。如现场加工场地、工作棚、仓库等，可按相应的分部分项工程费率计算。

（3）技术措施项目。如因场地所限发生二次搬运，使用大型机械设备进出场地及安拆，可列项分析计算。同时，如在有水的河流上施工时，应考虑围堰、筑岛、井点降水、修筑便桥、水上支架工作等措施项目；当桥梁采用现浇时，上部结构支架、脚手架、模板工程、泵送混凝土等均为不可缺少的措施项目；当采用预制施工上部结构时，各类梁、板、拱、小型构件的运输、安装等措施项目必然发生；砌筑时超过 1.2m 高度就应有脚手架措施项目。因此均应根据施工方案及计价表内的子目分析计算。

（4）有关工程保护、保养、保险费用，按工程所在地规定计算。

（5）技术措施的计量单位为"项"，工程数量为"1"。在计价时应参照《计价规范》，结合施工方案，确定技术措施项目所包括"工作内容及其对应定额子目，按定额计算规则计算其施工工程量"。例如桥梁基础工程施工中，"大型机械进出场及安拆"这个项目包括工作内容有：挖掘机进出场，桩机进出场及竖拆。若施工方案考虑两侧桥台钻孔灌注基桩同时施工，则钻机进出场施工工程量为 2 个台次。若施工方案为先施工一侧桥台钻机桩，完毕后再施工另一侧钻机桩，则钻机进出场只能 1 个台次。但可加上从这个桥台到另一个桥台转运费和竖拆费。又如扩大基础施工中，采用"井点降水"时其清单项目工作内容有轻型井点的安装、使用，这时可按相应的定额计算规则计算工程内容的施工工程量。

表 6-27

分部分项工程量清单综合单价分析表

序号	项目编码	项目名称项目内容	单位	数量	人工费	材料费	机械费	管理费	利润	小计	综合单价
1	40301007001	机械钻孔灌注桩	m	248							174960.95
	(1-53)	人工平整场地	100m²	1.2						172.66	207.192
	(3-566)	搭拆桩基陆上平台	100m²	1.2						2173.64	2608.368
	(3-121)	埋设钢护筒	10m	6.4						1714.87	10975.17
	(3-144)	回旋钻机钻孔 φ≤1000	10m	24.8						2242.37	55610.78
	(3-220)	泥浆制作	10m³	58.434						141.3	8256.72
	(3-221)	泥浆外运 5km	10m³	19.5						922.36	17986.02
	(3-224)换	C30灌注桩	10m³	20.295						3736.53	75832.88
	(3-596)	凿除灌注桩钢筋混凝土	10m³	1.26						796.68	1003.82
		小应变试验	m	248						10	2480
2	40701002001	钻孔桩钢筋	t	9.951							43109.82
	(3-260)	钻孔桩钢筋笼制安	t	9.951						4332.21	43109.82

其他项目费、规费及税金计价

其他项目费、规费及税金计算应按招标文件的要求和计价规范第 4.0.6 条，第 4.0.7 条，第 4.0.8 条规定执行。

《建设工程工程量清单计价规范》GB 50500—2008 规定：

（1）暂估金额不宜超过分部分项工程费 10%，其暂估材料单价由招标人提供，单价组成为场内外运输与采购保管加采购费；

（2）专业暂估工程在双方签订合同中明确；

（3）取消工程测定费，增加安全生产监督费、工程排水费、社会保障费、危险作业意外伤害费。

第七章 市政管网工程

知识目标：

● 了解市政管网工程专业知识；

● 了解市政管网工程清单项目；

● 理解市政管网工程的清单编码，项目特征，计量单位，工程量计算规则以及清单计价内容确定；

● 掌握市政工程计价表中《市政管网工程》定额套用，定额换算；

● 掌握市政管网工程的工程量清单编制与计价的方法。

能力目标：

● 能根据《建设工程工程量清单计价规范》GB 50500—2008 及相关知识编制市政管网工程工程量清单及计价；

● 能根据计算规范，清单及《江苏省市政工程计价表》(2004)市政管网对工程量清单进行综合单价的计算；

● 能根据《江苏省市政工程计价表》(2004)市政管网类别、各类费用规定及造价计算顺序计算其总价。

第一节 市政管网工程概述

1. 概述

1) 市政管网工程指给排水管道，燃气管道、热力管道及其附属构筑物和设备的安装工程。

2) 城市排水工程

(1) 定义——将城市污水，降水有组织进行收集，处理，排放的工程设施

(2) 分类：生活污水，工业废水，降水径流

(3) 组成：由一系列管道与附属构造物(雨水口，检查井，跌水井，出水口，冲洗井)组成

(4) 排除方式：合流制和分流制

3) 城市给水工程系统

(1) 定义——保证城镇、工矿企业等用水的各种构筑物和输配水管网组成系统

(2) 分类
- 按水压种类——地表水和地下水给水系统
- 按供水方式——自流、水泵和混合给水系统；
- 按使用目的——生活、生产、消防给水系统；
- 按服务对象——城镇和工业给水系统。

(3) 组成：由一系列构造物与配输水管网。由给水水源，取水构造物输水管道，水质处理和给水管网组成。

4) 燃气工程系统

（1）定义——所有天然的，人工的气体燃料供城镇居民生活用的系统

（2）分类 $\begin{cases}\text{天然的——气田气，石油气，矿井气（主要成分是甲烷 }CH_4\text{）；}\\ \text{人工的——干锚煤气，油煤气，气化煤气，高炉煤气。}\end{cases}$

（3）组成：由一系列燃气输配系统和储气站组成

5）管道组成＝地基＋基础＋管座＋管道＋检查井

（1）地基 $\begin{cases}\text{① 定义：与管道基础接触的沟槽底的土壤；}\\ \text{② 作用：承受管子基础以上荷载；}\\ \text{③ 分类：人工地基与天然地基；}\\ \text{④ 处理：为达不到地基压力时可进行处理。}\\ \text{处理方法：}A.\text{ 换置法——挖去一定深度的软土，回填块石，软石，砾石，}\\ \text{砂，灰土，土等材料；}\\ B.\text{ 在基础中加一定量的钢筋，承受拉力，防止下沉。}\end{cases}$

（2）基础

① 定义——管道与地基间为人工处理或专门建造的设施；

② 作用——将管道的集中荷载均匀分布，从而减少对地基单位体积的压力；

③ 分类

A. 弧形素土——在原土上挖成弧形管槽，弧度中心角为 60°～90°，适用无地下水且土干燥也可挖成弧形槽的 ϕ150～1200mm 埋深在 0.8～3m 的管线；

B. 砂垫层基础——在沟槽上铺 20cm 厚中粗砂。适用无水且坚土成石方地基，管深＞1.5m；

C. 灰土基础——将灰土（3：7 灰土）铺在地基上并夯实，适用无地下水且松软土层，管径 150～700mm，弧度中心角为 60°，适用水砂浆带接口，套管接口，承接口。

D. 混凝土的带形基础 $\begin{cases}\text{枕基——其只在管道接口处设枕基，适用干燥土，且 }D<90mm\\ \text{的抹带接口和 }D<600mm\text{ 承接插口；}\\ \text{带型基——其为管道全长铺设。}\end{cases}$

（3）管座

① 形式 $\begin{cases}90°\text{——适用管顶覆土 0.7～2.5m}\\ 135°\text{——适用管顶覆土 2.6～4.0m}\\ 180°\text{——适用管顶覆土 4.1～6.0m}\end{cases}$

② 适用 $\begin{cases}\text{多种潮湿土及地基软硬不均匀排水管 200～2000mm}\\ \text{当有地下水时铺 10～15cm 厚砾石层再浇混凝土}\\ \text{当地震区域会产生不均匀地段时在混凝土中加入钢筋网}\end{cases}$

（4）管道

① 给排水工程通用管材有金属与非金属两类。

A. 金属管有无缝钢管，有缝钢管，铸铁管，钢管，不锈钢管等。

B. 非金属管有塑料管，玻璃钢管，混凝土管，钢筋混凝土管，陶土管等。

C. 给水工程中，除了管道外还有管件、管道附件。管件常用的有弯管，三通管，四通管，P 形，D 形，套管（圆型与翼型）。而管道附件有测量仪表、阀门（截止阀、闸阀、节流阀、球阀、蝶阀、疏阀、隔膜阀、淤塞阀、止回阀、安全阀）。

② 排水工程中：

A. 常见管有

陶土管——圆形，承插与平口式两种，一般为 100～3000mm

混凝土管——圆形，也有承插与平口式。其基础：

a. 当是 $\phi300$ 管以下的，基础仅为 10cm 砾石垫层；

b. 大于 $\phi300$ 管以上的是混凝土基础，常有 90°，135°，180°管座；

c. 接口有柔性（沥青砂胶）与刚性接口（水泥砂浆）两种；

d. 管材 $\phi100～600mm$ 时 $L=1m$ 长。

钢筋混凝土管——圆形，有承插与平口式，常有 $\phi300～2400mm$，$L=2000mm$

B. 施工方法有：a. "四合一"法；b. "混凝土平基"法；c. "垫块稳"法。

C. 管道埋设深度：一般在路面下大于 80cm 以上。

③ 污水管，倒虹吸管，部分排水管进行闭水试验，其要点：

应从上游往下游分段测试进行。上游段试完，再往下游段测试；

一般采用带井试验。进行时管道不得回填，每次试测，两端井应封死，须用 24cm 厚砖墙且水泥砂浆抹面，且须养护 3～4d 无渗漏才行，闭水试验水位应为试验测上游管内顶以上 2m 高；

试验时往往在井及管内灌满水，并隔 30min 以上开始量井内下降水位，然后计算其 $Q_{实际}$，若 $Q_{实际}<Q_{允许值}$ 即可。

④ 塑料管：亦称 UPVC 管、PE(聚乙烯管)和 ABS(塑料管)

目前工程上用的较多，现在大小规格均有，最大 $\phi500$。

(5) 检查井

① 定义为便于定期和清通管道系统的一种人工构造物

② 分类

A. 雨水井：

定义：是雨水管道上收集雨水的构造物；

作用：保证迅速收集路面，地面上雨水；

设置：交叉口，路侧及低洼处，道路上雨水井@20～25m。

组成：
- 进水算(分为单，双，多)——低于路面 0.5(m)；
- 井筒：用砖砌，深小于 1m，连接小于 $\phi30$ 管；
- 基础。

规格：单室 300×400 墙内净为 500×400，圈盖 500×400×100。

B. 窨井

定义——为检查和清通设人工构造物。

设置——交叉，转弯，沟渠尺寸变化，坡度改变，跌水以及相隔一定直线距离(30m 左走)。

形式——有圆形与方形。

种类

又分为——
- 定型井——常用的
  - 方井：见常见规格
  - 圆井：$\phi700$，$\phi1000$，$\phi1250$，$\phi1500$，$\phi2000$
- 非定型井——不是上述定型的井

砖砌形状：——砖砌圆形井径有 $\phi200mm$，$\phi1000mm$，$\phi1250mm$，$\phi1500mm$，$\phi2000mm$，$\phi2500mm$，对应井深分别有 2m，2.5m，3m，3.5m，4m

不管哪种井分有流槽式与跌水式，它们是间隔设置，井的跌水 20~25cm 左右。

（6）出水口：出水口一般设在河岸边；

出水口一般应做成石头或混凝土挡墙结构。

（7）其他井

① 跌水井：井内部衔接的上下游管底标高落差大于 1m，为减少流速，防止冲刷，设消能措施的井。

② 水封井：适用废水管道、目的隔绝易爆、易燃烧气体进入排水管渠，使排水管渠在进入可能遇火场所时不致引爆或发生火灾的井。

③ 溢流井：为避免晴天时的污水和初期降水混合对水体造成污染，在合流制的管渠下游设截流管和溢流井。

④ 闸门井：在河边建的井装上闸门（可开启关闭），在洪期防止河水倒流到管道的井。

第二节　市政管网工程清单项目编码

1. 管道铺设编码为：040501

表 7-1

项目编号	项目名称	项目特征	计量单位	工程量计算规则	工程内容
040501002	混凝土管铺设	管有筋无筋 规格 埋设深度 接口形式 垫层厚度 材料品种 基础断面形式 混凝土强度等级 石料最大粒径	m	按设计图示管道中心线长度以延米计算，不扣除中间井及管件、阀门所占长度	垫层铺设；混凝土基础浇筑；管道防腐；管道铺设；接口；混凝土管座浇筑；预制管枕安装；井壁（墙）凿洞；检测与试验；冲洗消毒或吹扫

续表

项目编号	项目名称	项目特征	计量单位	工程量计算规则	工程内容
040501003	镀锌钢管铺设	公称直径 接口形式 防腐、保温要求 埋设深度 基础材料品种 厚度		按设计图示管道中心线长度计，不扣管件、阀门法兰所占长度	基础铺筑；管道防腐、保温；接口；检测与试验；冲洗消毒或吹扫
040501004	铸铁管铺设	管材材质、规格 埋设深度 接口形式 防腐、保温要求 垫层厚度 材料品种、强度 基础断面形式 混凝土强度 石料最大粒径	m	按设计图示管道中心线长度计，不扣管件、阀门法兰所占长度	同混凝土管铺设工程内容
040501005	钢管铺设	管材材质、规格 埋设深度 压力等级 防腐、保温要求 垫层厚度 材料品种、强度 基础断面形式 混凝土强度 石料最大粒径		按设计图纸尺寸计算以米计，不扣管件、阀门法兰所占长度，新旧管连接时计算到碰头的阀门中心处	同混凝土管铺设工程内容
040501006	塑料管铺设	管材名称、规格 埋设深度 接口形式 垫层厚度 材料品种、强度 基础断面形式 混凝土强度等级石料最大粒径、探测线要求			同上
040501007	砌筑渠道	渠道断面 埋设深度 砂浆等级 基础断面形式等		按设计图示尺寸以长度计算	垫层铺设；渠道基础、墙身砌筑（浇筑）；止水带安装；渠盖板制安、勾缝（抹石）及渗漏试验；防腐
040501008	混凝土渠道	渠道断面 埋设深度 垫层厚度 品种 等级 基础断面形式			

2. 井内、设备基础及出水口编码：040504

表 7-2

项目编号	项目名称	项目特征	计量单位	工程量计算规则	工程内容
040504001	砌筑检查井	材料；井深；尺寸；定型井名称、定型、图号、尺寸及井深；垫层、基础、厚度；材料品种、强度	座	按设计图示数量计算	垫层铺筑；混凝土浇筑、养生、砌筑、爬梯制安；勾缝、抹面；盖板制安；井盖座制安；防腐

续表

项目编号	项目名称	项目特征	计量单位	工程量计算规则	工程内容
040504002	混凝土检查井	井深、尺寸；混凝土等级、石料最大粒径；垫层厚度、材料品种、强度	座	按设计图示数量计算	同上
040504003	雨水进水井	混凝土强度、石料最大粒径；雨水井型号；井深；垫层厚度；材料品种、强度；定型井名称、图号、尺寸及井深			垫层铺筑；混凝土浇筑、养生；砌筑，勾缝、抹面；预制构件制安；井算安制
040504004	其他砌筑井	阀门井，水表井，消火栓井，排泥湿井尺寸及深度，井身材料；垫层（基础）厚度、材料品种、强度；定型井名称、图号、尺寸、井深			同上
040504008	混凝土工作井	土壤类别；断面、深度；垫层厚度；材料品种、强度			混凝土井制作及下沉定位；土方场内运输；垫层铺设、混凝土浇筑，养护；回填夯实，余方弃置，缺方内运
040504006	出水口	材料、形式，尺寸深度；砌筑强度，混凝土强度，石料最大粒径；砂浆配合比；垫层厚度、品种、强度			垫层铺筑，混凝土浇筑、养护；砌筑，勾缝，抹面
040504007	支墩	混凝土强度等级，石料最大粒径；垫层厚度，品种，强度	处		同上
040504005	设备基础	同上	m³	按设计图示数量以体积计算	同上（地脚螺栓灌浆，设备基础与底座间灌浆）

第三节 工程量清单编制

1. 市政管网工程量清单编制有：分部分项工程量清单、措施项目清单、其他项目清单

分部分项工程量清单的编制：

（1）管道安装工程应根据计价规范附录 D. 5"表 D. 5. 1 管道铺设"相应项目设置，在清单项目设置时应根据设计，明确描述以下项目内容，同一分部分项工程量清单的项目特征必须完全一致。

① 管道种类：如给水、排水、燃气管道等；

② 材质，钢管应描述直缝卷焊钢管还是螺旋缝卷焊钢管；镀锌钢管应说明是普通镀锌钢管还是加厚镀锌钢管，铸铁管应说明是普通铸铁管还是球墨铸铁管，并明确压力等级。混凝土管应明确有筋管还是无筋管，以及轻型管还是重型管；

③ 接口形式，如混凝土管应明确是抹带接口、承插接口还是套环接口及其他接口材料；

④ 管道基础，应明确混凝土强度等级、骨料最大粒径要求、管座包角等；

⑤ 垫层，应明确其材料品种、厚度、宽度等；

⑥ 管道防腐和保温。应明确型钢等级，防腐材料等；保温应明确保温层的结构、材料种类及厚度要求；

⑦ 管道安装的检验试验要求、试压、冲洗消毒及吹扫等要求。

（2）管件制作安装工程，应根据计价规范附录 D.5"表 D.5.2"相应清单项目设置分部分项工程量清单项目，在设置清单时，应明确描述以下项目特征：

① 管件类型和规格，如承插弯头、三盘三通等，并表明规格。承插铸铁管件安装还应标明接口材料；钢制弯头应标明是压制弯头还是虾壳弯头等；

② 护栏钢管应标明护栏类型（如螺纹护栏、平焊护栏等）、压力等级及规格等。

（3）阀门、水表安装工装量清单编制

阀门、水表，消火栓安装应根据计价规范附录 D.5"表 D.5.3"相应清单项目设置工程量清单项目，并根据相应项目特征描述：

① 阀门，水表等规格和型号；

② 阀门检查、清洗，连接方式，阀门试压，与阀门相连接的护栏盘的种类材质等；

③ 水表的型号，规格，连接方式等。

（4）井类工程量清单编制

井类工程量应根据计价规范附录 D.5"表 D.5.4"相应清单项目设置工程量清单，同时应描述：

① 井的名称（如跌水井、砂井、检查井等）；井的规格等；

② 井的材料，（如砖砂、混凝土砖、混凝土浇筑）；

③ 井的抹石要求；

④ 井座井盖应明确材质（钢筋混凝土还是铸铁等）、种类（轻型，重型）；

⑤ 垫层基础应明确材质及混凝土强度。

各种砌筑检查井、混凝土检查井、雨水井，其他砌筑井按"D.5.4"规定。

（5）燃气用设备安装工程量编制

燃气常用安装工程分部分项工程量清单根据计价规范附录 D.5 表"D.5.7"相应项目清单设置，应描述：型号、规格、材质、刷油防腐等要求，护栏设备应明确是否包括护栏盘，煤气调长器应明确波数和连接形式。

2. 市政管网工程量清单编制中清单项目编制

（1）管道铺设项目中应区分给水、排水、燃气还是供热管道；

（2）管道铺设中的管件、钢支架制作安装及新旧管道连接，应分别列清单项目；

（3）管道护栏连接应单独列清单项目，内容包括法兰片的焊接和护栏连接；护栏管件安装的清单项目包括护栏的焊接和护栏管体的安装；

（4）管道铺设除管沟挖填方外，包括从垫层起至基础，管道防腐、铺设，保温，检查试验，冲洗消毒或吹扫等全部内容；

（5）设备基础的清单项目包括了地脚螺栓灌浆和设备底座与基础之间的灌浆，即包括了一次灌浆和二次灌浆的内容；

（6）顶管的清单项目，除工作井的制作和工作井的挖、填不包括外，包括了其他所有顶管过程的全部内容；

（7）设备安装只到了市政管网的专用设备安装，内容包括了设备的无负荷试运转在内。标准、定型设备部分应按安装工程相应项目编制清单。

3. 措施项目清单编制

措施项目清单编制应根据工程招标文件、施工图纸、施工方法确定施工措施项目，并按照计价规范规定的统一格式编制。

（1）施工组织措施项目有环境保护、文明施工、安全生产、临时设施、已完工程及设备保护、夜间施工、材料二次搬运；

（2）技术措施主要是施工排水、井点排水、混凝土及钢筋混凝土模板支架、沟槽支撑、大型机械进出场及安拆。

第四节　清单工程量计算

管道铺设的清单工程量计算与施工工程量计算有区别。管道铺设施工工程量计算要扣除检查井所占长度，而管道铺设的清单工程量计算不扣除检查井长度。给水、排水管道工程清单土方量的沟底宽仅按管道结构物的最宽尺寸计算，工作面所占的土方量不能计入清单工程量内，只能分摊在综合单价内。

管道工程铺设清单工程量等于设计图示井中至井中距离；渠道铺设清单工程量等于设计图示渠道长度。由于管道铺设有几种不同管径类别，因此可以分段分管径类别分别计算再加以总算。

1. 给水工程工程量计算规则

1）管道安装

（1）管道安装

① 按施工图中心线长度计算，不扣除管件、阀门长度；

② 不包括管件（三通、弯头、异径管）安装，另计；

③ 旧管连接时，计算到阀门处。

（2）管道内防腐——按施工图中心线长度计算，不扣除管件、阀门长度，但其内防腐不另外计算。

2）管件安装——按施工图标注数量以个或组为单位计算。

3）附属构造物——以座为单位，支墩以实体体积计算，不扣除钢筋、铁杆所占体积。

4）取水工程——大口井内套管、辐射井管安装按设计图中心线长度计算。模板制安拆、钢筋制安、沉井工程发生时执行排水工程有关计价表。

5）管道穿越工程及其他——根据设计或施工组织设计确定的穿越管道段长度计算。穿越管道段的施管重量，指管道总重量、包括管道本身重量及保护层重量。

2. 排水工程工程量计算规则

1) 凡排水工程涉及的土石方挖、填、运输，脚手架，支撑，围堰，墩。打桩，排水，便桥，拆除等工程，均采用通用项目册中相应项目的说明计算——P67倒8项。

2) 管道接口，检查井，给水排水构筑物须做防腐处理的，套用建筑和安装工程预算定额的相应项目。管道铺设清单中不包括管道基础钢筋制作安装，其用另列清单项目，也不包括基础混凝土模板的安拆及模板的回库维修和场外运输，这些应列入技术措施项目计算。

3) 定型管道

(1) 定型管道是指1996年的《给排水标准图》合订本S2集中指定的多类管道和检查井，补充定型管道是按1989年江苏省颁发《江苏省排水通用图》编制。

(2) 各种角度的混凝土基础、混凝土管、缸瓦管铺设按井中至井中心长扣除检查井长度，以便来计工程量。

每座检查井扣除长度见表7-3：

各类井扣除长度表　　　　　　　　　表 7-3

检查井规格	φ700	φ1000	φ1250	φ1500	φ2000	φ2500	矩形井	交汇井	扇形井	跌水井		
										圆形	矩形	阶梯式
扣除长度	0.4	0.7	0.95	1.2	1.7	2.2	1.0	1.20	1.0	1.6	1.7	按实扣

(3) 排水管道清单中土方量按管道结构物最宽尺寸计算，有垫层者按垫层宽度计算。工作面所占的土方及边坡的土方不能计入清单工程量内，只能分摊在综合单价内；

(4) 管道接口，分管径和作法以接口个数计算；

(5) 闭水试验，以实际长度计算(扣除井所占长度)；

(6) 出口，分形式、材质和管径以处为单位计算；

(7) 井按井深、井径以"座"为计量(井深按井底基础至井盖顶计算)(以上是计价表第六册第一章P2的工程量计算规则)；

(8) D300～D700混凝土管铺设分人工和机械，人力配合下管；D800～D2400为人机配合下管；

(9) 如无基础的槽内铺设管道，其人工，机械乘以1.18；

(10) 如遇有特殊情况，必须在支撑下串管铺设，人工机械乘以1.33；

(11) 若在枕基上铺设陶土管，人工乘以1.18；

(12) 自(预)应力胶圈接口混凝土采用给水册相应定额；

(13) 实际管座角度与定额不同时，定型管座即为120°，180°，若为90°，135°可采用非定型管座定额项目；

(14) 定额中的水泥砂浆抹带，钢筋网水泥砂浆接口不包括内接口。如设计规定时，按抹口周长每100m增加水泥砂浆0.042m²，人工9.22工日计算；

(15) 出水墙适用于D300～D2400管且不同覆土厚度出水口，应对应选用；

(16) 清单计价工程量计算时可扣除井壁内占的长度，而铺设管道的清单工程量计算时不扣除，也不扣除管件、阀门所占长度；

（17）土方开挖放坡系数要根据土壤类别，放坡起点 $h＝1.5m$ 以及是人工还是机械开挖来确定。且机械开挖按 90%，人工开挖按 10% 计并乘以 1.5，管道接口工作坑和多种井室所须增加开挖土石方工程量按全部土石方的 2.5% 计算；管沟回填土应扣除管径在 200mm 以下的管道、基础，垫层和多种构造物所占体积。

4）定型井（见计价表第六册第二章 P149 说明）

（1）定型井是指 1996 年《给排水标准图集》S2 编制的。

① 圆形：$\phi700mm$，$\phi1000mm$，$\phi1250mm$，$\phi1500mm$

② 方形

　　甲式 下口为 1000×1000——$\phi600mm$；$1400mm\times1400mm$——$\phi1000mm$

　　　　上口为 490×490

　　乙式 下口为 830×830——$\phi450mm$

　　　　上口为 490×490——$\phi450mm$

　　丙式 下口为 600×600——$\phi300mm$

　　　　上口为 410×410——$\phi300mm$

③ 雨水井，内净为 500×400

（2）各类井只计内抹灰，如设计要外抹灰可另增，要其他材料组成井相应项目。

（3）各类井圈盖均是铸铁的，如要其他构件可换算。

（4）各类井内混凝土过梁，若大于 $0.04m^3$/件可套本章项目，当小于 $0.04m^3$/件应套非定型井章节项目。

（5）井深大于 1.5m，井字架材质套第七章钢筋，井字架工程内容。

（6）如遇三通，四通井执行非定型井项目。

（7）各种井按不同井深，井径以座为单位计算。

（8）各种井井深以井底基础至井盖顶计算。

（9）各种井的预制构件要现场预制考虑，若要加工预制，其运到施工现场的运费另计。

5）非定型井，渠管道基础及砌筑（计价表第六册第三章 P227）

（1）非定型井，渠，管道基础及砌筑抹灰，混凝土构件制安均套用第三章定额。

（2）若井深大于 1.5m，套用第六册第七章井字脚手架项目；砌墙高度大于 1.2m，抹灰高度大于 1.5m 所需脚手架套用通用项目册相应项目。

（3）混凝土枕基及管座不同角度按相应定额执行。

（4）跌水井跌水部位抹灰按流槽抹面项目执行。

（5）收水井的混凝土过梁预制，按通用小型构件相应项目，凡大于 $0.04m^3$ 的检查井过梁执行混凝土过梁制安项目。

（6）井外壁需抹灰，按井内侧抹灰项目人工乘以 0.8，其他不变。

（7）拱（弧）型混凝土盖板安装，按相应体积的矩形板定额，人、机乘 1.15。

（8）干浆砌出口坡、墙坡按通用项目册相应项目执行。

（9）砌体按块石考虑，若为片石或预制块时，块石与砂浆用量分别乘以系数 1.09 和 1.19，其他不变。

（10）砌砖检查井升高执行砌筑项目，降低执行通用和项目拆除构筑物相应项目。

（11）给排水构筑物垫层执行本章定额时人工乘以 0.87，其他不变。

（12）现浇混凝土方沟底板，采用渠（管）道基础中平基相应项目。

（13）砌筑以 $10m^3$ 体积计算；抹灰，勾缝以 $100m^2$ 为计量单位。各种井预制构件以实体 m^3 计算安装以套为计计算。

（14）井、渠垫层、基础以实体积 $10m^3$ 计；沉降缝按断面体积 $100m^3$ 或铺设长度 $100m$ 计。

（15）井盖制作按实体积 m^3 计。安装以单件 $10m^3$ 计。

（16）检查井筒身砌筑适用混凝土管道井深不同的调整和方沟的砌筑区分高度以座计。高度与定额不同时采用每增减 $0.5m$ 计。

（17）方沟闭水试验以闭水长度，用水量以 $100m^3$ 计。

（18）各项目工程量均以施工图为准计算。

6）顶管工程量

（1）顶管工程说明

① 顶管工程内容包括工作坑，人工挖土顶管，挤压顶管，混凝土方（拱）涵顶进，不同材质不同管径的顶管接口等项目。

② 其适用雨、污水管（涵）以及外套管的不开槽的顶管工程项目。

③ 工作坑垫层，基础采用非定型井的相应项目，人工乘以 1.1，其他不变。如方（拱）涵设滑轨和导向装置，另行计算。

④ 顶进拱，涵断面大于 $4m^2$ 的按箱涵顶进项目执行。

⑤ 管道顶进项目中的顶镐均为液压自动式，如采用人工顶镐，定额人工乘以系数 1.43，如系人力顶退（回镐）则人工乘以 1.2，其他不变。

⑥ 人工挖土顶管设备，千斤顶，高压油泵台班单价中已包括了安拆及场外运费，执行中不得重复计算。

⑦ 水力机械顶进定额中，未包括混浆处理，运输费用可另计。

⑧ 单位工程中，管径非 φ1650mm 以内敞开式顶进 100m 以内，封闭式顶进（不分管径）在 50m 以内，顶进子目中的人工费用和机械费用乘以 1.3。

⑨ 顶管采用中继顶间顶进时，顶进子目中的人工费用与机械费用乘以系数分级计算（表 7-4）。

顶 进 系 数 　　　　　　　　　　　　　　　　　　表 7-4

中继间顶进系数	一级顶进	二级顶进	三级顶进	四级顶进	超过四级
人工、机械费用 E 系数	1.36	1.64	2.15	2.8	另计

⑩ 安拆中继间项目仅适用敞开式管道顶进，当采用其他顶进 方法时，中继间费用允许另计。

注：中继间项目是在顶进中间设置的接力顶进工作间，此工作间内安装中继千斤顶，担负中继间之前的管段顶进。中继间千斤顶推进前面管道后，重压千斤顶再推进中继间后面的管道。此种分级接力顶进方法，称为中继间顶进。

⑪ 顶管中材料按 50m 水平运距，坑边取料考虑的，如超过 50m，按超过距离和相应定额另计。

⑫《江苏省市政计价表》（2004）是按无水考虑的，如遇地下水时，排水（降水）费用按

相关定额另行计算。

⑬ 计算规则：

A. 工作坑土方区分挖土深度，以挖方体积计算。挖方是按土壤类别综合计算的，土壤类别不同，不允许调整。工作坑回填土，视其回填的实际做法，执行通用项目相应项目。

B. 各种材质管道的顶管工程量，按实际顶进长度，以延米来计。顶管清单工程量＝设计顶管管道长度。同时应根据土壤类别、管材、管径、规格等项目特征分别计算工程量。顶管清单项目包括的工程内容有：顶进后座及坑内工作平台搭拆，顶进设备安拆，中继间的安拆，触变泥浆减阻套环安装，防腐涂刷，挖土，管道顶进，洞口止水处理，余方弃置。

C. 工作坑土方挖方仅区分挖土深度，以挖方体积计算，深度为 4m、6m、8m 内，工作内容为人工挖土，少先吊吊机配合吊卸土。

D. 工作土方若采用机械挖执行通用项目。

E. 工作坑垫层与基础均采用非定型井渠的相应项目，人工乘以 1.1 系数，其他不变。

F. 顶管接口应区分操作方法，接口材质分别以口的个数和管口断面积计算工程量。顶进设备的安拆包括场外运输费用，不再另加。顶管的后座（背）、坑内平台安拆，列有枋木后座和钢筋混凝土后座，适用敞开式和封闭式两种施工方法。钢筋混凝土后座适用钢板桩基础，目的是为了增强钢板桩后靠板整体刚度，在受顶力的钢板桩处现浇钢筋混凝土后座墙；顶管设备中液压千斤顶与高压油泵的台班用量按 2∶1 配置。

G. 若遇湿土，乘以 1.8 系数，但若井点降水后应按干土执行。

H. 钢板内外套环的制作，按套环重量以"t"为单位计算。

（2）顶管模板、钢筋、井字架

① 包括现浇、预制混凝土工程所用不同材质的模板制、安、拆；钢筋，铁件制，抹料槽筒，井字架等项目。适用给排水工程。

② 模板分别按钢模撑，复合材模木撑，木模木撑区分，不同材质分别列项的。其中钢模模数差部分采用木模。

③ 定额中，现、预制项目中，已包括钢筋垫块或第一层底浆的工、料及看模工日，套用时不得重复。

④ 预制构件的地、胎模不在其中可套用相应项目，地胎模套通用项目册中平整场地相应子目，水泥砂浆，混凝土砖地，胎模套用桥涵工程册相应项目。

⑤ 模板安拆以槽（坑）深 3m 为准，超过 3m 时人工增 8％系数，其他不变。

⑥ 现浇混凝土梁，板，柱，墙模板、支撑高度是按 3.6m 考虑的，超过 3.6m 时超高部分工程量另按超高项执行。

⑦ 模板预留洞，按水平投影面体积计算，小于 0.3m² 者，圆形洞每 10 个增加 0.72（工日），方形洞每 10 个增加 0.62（工日）。

⑧ 钢筋加工中的接头，施工损耗，绑扎铁丝及成型点焊和接头用的焊条均已包括在定额内，不得重复计算。

⑨ 非预应力筋不包括冷加工，如设计要求时另行计算。

⑩ 下列构件钢筋，人工和机械增加系数如表 7-5 所示：

人工和机械增加系数 表 7-5

项目	计算基数	现浇钢筋		构造物钢筋	
人工机械	人工机械	小型构件	小型池槽	矩形	圆形
增加系数		100%	152%	25%	50%

第五节 市政管网安装工程量清单计价

1. 清单计价

在得到工程量清单后，复核清单工程量和清单项目所包括的工程内容是否完整。计算综合单价时应注意实际的施工工程量与清单工程量的区别，按施工工程量计算费用，按清单量报价，分部分项工程量清单计价关键是确定综合单价。

在进行综合单价分析前，先确定消耗量定额以及相应的管理费和利润水平。表 7-6 为钢管铺设项目综合单价分析时应考虑组合的工作内容。

钢管铺设项目综合单价分析时应考虑组合的工作内容

钢管铺设工程量清单项目计价执行 表 7-6

项目编码	项目名称	项目特征	计量单位	工程内容	
040501005	管道铺设	管材材质，管材规格埋设深度，防腐、保温要求，压力等级，垫层厚度，材料品种、强度，基础断面形式，混凝土强度，石料最大粒径	m	1. 垫层铺筑	
				2. 混凝土基础浇筑	
				3. 混凝土制作	
				4. 管道铺设、接口	管道安装
					钢管煨弯
				5. 混凝土管座浇筑	
				6. 管道防腐	钢管除锈
					钢管内防腐
					钢管外防腐
				7. 检测及试验	给水管道试压
					燃气管道强度试验
					燃气管道气密试验
				8. 冲洗消毒或吹扫	给水管道冲洗消毒
					燃气管道吹扫
				9. 其他	
040501012	管道焊口无损探伤	管材外径，壁厚探伤要求	口	焊口无损探伤编写报告、其他	

2. 分部分项工程量清单综合单价分析表填写

(1) 表中序号、项目编号、项目名称，按业主提供的工程量清单相应内容填写。

(2) 工程内容：按照"分部分项工程量清单综合单价计算表"的工程内容抄写。

(3) 综合单价计算：

① 确定施工方案；

② 确定各组合工作内容对应的定额子目，并根据定额工程量的计算规则算出施工工程量；

③ 考虑风险因素确定管理费与利润率。

【例题 7-3】——见综合实例。

3. 措施项目费

措施项目费是根据拟建工程所处的地形、地质、现场环境等条件，结合具体的施工方法，由施工组织设计提出的具体措施计算出，然后填写措施项目计价表，在这方面主要涉及排水、安装时采用大型机械、管基模板和支撑，应列出措施项目。措施项目计价时首要计算措施项目工程量及其综合单价。因此计价时应：

(1) 参照措施项目清单，根据工程实际方案确定施工技术措施项目；

(2) 参照计价规范施工方案，确定措施项目所包含的工程内容及其计价表内相应子目，再按计价表内计算规则计算施工工程量；

(3) 由企业自主参照市场信息来确定人工、材料、机械单价；

(4) 考虑风险因素确定管理费与利润率，从而算出综合单价；

(5) 完成措施项目计算表(一)。

4. 其他项目费、规费及税金

这部分的计算应按照招标文件的要求和计价规范第 4.0.6 条、第 4.0.7 条、第 4.0.8 条的规定执行。《建设工程工程量清单计价规范》GB 50500—2008 规定了：

(1) 暂估金额不宜超过分部分项工程费 10%，其暂估材料单价由招标人提供，单价组成为场内外运输与采购保管加采购费；

(2) 专业暂估工程在双方签订合同中明确；

(3) 取消"工程测定费"，增加安全生产监督费、工程排水费、社会保障费、危险作业意外伤害费。

【例题 7-1】　某一混凝土排水管如图 7-1 所示，试计算混凝土铺管、基础、接口、模板工程量，已知检查井为矩形井计 3 座，1m×1m，管长 2m。

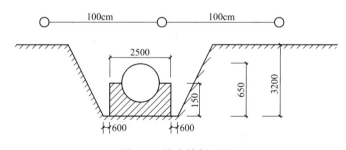

图 7-1　排水管断面图

解：(1) 清单工程量：混凝土铺管为 200m，混凝土基础长 200m；

(2) 清单计价工程量计算：各种管道不同角度的混凝土基础，铺管按井中至井中的中心距离扣除检查井长度，以 m 计算工程量，则：

混凝土基础　　　　　　　　$L = 200 - 1 \times 3 = 197\text{m}$

混凝土铺管　　　　　　　　$L = 200 - 1 \times 3 = 197\text{m}$

接口　　　　　　　　　　　　　　$197 \div 2 - 3 = 95.5$ 个

【例题 7-2】　某排水工程主管用 $\phi600$ 管长 340m，135°混凝土基础，做法按《江苏省排水工程通用图集》。挖土深 2.46(m)，乙型检查井 8 座($h=2.2$m)。单室雨水井 16 座。沟槽开挖后仍回填至原地面标高，机械回填夯实。雨水井采用 $\phi300$ 管长宽 $L=48$m，砾石基础，挖土深 1.4(m)，预埋污水管 $\phi400$ $L=32$m，基础 135°，挖土深 2.19(m)。机械开挖，土方为Ⅲ类土，管道基础图见图 7-2。

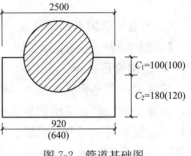

图 7-2　管道基础图

求：分部分项工程量清单计价

(1) 沟槽挖土：
$$V_{清} = (0.9 \times 2.46 \times 340 + 0.63 \times 32 \times 2.19 + 0.52 \times 1.4 \times 48) \times 1.025$$
$$= (752.76 + 44.15 + 34.94) \times 1.025$$
$$= 831.85 \times 1.025$$
$$= 852.65 (m^3)$$

$$V_{清施工量} = \phi600 + \phi300 + \phi400$$

$$V = \left(340 \times \frac{1.90 + 5.3}{2} \times 2.46 \times 1.025\right) + (48 \times 1.32 \times 1.4 \times 1.025)$$
$$+ \left(32 \times \frac{1.65 + 4.585}{2} \times 2.19 \times 1.025\right)$$
$$= 3086.32 + 90.92 + 223.94$$
$$= 3401.18 m^3$$

其中：$V_{机械} = 3367.5 \times 90\% = 3030.93 m^3$

$\qquad V_{人工} = 3367.5 \times 10\% = 336.77 m^3$

(2) $\phi600$ 混凝土排水管基础及铺管为 $L = 340 \times 8 \times 0.95 = 332.4$m、接口 $340 \div 2 (m/节) = 170$（取 167 个）

(3) $\phi400$ 管基础及铺管 $L = 32$m，接口为 $32 \div 2 (m/节) = 16$ 个

(4) $\phi300$ 管基础及铺管 $L = 48$m，接口为 $48 \div 2 (m/节) = 24$ 个

(5) 乙型检查井　8 座($h = 2.2$m)

(6) 雨水井　　　16 座

(7) 塔设井字架　8 座　［根据《排水工程》P463 计算规则第五条］

(8) 闭水试验　　　　　　　　$\phi400$　$L = 32$m

(9) 沟槽回填夯实：

$V_{回} = 3401.18 - 33.24 \times 6.94 - 3.2 \times 3.56 - 4.8 \times 1.44 - 16 \times 0.5 - 8 \times 6.15 = 3094.99 m^3$

(10) 余土弃置　　　$V_{弃} = 3401.18 - 3094.99 = 306.19 m^3$（外运 10km）

(11) 模板　$\phi600$：$(0.28 + 0.1) \times 2 \times 340 = 0.38 \times 2 \times 340 = 258.4 m^2$

$\phi400$：$(0.22 + 0.08) \times 2 \times 32 = 0.3 \times 2 \times 32 = 19.2 m^2$

$\phi1000$ 井底模板

$$\pi d = 3.1416 \times 1 \times 8 = 25.13 m^2，总计 302.73 cm^2$$

分部分项工程量清单计价见表 7-7、表 7-8。

分部分项工程量清单综合单价分析表

表 7-7

序号	项目编码	项目名称项目内容	单位	数量	综合单价组成					小计	综合单价
					人工费	材料费	机械费	管理费	利润		
1	04010100 2001	反铲 1m³ 挖沟槽三类土方	m³	852.65							17383.31
	(1-234)	反铲 1m³ 挖三类土沟不装车	1000m³	3.061						2563.67	7847.33
	(1-9)×1.5	人工挖沟槽三类土	100m³	3.40						1869.8×1.5	9535.98
2	04050100 2001	φ600 管铺设	m	332.4							26689.82
	(6-56)	135°基础(C15)	100m	3.324						6494.76	21588.58
	(6-114)	人机配合下管 φ600	100m	3.324						1170.58	3891.01
	(6-223)	水泥砂浆接口	10个	17						71.19	1210.23
3		φ400 管铺设	m	32							1443.28
	(6-54)	C15 混凝土 135°基础	100m	0.32						3528.43	1129.10
	(6-112)	人机配合下管中 φ400	100m	0.32						700.75	224.24
	(6-223)	水泥砂浆接口	10个	1.6						56.21	89.94
4		φ300 管铺设	m	48							558.83
	(6-53)	砾石垫层	100m	0.48						337.77	162.13
	(6-111)	人机配合下管 φ300	100m	0.48						579.2	278.02
	(6-220)	水泥砂浆接口	10个	2.4						49.45	118.68
5	04010300 1001	回填土	m³	3094.99							17528.75

分部分项工程量清单综合单价分析表

表 7-8

序号	项目编码	项目名称项目内容	单位	数量	综合单价组成					小计	综合单价
					人工费	材料费	机械费	管理费	利润		
	(1-366)	填土夯槽	100m³	30.94						566.54	17528.75
6	04010300 0001	余土废弃置	m³	306.19							6181.32

续表

序号	项目编码	项目名称项目内容	单位	数量	综合单价组成						综合单价
					人工费	材料费	机械费	管理费	利润	小计	
	(1-236)	1m³ 反铲挖机挖土装车	1000m³	0.306						3490.64	
	(1-294)	反斗 8t 汽车运土	1000m³	0.306							5113.19
7	040504001001	管井砌筑	座	8							9041.28
	(6-676)	砌筑乙型窨井(h=2.6m)	座	8						1082.28	8657.60
	(6-678)	增 0.2 管井	座	8						47.96	383.68
8	(6-669)	雨水井	座	16						175.86	2813.76
9		混凝土、钢筋混凝土、支架	项	1							9011.35
	(6-1515)	混凝土基础木模	100m²	2.78						3027.53	8416.53
	(6-1520)	井底平基木模	100m²	0.25						2379.29	594.82
10		脚手架	项	1							647.76
	(6-1558)	木制井字架(4#井内)	座	8						80.97	647.76

注: 分部分项工程量清单费: $17383.31+26689.82+1443.28+558.83+17528.75+6181.32+9041.28+2813.76=81640.35$ 元
措施项目费(模板支架): $9011.35+647.76=9659.11$ 元

第六节　排水工程工程量清单计价编制实例

【例题 7-3】　××街道路新建排水工程的工程量清单及计价编制实例平面图、纵断面图、钢筋混凝土 180°混凝土基础图、φ1000 砖砌圆形雨水检查井标准图、平口式单箅雨水井标准图如图 7-3、图 7-4 所示。

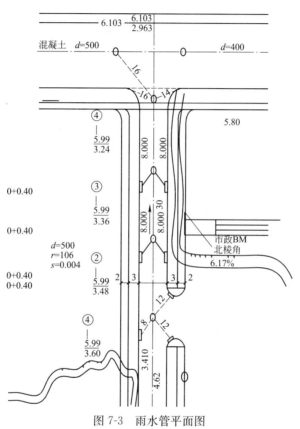

图 7-3　雨水管平面图

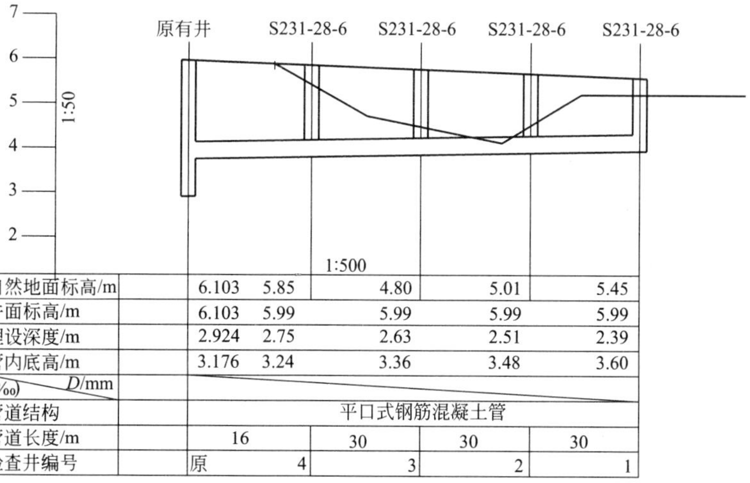

自然地面标高/m	6.103	5.85	4.80	5.01	5.45
井面标高/m	6.103	5.99	5.99	5.99	5.99
埋设深度/m	2.924	2.75	2.63	2.51	2.39
管内底高/m	3.176	3.24	3.36	3.48	3.60
i(‰)／D/mm					
管道结构		平口式钢筋混凝土管			
管道长度/m		16	30	30	30
检查井编号	原	4	3	2	1

图 7-4　雨水管纵断面图

解：1）工程量清单编制

（1）主要工程材料（表7-9）。

表 7-9

主要工程材料表

序号	名称	单位	数量	规格	备注
1	钢筋混凝土管	m	94	$D300 \times 2000 \times 30$	
2	钢筋混凝土管	m	106	$D500 \times 2000 \times 42$	
3	检查井	座	4	$\phi1000$ 砖砌	S231-28-6
4	雨水口	座	9	680×380　$H=2.0$	S235-2-4

（2）管道铺设及基础（表7-10）。

表 7-10

管段铺设　管径/mm		管道铺设长度（井中至井中）	基础及接口形式	支管及180°平接口基础铺设	
				D300	D250
起1					
	500	30		32	—
2					
	500	30		16	—
3			180°平接口		
	500	30		16	—
4					
	500	16		30	—
止原井					
合　计		106		94	—

（3）检查井、进水井数量（表7-11）。

表 7-11

井号	检查井设计井面标高/m	井底标高/m	井深/m	砖砌圆形井				砖砌雨水口井		
				雨水检查井		沉泥井		图号规格	井深	数量（座）
				井号井径	数量/个	井号井径	数量/个			
	1	2	3=1+2							
起1	5.99	3.6	2.39	S231-28-6 $\phi1000$	1	—		S235-2-4 C680×380	1	3
2	5.99	3.24	2.51	S231-28-6 $\phi1000$	1	—		S235-2-4 C680×380	1	2
3	5.99	3.35	2.64	S231-28-6 $\phi1000$	1	—		S235-2-4 C680×380	1	2
4	5.99	3.24	2.75	S231-28-6 $\phi1000$	1	—		S235-2-4 C680×380	1	2
止原井	(6.103)	(2.936)	3.14			—				
本表综合小　计			1. 砖砌圆形雨水检查井 $\phi1000$ 平均井深2.6m，共计4座。 2. 砖砌雨水口进水井 680mm×380mm，井深1m，共计9座。							

（4）挖干管管沟土方（表7-12）。

表 7-12

井号或管数	管径/mm	管沟长/m	沟底度/m	原地面标高（综合取定）/m	井底流水位标高/m		基础加深/m	平均挖深/m	土的类别	计算式	数量
		L	b	平均	流水位	平均		H		L×b×H	
起1						3.60					
	500	30	0.774	5.4	3.48	3.54	0.14	2.00	三类土	30×0.774×2.00	44.64
2	500	30	0.774	4.75	3.36	3.42	0.14	1.47	三类土	30×0.774×1.47	32.81
3	500	30	0.774	5.28	3.24	3.30	0.14	2.12	三类土	30×0.774×2.21	47.32
4 止原井	500	16	0.774	5.98	3.176	3.21	0.14	2.91	四类土	16×0.774×2.91	34.64

（5）挖支管管沟土方（表7-13）。

表 7-13

管径/mm	管沟长/m	沟底宽/m	平均挖深/m	土的类别	计算式	数量/m³	备注
	L	b	H		L×b×H		
D300	94	0.52	1.13	三类土	94×0.52×1.13	55.23	
D250							

（6）挖井位土方（表7-14）。

表 7-14

井号	井底基础尺寸/m			原地面至流水面高/m	基础加深/m	平均挖深/m	个数	土的类别	计算式	数量/m³
	长	宽	直径							
	L	B	φ			H				
雨水井	1.26	0.96		1.0	0.13	1.13	9	三类土	1.26×0.96×1.13×9	12.30
1			1.58	1.86	0.14	2.00	1	三类土	井位2块弓形面积 0.83×2.00	1.66
2			1.58	1.33	0.14	1.47	1	三类土	0.83×1.47	1.22
3			1.58	1.98	0.14	2.12	1	三类土	0.83×2.12	1.76
4			1.58	2.77	0.14	2.91	1	四类土	0.83×2.91	2.42

（7）挖混凝土路面及稳定层（表7-15）。

表 7-15

序号	拆除构造物名称	面积/m²	体积/m³	备注
1	挖混凝土路面（厚22cm）	16×0.744=11.96	11.9×0.22=2.62	
2	挖稳定层（35cm）	16×0.744=11.96	11.9×0.35=4.17	

（8）管道及基础所占体积（表7-16）。

表 7-16

序号	部位名称	计算式	数量/m³
1	D500 管道与基础所占体积	$\left[(0.1+0.292)\times(0.5+0.084+0.16)+0.2922\times3.14\times\dfrac{1}{2}\right]\times106$	45.16
2	D300 管道与基础所占体积	$\left[(0.1+0.18)\times(0.3+0.06+0.16)+0.182\times3.14\times\dfrac{1}{2}\right]\times94$	18.68
3	雨水检查井	1.5×6	9
			69.68

（9）土方工程量汇总（表 7-17）。

表 7-17

序号	部位名称	计算式	数量（m³）
1	挖沟槽土方三类土 2m 以内	$44.64+32.81+55.23+12.30+1.66+1.22$	147.86
2	挖沟槽土方三类土 4m 以内	$47.2+1.76$	49.08
3	挖沟槽土方三类土 4m 以内	$34.64+2.42-2.62-4.17$	30.27
4	管道沟回填方	$147.86+49.08+30.27-69.68$	157.53
5	就地弃土		69.38

从纵断可看到此道路是缺方的，管沟回填至原地面标高后多余土方可就地弃置，作为将来道路施工时道路路基的土源。

分部分项工程量清单表（表 7-18）。

分部分项工程量清单表　　　　　　　表 7-18

工程名称：××街道路新建排水工程　　　　　　　　　　第　页　共　页

序号	项目编号	项目名称	计算单位	工程数量	金额/元	
					综合单价	全价
	0408	拆除工程				
1	040800001001	拆除混凝土路面（厚 22cm）	m²	11.90		
2	040800002001	拆除道路稳定层（厚 35cm）	m²	11.90		
	0401	土石方工程				
3	040101002001	挖沟槽土方（三类土、深 2m 以内）	m³	147.86		
4	040101002002	挖沟槽土方（三类土、深 4m 以内）	m³	49.08		
5	040101002003	挖沟槽土方（四类土、深 4m 以内）	m³	30.27		
6	040103001001	填土（沟槽回填，密实度 95%）	m³	163.53		
	040501	管道铺设（排水管道）				
7	040501002001	混凝土管道铺设（D300×2000×30 钢筋混凝土管，180°，C15 混凝土基础）	m	94.00		
8	040501002002	混凝土管道铺设（D500×2000×42 钢筋混凝土管，180°，C15 混凝土基础）	m	106.00		
	040504	井类、设备基础及出水口				
9	040504001001	砌筑检查井（砖砌圆形 ∅1000，平均井深 2.6m）	座	4		
10	040504003001	雨水进水井（砖砌、680mm×380mm、井深 1m，单算平算）	座	9		
		合计				

2）工程量清单计价

××街道路新建排水工程计价

（1）确定施工方案及计价依据。

① 此道路为新建，道路施工尚未开始，原地面线绝大部分低于路基标高，根据招标文件要求管沟回填后多余土方可就地摊平，可作为道路缺方的一部分，即不需要余方外运。

② 为减少施工干涉和行车、行人安全，在原井到 4 号井的两个进水井处设施工护栏共长约 70m。

③ 4 号检查井与原井连接部分的干管管沟挖土用木挡土板支撑，以保证挖土安全和减少路面开挖量。（回填到土中每个井的体积暂定 1.5m³）。

④ 其余干管部分管沟挖土，采取放坡。支管部分管沟挖土，因开挖深度不大，而且土质好，挖土不放坡，但挖好管沟要及时铺管覆土，不能将空管沟长时间暴露，同时要做好地面水的排除工作，防止塌方。

⑤ 所有挖土均采用人工，弃料场内运输采用手推车运输 50m，填土采用人工夯实。

⑥ 混凝土管为甲供，D300 价格：34.93 元/m；D500 价格：39.87 元/m。

⑦ 定额及相关的费用标准按《江苏省市政工程计价表》（2004 版）执行（建筑管理费取消）。管理费按三类工程计取。材料价格及人工费暂不调差。

⑧ 现场安全文明施工费按分部分项工程费 2% 暂定，在其他项目费中招标人预留金以合集金额单独列项。

⑨ 临时设施费按分部分项工程费的 2% 计取；检验试验费按分部分项工程费的 0.15% 计取。在措施项目清单中列项。

（2）施工工程量计算及施工工程总量汇总。

① 施工工程量计算（表 7-19）。

施工工程量计算　　　　　　　　　　　　　　　　表 7-19

工程名称：挖管沟土方和挡土板

井号或管数	管径/mm	管沟长/m	沟底宽度/m	原地面标高（综合取定）/m		井底流水位标高/m		基础加深/m	平均挖土深度/m	计算式	挖土方量/m³			木支撑密板/m³
											深度（m以内）			
											2	4	4	
		L	b	平均		井底	平均		H	放坡 1:i=1:0.33 $V=(LH)(b+H_i)$	三类土	三类土	四类土	
				1		2		3	1−2+3					
1					3.60									
	500	30	1.75	5.4		3.54		0.14	2.00	30×2.00×(1.75+2.00×0.33)	144.6	—	—	—
2					3.48									
	500	30	1.75	4.75		3.42		0.14	1.47	30×1.47×1.75	77.18	—	—	—
3					3.36									
	500	30	1.75	5.28		3.30		0.14	2.12	30×2.12×(1.75+2.12×0.33)	—	155.79	—	—
4					3.24									
	500	16	1.95	5.98		3.176		0.14	2.91	不放坡 V=LbH=16×2.91×1.95	—	—	90.79	30×2.12×(1.75+2.12×0.33)
5					3.176									
						小计								
支管	300	94	1.32					0.13	0.13	不放坡 V=LbH=16×1.32×1.13	140.21			
						合计					361.99	155.79	90.79	93.12

② 施工工程量汇总。

A. 挖混凝土路面及稳定层(表7-20)。

挖混凝土路面及稳定层

表7-20

序号	拆除构筑物名称	面积/m²	体积/m³	备注
1	挖混凝土路面(厚22cm)	16×1.95=31.2	31.2×0.22=6.86	
2	挖稳定层(厚35cm)	16×1.95=31.2	31.2×0.35=11.03	

B. 挖管沟土方(表7-21)。

挖管沟土方

表7-21

序号	名　称	计算式	数量/m³
1	挖管沟土方(三类土,2m以内)	361.99×1.025	371.04
2	挖管沟土方(三类土,4m以内)	155.79×1.025	159.68
3	挖管沟土方(四类土,4m以内)	90.79×1.025−6.86−11.03	75.17

C. 填方(回填管沟)(表7-22)。

填方(回填管沟)

表7-22

序号	名　称	计算式	数量/m³
1	管沟回填	371.04+159.68+75.17−69.68	536.21

D. 支挡土板(表7-23)。

支 挡 土 板

表7-23

序号	名称	计算式	数量/m³
1	木挡土板密板支撑	16×2.91×2	93.12

E. 管道及基础铺筑(表7-24)。

管道及基础铺筑

表7-24

井号	管径/mm	管道铺设长度(井中至井中)/m	检查井所占长度/m	基础及接口形式	支管及180°平接口基础铺设	
起1					32	—
	500	30	0.7			
2					16	—
	500	30	0.7			
3					16	—
	500	30	0.7			
4					30	—
	500	30				
止原井					—	—
合计		103.2			94	—

(3) 分部分项工程量清单综合单价计算表(表7-25~表7-35)

分部分项工程量清单综合单价计算表

表 7-25

工程名称：××街道路新建排水工程
项目编码：040800001001
项目名称：拆除混凝土路面(厚22cm)

计量单位：m²
工程数量：11.9
综合单价：30.07

序号	定额编号	工程内容	单位	数量	其中：(元)					
					人工费	材料费	机械费	管理费	利润	小计
1	(1-549)	人工拆除混凝土路面(无筋厚15cm)	100m²	0.312	127.03	—	—	44.46	19.05	
2	(1-550)×7	人工拆除无筋混凝土路面(增7cm)	100m²	0.312	58.77	—	—	20.57	8.82	
3	(1-409)	明挖石方双轮手推车运输50m以内	100m²	0.069	67.96			8.75	2.39	
		合　计			253.76	—	—	73.78	30.26	357.80

分部分项工程量清单综合单价计算表

表 7-26

工程名称：××街道路新建排水工程
项目编码：040800002001
项目名称：拆除道路稳定层(厚35cm)

计量单位：m²
工程数量：11.9
综合单价：29.95

序号	定额编号	工程内容	单位	数量	其中：(元)					
					人工费	材料费	机械费	管理费	利润	小计
1	(1-569)	人工拆除无筋骨料多合土基层(厚10cm)	100m²	0.312	56.87	—	—	19.91	8.53	
2	(1-570)	人工拆除无骨料多合土基层路面(增25cm)	100m³	0.312	142.37	—	—	49.83	21.35	
3	(1-45)	人工装运土方(运距50m以内)	100m²	0.11	49.45			6.36	1.74	
		合　计			248.69	—	—	76.10	31.62	356.41

分部分项工程量清单综合单价计算表

表 7-27

工程名称：××街道路新建排水工程
项目编码：040100002001
项目名称：挖沟槽土方(三类土、深2m以内)

计量单位：m²
工程数量：147.86
综合单价：39.37

序号	定额编号	工程内容	单位	数量	其中：(元)					
					人工费	材料费	机械费	管理费	利润	小计
1	(1-569)	人工挖沟槽土方(三类土，深2m以内)	100m³	3.710	5002.23	—	—	643.80	175.59	
		合　计			5002.23	—	—	643.80	175.59	5821.62

分部分项工程量清单综合单价计算表

表 7-28

工程名称：××街道路新建排水工程
项目编码：040100002002
项目名称：挖沟槽土方（三类土、深4m以内）

计量单位：m²
工程数量：49.80
综合单价：59.96

序号	定额编号	工程内容	单位	数量	其中：（元）					
					人工费	材料费	机械费	管理费	利润	小计
1	(1-569)	人工挖沟槽土方（三类土，深4m以内）	100m³	1.597	2565.80	—	—	330.21	90.06	
		合　计			2565.80	—	—	330.21	90.06	2986.07

分部分项工程量清单综合单价计算表

表 7-29

工程名称：××街道路新建排水工程
项目编码：040100002003
项目名称：挖沟槽土方（四类土、深4m以内）

计量单位：m²
工程数量：30.27
综合单价：113.48

序号	定额编号	工程内容	单位	数量	其中：（元）					
					人工费	材料费	机械费	管理费	利润	小计
1	(1-13)	人工挖沟槽土方（四类土，深4m以内）	100m³	0.752	1703.9	—	—	219.29	59.80	
	(1-531)	木密挡土板支撑	100m²	0.931	465.99	790.4	—	149.12	46.6	
		合　计			2169.89	790.4	—	368.41	106.0	3435.1

分部分项工程量清单综合单价计算表

表 7-30

工程名称：××街道路新建排水工程
项目编码：040103001001
项目名称：填土（沟槽填土，密实度95%）

计量单位：m³
工程数量：157.53
综合单价：36.93

序号	定额编号	工程内容	单位	数量	其中：（元）					
					人工费	材料费	机械费	管理费	利润	小计
1	(1-56)	人工填土夯实（密实度95%）	100m³	5.362	4978.67	23.27	—	640.76	174.75	
		合　计			4978.67	23.27	—	640.76	174.75	5817.45

分部分项工程量清单综合单价计算表　　表 7-31

工程名称：××街道路新建排水工程　　　　　　　　　　计量单位：m
项目编码：040103002001　　　　　　　　　　　　　　　工程数量：94
项目名称：混凝土管道铺设(d300,180,℃15 混凝土基础)　　综合单价：68.47

序号	定额编号	工程内容	单位	数量	其中：(元)					
					人工费	材料费	机械费	管理费	利润	小计
1	(6-18)	平接式管道基础(d300,180,C15 混凝土基础)	100m	0.94	587.49	1434.17	116.18	260.36	112.58	
2	(6-106)	钢筋混凝土管道铺设(d300×2000×30)	100m	0.94	275.43	3316.25	—	102.02	44.11	
3	(6-228)	水泥砂浆接口(180°管基平接口)	10 个	4.7	96.77	39.20	—	35.81	15.46	
		合　　计			959.99	4789.62	116.18	398.19	172.15	6436.11

分部分项工程量清单综合单价计算表　　表 7-32

工程名称：××街道路新建排水工程　　　　　　　　　　计量单位：m
项目编码：040103002002　　　　　　　　　　　　　　　工程数量：106
项目名称：混凝土管道铺设(d500,180,℃15 混凝土基础)　　综合单价：121.23

序号	定额编号	工程内容	单位	数量	其中：(元)					
					人工费	材料费	机械费	管理费	利润	小计
1	(6-20)	平接式管道基础(d300,180,℃15 混凝土基础)	100m	0.94	1074.22	2617.86	212.86	476.22	205.94	
2	(6-108)	钢筋混凝土管道铺设(d500×2000×42)	100m	0.94	469.64	7278.69	—	173.77	75.14	
3	(6-230)	水泥砂浆接口(180°管基平接口)	10 个	4.7	69.47	69.47	—	46.80	20.13	
		合　　计			1670.43	9969.47	212.86	696.79	301.31	12850.86

分部分项工程量清单综合单价计算表　　表 7-33

工程名称：××街道路新建排水工程　　　　　　　　　　计量单位：m
项目编码：040103001001　　　　　　　　　　　　　　　工程数量：4
项目名称：砌筑检查井(砖砌,圆形 φ1000 平均井深 2.6m)　　综合单价：965 元

序号	定额编号	工程内容	单位	数量	其中：(元)					
					人工费	材料费	机械费	管理费	利润	小计
1	(6-506)	砖砌圆形雨水检查井(φ1000,平均井深 2.6m)	座	4	762.52	2529.76	10.80	286.12	123.72	
2	(6-772)	井壁(墙)凿洞(砖墙厚 37cm 以内)	10m²	0.27	73.40	34.77	—	27.16	11.75	
		合　　计			835.92	2564.53	10.8	313.28	135.47	3860.00

分部分项工程量清单综合单价计算表　　　　表 7-34

工程名称：××街道路新建排水工程　　　　　　　　　计量单位：座
项目编码：040504003001　　　　　　　　　　　　　工程数量：9
项目名称：砌筑检查井(砖砌，圆形 φ1000 平均井深 2.6m)　综合单价：284.55 元

序号	定额编号	工程内容	单位	数量	人工费	材料费	机械费	管理费	利润	小计
					其中：(元)					
1	(6-637)	砖砌雨水井(单算平算，680×380)	座	9	652.59	1538.10	15.93	247.32	107.01	
		合　计			652.59	1538.10	15.93	247.32	107.01	2560.95

综合单价计算结果　　　　表 7-35

序号	项目编码	项目名称	综合单价	合价(元)
1	040800001001	拆除混凝土路面(厚 22cm)	30.07 元/m²	357.80
2	040800002001	拆除道路稳定层(厚 35cm)	29.95 元/m²	356.41
3	040101002001	挖沟槽土方(三类土深 2m 以内)	39.37 元/m³	5831.25
4	040101002002	挖沟槽土方(三类土深 4m 以内)	59.96 元/m³	2986.01
5	040103002003	挖沟槽土方(四类土深 4m 以内)	113.48 元/m³	3435.04
6	040103001001	填方(沟槽回填密实度 95%)	36.93 元/m³	5817.58
7	040501002001	混凝土管道铺设(D300×2000×30 钢筋混凝土管 180°，C15 混凝土基础)	68.47 元/m	6436.18
8	040501002002	混凝土管道铺设(D500×2000×30 钢筋混凝土管 180°，C15 混凝土基础)	121.23 元/m	12850.86
9	040504001001	砌筑检查井(砖砌圆形井 φ1000 平均井深 2.6m)	965.00 元/座	3860.00
10	040504003001	雨水进水井(砖砌 680×300，井深 1m，单算计算)	284.55 元/座	2560.95
		合　计		44491.63

(4)措施项目工程计算：

① 施工护栏长 70m，采用玻璃钢封闭式(砖基础)，高 2.5m。

② 检查井脚手架(井架)4m 以内的 4 座。

③ 模板：

A. 主管管座模板：0.392×103.2×2＝80.91m³；

B. 支管管座模板：0.28×94×2＝52.64m³；

C. 检查井井底基础模板：4×3.14×1.58×0.1＝2.0m³；

D. 检查井井底流槽模板：4×3.14×0.52＝6.53m³；

E. 雨水进水井基础模板：9×(1.26＋0.96)×2×0.1＝4m³。

措施项目费用计算表见表 7-36，其他项目清单表见表 7-37。

将综合单价分析表中的直接费部分和措施项目表中直接费部分分汇录在一起就是××街道路新建排水工程的预(结)算表，见表 7-38；

措施项目费用计算表 表 7-36

工程名称：××街道路新建排水工程

序号	定额编号	工程内容	单位	数量	其中：（元）					
					人工费	材料费	机械费	管理费	利润	小计
1		临时设施费（分部分项工程费×2%）	1	项						889.42
2		检验试验费（分部分项工程费×0.15%）	1	项						66.74
3		脚手架			160.89	110.07	—	59.53	25.74	356.23
	6-1347	木制井字架（井深4m以内）	座	4	160.89	110.07	—	59.53	25.74	356.23
4		模板	1	项	1184.46	2054.04	124.59	484.35	209.45	4056.88
	6-1515	管座复合木模	100m²	1.34	1184.46	2054.04	124.59	484.35	209.45	4056.88
5		施工护栏	1	项	686.32	8101.58	—	219.62	68.63	9076.16
	1-681	玻璃钢施工护栏（封闭式基础，高25m）	10m	7.0	686.32	8101.58	—	219.62	68.63	9076.16
		合　计								14445.83

其他项目清单计价表 表 7-37

工程名称：××街道路新建排水工程

序号	项目名称	金额/元
1	招标人部分	
	现场安全文明施工费（分部分项工程费×2%）	889.82
	小　计	889.82
2	投标人部分	
	小　计	0
	合　计	889.82

单位工程费汇总表 表 7-38

工程名称：××街道路新建排水工程

序号	项目名称	说　明	金额/元
1	分部分项工程量清单合计		44491.63
2	措施项目清单合计		14445.83
3	其他项目清单计价		889.82
4	规费	5+6+7	61.50
5	其中1. 工程定额测定费	(1+2+3)×0.1%	59.83
6	2. 安全生产监督费	(1+2+3)×0.06%	35.90
7	3. 劳动保险费-市政其他	(1+2+3)×1%	598.26
8	税金	(1+2+3+4)×3.44%	2084.96
9	工程造价	1+2+3+8	62606.23

第八章 招标人编制市政工程量清单

知识目标:

● 了解市政工程量清单编制依据;

● 了解市政工程量分部分项的项目设置;

● 掌握工程量计算规则,准确计算工程量。

能力目标:

● 能根据《建设工程工程量清单规范》GB 50500—2008 及招标文件与相关知识编制市政工程量清单及标底。

第一节 工程量清单编制

工程量清单的含义及编制单位

1) 定义:表现拟建工程的分部分项工程项目、措施项目、其他项目名称和相应的明细表

2) 编制单位

(1) 具有编制招标文件能力的招标人。

(2) 受业主委托具有工程造价咨询的中介机构。

3) 工程量清单的组成

(1) 工程量清单总说明:工程概况、现场条件、编制工程量清单依据及有关材料、对施工工艺、材料特殊要求及其他。

(2) 分部分项工程量清单。

(3) 措施项目清单。

(4) 其他项目清单。

(5) 零星工作项目表。

(6) 主要材料价格表。

第二节 分部分项工程量清单编制

1. 分部分项工程量清单性质

是不可调整的闭口清单,投标人对招标文件提供的分部分项工程量清单必须逐一计价,对清单内所编列内容不允许作任何更改变动。投标人如果认为清单内容有不妥或遗漏,只能通过质疑的方式由清单编制人作统一的修改更正,并将修改后的工程量清单发往所有投标人。

2. 编制规则

1) 计价规范有强制性规定

(1) 分部分项工程量清单应根据附录 D 规定的统一项目编码、项目名称、计量单位和

工程量计算规则进行编制。

（2）分部分项工程量的项目编码，1～9位应按附录D的规定设置；10～12位应根据拟建工程的工程量清单项目名称由其编制人设置，并应自001起顺序编制。

（3）分部分项工程量的项目名称应按附录D项目名称与项目特征并结合拟建工程的实际确定。

（4）分部分项工程量清单的计量单位应按附录D规定的计算单位确定。

（5）分部分项工程量的计算单位应按附录D规定的工程量计算规则计算。

2）编制依据

（1）计价规范。

（2）招标文件。

（3）设计文件。

（4）拟用施工组织设计和施工技术方案。

3）编制顺序见图8-1

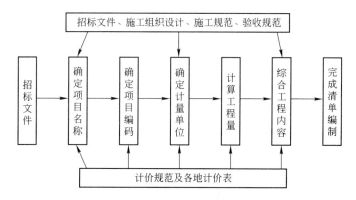

图8-1 编制顺序图

4）分部分项工程量的项目设置（这是关键）

（1）参阅设计文件读取项目内容

（2）对照计价规范项目名称，及用于描述项目名称的特征，确定具体的分部分项工程名称

（3）按计价规范设置与项目名称相对应的项目编码

（4）按计价规范中的计量单位确定分部分项工程的计量单位

（5）按计价规范规定的工程量计算规则计算工程量

（6）按计价规范中列出的工程内容，组合分部分项工程量清单的综合工程内容

注：计价规范市政工程共有432个清单项目。

5）工程量计算

（1）熟悉图纸，才能结合统一项目划分正确的分部分项工程工程量，同时要了解施工组织设计和施工方案。例如，土方的余土是外运还是回填。

（2）按照工程量计算规则，准确计算工程量。

（3）按统一计量单位列出工程量清单报价表，同时分项工程名称规格须与现行计价依据所列内容一致。

6) 编制分部分项工程量清单计价表

第三节　措施项目清单编制

1. 概述

1) 顾名思义措施项目是完成分部分项工程而必须发生的生产活动和资源耗用的保证项目。

2) 措施项目内涵广泛，从施工技术措施、设置措施、施工中各种保障措施到环保、安全、文明施工等。措施项目清单为可调整清单。投标人对招标文件中所列项目，可根据企业自身特点作适当的变更增减。投标人要对拟建工程可能发生的措施项目和措施费作通盘考虑。

3) 措施项目清单一经报出，即被认为是包括了所有应该发生的措施项目全部费用。如报出清单中没有列项，且施工中必须发生的项目，业主可认为已经综合在分部分项工程量清单的综合单价中，投标人不得以任何借口索赔与调整。

2. 编制规则

1) 措施项目清单应根据拟建工程的具体情况，参照计价规范中表 3.3.1 列项。

2) 编制措施项目清单，出现计价规范中表 3.3.1 未列项目，编制人可作补充。

3. 编制依据

1) 拟建工程的施工组织设计。

2) 拟建工程的施工技术方案。

3) 拟建工程的规范与竣工验收规范。

4) 招标文件与设计文件。

4. 措施项目清单编制

要编好措施项目清单，编者应具有相关施工管理、施工技术、施工工艺和施工方法方面的知识和实践经验，掌握有关政策、法规和相关制度。

1) 措施项目清单设置。

(1) 参考拟建工程的施工组织设计，以确定环保、文明安全施工、材料的二次搬运项目。

(2) 参阅施工技术方案，以确定夜间施工、大型机械设备进出场及安拆、脚手架、施工排水降水等项目。

(3) 参阅相关的施工与验收规范。以确定施工技术方案没有表达的，但是为了达到施工规范与验收规范而必须通过一定技术措施才能实现的要求；设计文件中一些不足以写进技术方案的但要通过一定技术措施才能实现的内容。

2) 措施项目清单计价。

(1) 在计价中，措施费项目以"宗"或"项"形式，由承包人自报费用。

(2) 计价时，应详细分析所包含的生产工程内容，后确定其综合单价，措施不同，综合单价组成内容不同。

(3) 招标人提出的措施项目清单是根据一般情况确定的。

(4) 计价方法有。

① 定额计价法。

② 实物计价法。

③ 公式参数法。

④ 分包法。

3) 具体表格见各省相关表格要求。

第四节 其他项目工程量清单编制

1. 概述

1) 市政工程其他项目费根据工程具体情况拟定。一般市政工程其他项目费按实际发生或经批准的施工组织设计方案计算。

2) 由于工程的复杂性，在施工前很难预料在施工过程中会发生什么变更，所以招标人按估算方法将部分费用以其他项目费的形式列出，由投标人按规定组价，包括在总报价内。

3) 其他项目费表分为招标人部分和投标人部分。(A)招标人部分是非竞争性项目，要求投标人按照招标要求提供数量和金额进行报价，不允许投标人对价格进行调整。(B)对于投标人部分是竞争性费用，名称、数量由招标人提供，价格由投标人自主确定。(C)预留金、材料购置费、总承包服务费和零星项目对招标人是参考，可以补充，但对于投标人是不能补充的，须按招标人提供的工程量清单执行。

2. 编制及计价

1) 暂列金额。为招标人可能发生的工程量变更而预留的金额。

2) 材料暂估价。是招标人购置材料预留费用。

3) 专业工程暂估价。由招标人根据拟建工程具体情况。列出人、材、机械名称、计量单位和相应数量。

4) 总承包服务费。总承包单位配合协调招标人对分包工程施工单位进度、质量控制时的费用。

5) 规费。

(1) 规费是强制性的。

(2) 规费包括工程排污费、定额测定费、社会保障费(包括养老保险费、医疗保险费、失业保险费)、住房公积金、危险作业意外伤害保险。

(3) 规费计算按规定。

6) 税金。

(1) 营业税、城市维护建设税、教育附加费组成税金。

(2) 其计算按：不含税工程造价=分部分项工程费+措施项目费+其他项目费+规费。

第五节 工程量清单报价表

1. 统一格式

1) 封面。

2) 填表须知。

3）总说明。

4）分部分项工程量清单。

5）措施项目清单。

6）其他项目清单。

7）零星工作项目表。

2. 填表须知

1）工程量清单及其计价格式中所有要求签字、盖章的地方，必须由规定的单位和人员签字、盖章。

2）不得删除或涂改工程量清单及其价格形式中任何内容。

3）投标人应按工程量清单计价格式的要求填报所有需要填报的单价和合价，未填报的视为此项费用已包含在工程量清单的其他单价和合价中。

3. 填写规定

1）工程量清单应由招标人填写。

2）招标人可根据情况对填表须知进行补充规定。

3）总说明应写明：工程概况；工程招标和分包范围；工程量清单编制依据；工程质量、材料、施工等的特殊要求；招标人自行采购材料名称、规格型号、数量等；其他项目清单中投标人部分的(包括预留金、材料购置费等)金额数量；其他需要说明问题。

第六节 标 底 编 制

1. 标底概念

1）含义：预期造价，发包造价；是建设单位对招标工作所需费用的测定和控制，是判断投标报价合理性的依据。

2）编者：具有资格的编标业主或委托有编标咨询资格的中介机构。

3）审者：招标管理部门或造价管理部门。

4）作用：标底是国家对产品价格实行监督的依旧；是业主单位有效控制投资的依据；是计价的参考依据；是保证工程质量的经济基础。

5）编制原则：项目编码统一、项目名称统一、计量单位统一、工程量计算规则统一；遵循市场形成价格原则；体现公平、公开、公正原则；风险合理分担原则；标底的计价内容、计价口径与工程量清单计价规范下招标文件完全一致原则。另外人工、材、机械单价根据信息价计算，消耗量根据有关定额计算，措施费按行政部门颁发的参考规定计算。

6）编制方法。

(1) 分部分项工程费清单计价。

(2) 措施项目费清单计价，根据 GB 50500—2008 规定现分为措施项目清单计价表(一)——它是以项为单位计算的，措施项目清单计价表(二)——它是综合单价形式计价的。

(3) 其他项目费清单计价。

(4) 规费、税金计算。

7）编制依据。

为了能使标底价格有利于业主控制工程投资，有利于评标，有利于合同管理，标底编制时应遵照以下依据。

（1）计价规范。

（2）招标文件的商务条款。

（3）工程设计文件。

（4）有关工程施工规范及工程验收规范。

（5）施工组织设计及施工技术方案。

（6）社会平均的生产资源消耗水平。

（7）工程所在地区的规费内容及标准，平均的管理费和利润水平。

（8）施工现场地质、水文、气象以及地上情况的有关资料。

（9）招标期间建筑安装材料及工程设备的市场价格。

（10）工程项目所在地劳动力市场价格。

（11）招标人制订的工期计划等。

第九章　工程量清单计价的施工投标

知识目标：
- 了解投标程序；
- 掌握投标报价计算依据、报价原则及编制步骤；
- 掌握投标文件中商务标、技术标编制。

能力目标：
- 能根据《建设工程工程量清单计价规范》GB 50500—2008 及招标文件、工程量清单与相关知识进行市政工程工程量清单报价计算及编制投标文件。

第一节　概　　述

1. 投标

1) 定义：具有合法资格的投标人，根据招标文件的要求，提供必要文件资料来供招标人选择，争取与项目的发包单位达成协议的经济规律活动。

2) 分类：设计投标、施工投标、设备投标。

3) 程序：多渠道收标信息──▶决策是否参加投标──▶准备资料报名参加投标──▶提交资格预审材料获取招标文件──▶研究招标文件──▶收集与投标有关的各类资料──▶施工现场考察──▶参与招标答疑与提问──▶编制施工组织设计──▶复核工程量清单──▶计算施工方案工程量──▶计算工程综合单价──▶进行成本分析确定措施项目单价──▶编制招标文件──▶投送投标文件──▶参加招标会议。

2. 招标信息的收集与分析

1) 掌握招标信息是投标的前提，招标信息的正常来源是招标交易中心，倘若招标人仅仅依靠从信息中心获取工程招标信息，就会在竞争中处于劣势。

我国现行招标法规定了两种招标方式：

① 公开招标；

② 邀请招标。

公开招标是指招标人以招标公告的方式邀请不特定的法人或者其他组织投标。

邀请招标是指招标人以投标邀请书的方式邀请特定的法人或者其他组织投标。

2) 招标信息的主要途径。

① 由招标广告或公告来发现投标目标。

② 搞好社会关系，常派业务人员深入各个单位和部门，广泛收集信息。

③ 通过政府有关部门，如计委、建委、行业协会等单位获得招标信息。

④ 通过咨询公司、监理公司、科研设计单位等代理机构获得招标信息。

⑤ 取得老客户的信任，从而承接后续工程或接受邀请而获得招标信息。

⑥ 与总承包商建立广泛的联系。

⑦ 利用有形的建筑交易市场及各种报刊、网络的信息。

3）招标信息的分析。

（1）招标人投资的可靠性。

（2）投标项目的技术特点。

（3）投标项目的经济特点。

（4）投标竞争形式分析。

（5）投资企业自身对投资项目的优势分析。

（6）投标项目风险分析。

4）认真研究招标文件。

（1）研究招标文件条款。

（2）研究评标方法。

（3）研究工程量清单。

（4）研究合同条款。

3. 如何投标

1）建立组织：专门机构。

2）收集和分析招标信息。

（1）收集 $\left\{\begin{array}{l}\text{从交易中心发布的公开招标信息。}\\\text{从多渠道获取邀请招标及公开招标信息。}\end{array}\right.$

（2）分析 $\left\{\begin{array}{l}\text{投资可靠性。}\\\text{项目技术特点、经济特点。}\\\text{竞争形式、自身优势、风险状况。}\end{array}\right.$

3）研究招标文件

（1）决定投标策略，编制施工组织设计、计算分部分项工程量清单价格。

（2）仔细研究招标文件中每句话，每个字。

（3）记牢有关规定：工期、格式、包装、截止日期。

（4）研究工程量清单：

① 工程量清单中量是工程净量，不包括施工方案及施工工艺造成的工程增量（例如，土石方中放坡造成增量）。

② 清单项目工程内容有明确地方也有不明确地方，要结合图纸、规范、方案才能确定。

③ 综合单价由几个子目组成、不应该漏项。

（5）研究合同条款同时考虑：①价格；②工期与违约责任；③付款方式。

4）研究招标工程中相关资料

（1）公用的：规范、法律、法规、企业内部资料。

（2）特有的：招标文件、设计图纸、水文、地质、环境资料等。

5）现场踏勘和调查

第二节 投标报价计算

1. 计算依据

根据计价规定；招标文件中有关要求；施工现场实际情况；拟定的施工组织设计；市

政估价及市场价格信息价进行。

2. 报价原则

（1）质量原则。

（2）竞争原则和不低于成本原则。

（3）优势原则。

（4）风险与对策原则。

3. 编制步骤

市政工程量清单计价有：分部分项工程量计价、措施项目清单计价、其他项目清单计价、规费和税金的计算。

1）分部分项工程量清单计价

（1）分部分项工程量清单计价是投标人根据招标人按规定的格式提供招标工程的分部工程清单，按工程价格组成、计价规定、自主报价。

（2）清单中工程内容及工程量是招标人提供的，但投标人应对此核对。

① 工程内容及工程量中很有可能含缺漏，因为：清单中是净量，未有施工技术方案所引起的增量，所以，招标人在清单计算时会出现错误或漏项。

② 工程量可能计算有误。

（3）核对必要性：合同内的只是数量加减、单价不变；合同外的可增加计算。

（4）综合单价计算

① 定义：是分部分项工程量清单费用及措施项目费用的单价，综合了完成单位工程量或完成具体措施项目的人工费、材料费、机械费、管理费、利润，并考虑一定的风险因素后的单价。

② 包括以下费用：

A. 分部分项工程主项的一个清单计量单位的人工、材料、机械、管理费、利润；

B. 与该主项一个清单计量单位组合的各项工程的人工、材料、机械、管理费、利润；

C. 在不同条件下施工需增计的人工、材料、机械、管理费、利润；

D. 人工、材料、机械动态价格调整与相应的管理费、利润调整。

③ 计算方法：见前面。（本书第一章第三节内容及计算例）

（5）分部分项工程量清单计价＝清单工程量×综合单价。

2）措施项目清单计价

（1）措施项目费：为完成工程项目施工，发生于该工程施工前和施工过程中技术、生活、安全等方面所需的非工程实体项目费。

（2）措施项目费由"措施项目一览表"确定。

（3）措施项目清单中所列的措施项目均以"一项"提出，计价时分析其所包含的生产工程内容，然后确定其综合单价。不同的措施项目，其综合单价也不同，但仍有人工费、材料费、机械费、管理费、利润及一定的风险构成。但这些部分不一定全部发生，报价时要求分析明细。

（4）投标报价时，除安全、文明施工措施费外的费用，由投标人自行计算。编制中没有的，视为此费不存在其他费用内，额外的费用除招标文件和合同约定外，不予支付。

3）其他项目费、规费和税金计价

由于工程建设标准有高有低，复杂程度有难有易，工期有长有短，工程组成内容有繁有简，工程投资规模有大有小，因此在施工之前很难预料在施工过程中会发生什么变更，招标人按估算方式将这部分费用以暂列金额形式列出。规费是指政府和有关部门规定必须交纳的费用，在投标报价时，一般按工程所在地区或招标文件中规定的计算公式或费率来计算。税金由营业税、城市维护建设及教育费附加构成，应计入工程造价内税金，其根据所在地规定的税率来计算的。计算时应注意计税基数的确定，通常该基数为扣除已含税的独立费外的前述各项费用之和。

第三节　投标文件编制

1. 投标文件组成

1）商务标

（1）商务标主要包含的内容：

① 法定代表人身份证明；

② 法人授权委托书（正本为原件）；

③ 投标函；

④ 投标函附录；

⑤ 投标保证金交存凭证复印件；

⑥ 对招标文件及合同条款的承诺及补充意见；

⑦ 工程量清单计价表；

⑧ 投标报价说明；

⑨ 报价表；

⑩ 投标文件电子版（u 盘或光盘）；

⑪ 企业营业执照、资质证书、安全生产许可证等。

（2）投标文件中应在投标文件商务部分所述内容后附以下文件及资料（未注明的为复印件）：

企业营业执照；企业资质等级证书；提供当地施工安全管理部门出具的安全生产证明材料及安全资格证。

（3）技术部分主要包括以下内容：

① 施工部署；

② 施工现场平面布置图；

③ 施工方案；

④ 施工技术措施；

⑤ 施工组织及施工进度计划（包括施工段的划分、主要工序及劳动力安排以及施工管理机构或项目经理部组成）；

⑥ 施工机械设备配备情况；

⑦ 质量保证措施；

⑧ 工期保证措施；

⑨ 安全施工措施；

⑩ 文明施工措施。

2）技术标

如果是建设项目，则包括全部施工组织设计内容，用以评价投标人的技术实力和经验。技术复杂的项目对技术文件的编写内容及格式均有详细要求，投标人应当认真按照规定填写标书文件中的技术部分，包括技术方案、产品技术资料、实施计划等等。

投标中，商务标是准入，经济标是入围，技术标是投标中最后一环。技术标的问题有：

（1）包装与内容。对标书当前普遍注意了包装，注意外观与模式，但经常出现的问题是包装很讲究，但内容很空洞。

（2）暗标中的废标。施工组织设计一般是暗标，但有的投标文件的包装、模式没有按照招标文件统一要求，或者是某一细部出现了企业的特征等，造成废标。

（3）内容一般化。施工组织设计注意了模式和条款，工艺和规范套用细而全，但没有结合工程的实际，失去了针对性，有的企业已通过了质量认证和环保认证，但没有针对相关工程制定具体的组织措施。

（4）选用标准不当。工程质量标准应选用现行标准，不能用过期标准。如，不能再用2002年已撤销的《北京市高级建筑装饰工程质量验收标准》，但现在还有企业在施工组织设计中提出，有的甚至以优质工程项目来代替标准。

（5）可行性差。建筑装饰工程涉及结构、基底、水、电、风、消防、智能等分部分项工程，但在施工进度中只排列了装修部分而忽略了众多专业和分包方面的交叉衔接，缺乏整体协调。

（6）简短适度。有的施工组织设计篇幅很长，一般情况体现较多，但对相关重点却一带而过，避重就轻，遗漏重点环节。例如，工程正赶上雨期或冬期，但施工组织设计中却没有具体措施。任何一个工程离不开用电，但在一个施工组织设计中没有体现动力用电量、照明用电量、平时用电和高峰用电量等。

关于投标书的封面格式：封面"正本/副本字样首行右对齐"，第二行居中打印工程名称。封面所有文字均采用黑色加粗宋体字。若招标文件提供了封面样本，投标单位应按照招标文件的要求来制作封面。

2. 格式：投标文件的格式一般都必须按招标文件所要求的格式设置

清单计价规定中的计价格式：

（1）封面；

（2）投标总价；

（3）工程项目总价表；

（4）单位工程费汇总表；

（5）分部分项工程量清单计价表；

（6）措施项目清单计价表；

（7）其他项目清单计价表；

（8）零星工作计价表；

（9）分部分项工程量清单综合单价分析表；

（10）措施项目分析表；

（11）主要材料价格表。

3. 应注意以下影响中标的方面

（1）投标文件应按招标文件的要求提供该反映内容，严禁出现缺项、漏填，确保投标文件内容的完备性。

（2）投标文件应用规定文字、规定的打印方式按规定填写，按标准装订。

（3）投标文件技术标的编写应结合招标工程实际情况，提出施工方案，质量保证措施、文明安全措施、现场总平面布置等。

（4）按招标文件要求准备套数，并在每套投标文件封面右上角注明"正本"或"副本"，加盖法人及企业印章或签字。商务标封面应有造价工程师签名并加盖印章。

（5）投标文件应在投标文件截止日期前按招标文件要求送达指定地点和机构。

第十章　市政工程工程量清单习题汇编

第一节　绪　论

1. 什么是工程量清单？什么是工程量清单计价表？（本题为简答题）

2. 工程量清单计价由哪几部分组成？（本题为简答题）

3. 市政工程计价模式有哪两种？分别采用什么方法计算？（本题为简答题）

4. 江苏省市政工程计费规则中市政造价由（　　　）组成。（本题为多选题）

(A) 分部分项工程量　　　　　　　　　　(B) 措施项目费

(C) 其他项目费　　　　　　　　　　　　(D) 规费

5. 某道路半幅宽为：人行道 3m＋慢车道 5m＋分隔带 2m＋快车道 9m＋隔离带 4/2m，而结构为：土基＋30cm6％灰土＋20cm 二灰碎石＋10cm 沥青混凝土，其为（　　　）类工程。（本题为单选题）

(A) Ⅰ　　　　　　　　(B) Ⅱ　　　　　　　　(C) Ⅲ

6. 某道路雨水管有 $100m\phi800＋85m\phi600＋20m\phi450$ 组成，其为（　　　）类工程。（本题为单选题）

(A) Ⅰ　　　　　　　　(B) Ⅱ　　　　　　　　(C) Ⅲ

7. 某桥纵断面如图 10-1 所示，其为（　　　）类工程。（本题为单选题）

(A) Ⅰ　　　　　　　　(B) Ⅱ　　　　　　　　(C) Ⅲ

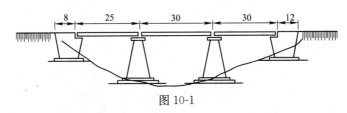

图 10-1

$$L_{总}＝8＋25＋30＋30＋12＝105m$$

$$L_{单}＝30m＞20m$$

解：∵　　　　　　　　　　　　　　　　　　　}二类工程

8. 箱涵应套用（　　　）工程类别标准。（本题为多选题）

(A) 土石方工程　　　　　　　　　　　　(B) 道路工程

(C) 桥梁工程　　　　　　　　　　　　　(D) 管网工程

(E) 地铁工程

9. 电力管线可按（　　　）类工程划分类别标准。（本题为单选题）

(A) Ⅰ　　　　　　　　(B) Ⅱ　　　　　　　　(C) Ⅲ类

10. 市政工程计价表中的管理费是以（　　　）类工程标准列入子目。

(A) Ⅰ　　　　　　　　(B) Ⅱ　　　　　　　　(C) Ⅲ

11. 工程造价计算题

某市欲造城市高架桥，采用单跨 40m 先张法预应力梁，共计 90 孔，长 3.6km。根据施工图纸，按正常的施工组织设计，正常的施工工期并结合市场价格计算出分部分项工程量清单费中的人工费为 100 万元，材料费为 600 万元，机械费 400 万元。措施项目费为 300 万元。其他费用——根据双方约定按规定计算出 100 万元。

请按市政工程造价计算程序填入表 10-1(　　)数据。

表 10-1

序号	费用名称		计算方法	金额/万元	备注
(1)	分部分项工程量清单费用		综合单价×工程量	(1350)	
	其中	1. 人工费	计价表人工消耗量×人工单价	100	
		2. 材料费	计价表材料消耗量×材料单价	600	
		3. 机械费	计价表机械消耗量×机械单价	400	
		4. 管理费	(100＋400)×(40％)	(200)	
		5. 利润	(100＋400)×(10％)	(50)	
(2)	措施项目清单费用			300	
(3)	其他项目费用			100	
(4)	规费			(54.95)	
	其中	工程排污费	[(1)1350＋(2)300＋(3)100]×0.1％	(1.75)	
		安全生产监督费	[(1)＋(2)＋(3)]×0.1％	(1.75)	
		社会保障费	[(1)＋(2)＋(3)]×2.5％	(43.75)	
		住房公积金	[(1)＋(2)＋(3)]×0.44％	(7.7)	
(5)	税金		[(1)＋(2)＋(3)＋(4)]×3.44％	(62.09)	
(6)	市政造价		(1)＋(2)＋(3)＋(4)＋(5)	(1867.04)	

解：(1)工程类别判定：根据 04 江苏省市政工程计价表中费用规则中"三"中规定为 Ⅰ 类工程。(2)同时又从"四"中查出一类工程管理费率为 40％，利率为 10％。

第二节　土石方工程习题

1. 计价规范中，市政土石方工程设置了哪几个清单项目？（本题为简答题）

2. 清单项目中的"挖沟槽土方，挖基坑土方，挖一般土方"如何区别？（本题为简答题）

3. 10t 自卸汽车用反铲挖机装车 800m³ 后运 3km，按省市政计价表求价格。

4. 某路挖方 1500m³，填方量为 1500m³，本断面挖方可利用 1000m³，其中松土 100m³，普土 500m³，硬土 400m³，运距利用方为普通土 300m³，天然方厚 20cm。求借方多少？

5. 某构筑物基础为满堂基础，基础垫层为无筋混凝土，长×宽＝8.04×5.64m，垫层顶石标高为－4.55，自然地面标高为－0.65，地下常水位标高为－3.5。该土为Ⅲ类，若人工开挖，试计算清单土方工程量？（请分出干、湿土量）并列出分部分项工程量清单计价表，及根

据省计价表计价(不需调整)。(图 10-2)

解:解法一:(1) 清单工程量:8.04×
5.64×4.1＝185.92m³

先求总量:挖土深 $h=-0.65-$
$(-4.55)=3.9$m

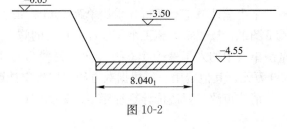

图 10-2

(2) 清单施工工程量

解法一:由于是人工开挖,根据

《通用项目》第一章土石方工程 P3 说明"七"中放坡系数Ⅲ类土在放坡起点深度＞1.5m
时可为 1:0.33。

则上宽为   8.04+(3.9×0.33×2)＝8.04+2.574＝10.614m

5.64+(3.9×0.33×2)＝5.64+2.574＝8.214m

$$\therefore \quad V=(8.04\times5.64\times0.2)+[(8.04\times5.64)+(10.614\times8.214)]/2\times3.99$$
$$=9.069+[(45.35+87.18)\div2]\times3.99$$
$$=9.069+264.4=273.5\text{m}^3$$

解法二:用基坑公式

$$V_{总}=4.1/6\times(8.04^2+5.64^2+4\times8.04\times5.64)+0.33$$
$$\times4.1^2(8.04+5.64+0.677\times0.33\times4.1)$$
$$=269.414\text{cm}^3$$

∵常水位以上是干土,常水位以下是湿土——第一章土石方 P1 说明

$$h=-3.5-(-4.55)=1.05\text{m}$$

这时,湿土上宽为   8.04+(1.05×0.33×2)＝8.04+0.693＝8.733m

5.64+(1.05×0.33×2)＝5.64+0.693＝6.333m

$$\therefore \quad V_{湿}=[(8.04\times5.64)+(8.733\times6.333)]/2\times1.05=50.33\times1.05=52.85\text{m}^3$$

$$\therefore \quad V_{干}=V_{总}-V_{垫}-V_{干}=267.50-9.069-52.85=205.581\text{m}^3$$

分部分项工程量清单计价见表 10-2、表 10-3。

分部分项工程量清单计价表　　　　　　　　　　　表 10-2

序号	项目编码	项目名称	单位	工程数量	综合单位	合价
1	040101003	挖基坑土方	m³	185.92	30.55	5680.49

分部分项工程量清单综合单价计算表　　　　　　　　　　　表 10-3

序号	项目编码	项目名称	单位	数量	综合单价组成					分项合价
					人工费	材料费	机械费	管理费	利润	
1	040101003	挖基坑土方	m³	185.92						4766.77
2	(1-21)	人工挖基坑土方且干土	100m³	2.056	(1773.48) 3646.27			(228.25) 469.28	(62.25) 127.97	4243.54
3	(1-21)换	人工挖基坑土方且湿土	100m³	0.59	(1773.48× 1.18) 1234.70			(228.25× 1.18) 158.91	(62.25× 1.18) 43.34	1436.95

第三节 道路工程习题

1. 陆上柴油打桩机打回木桩，乙级土桩长 5m，确定计价表中定额编号及基价。

解：(1-472)基价 3039.92 元/10m³

2. 双排钢板桩围堰高 4.5m，确定其定额编号及基价。

解：(1-520)基价 6206.9 元/10mm³

3. 水上卷扬机打槽型钢板桩长 9m，甲级土，试确定定额编号及基价。

解：(1-489)基价 760.04 元/10t

4. 沟槽开挖宽 4.5m，采用木挡板土，竖板横撑，确定定额编号及基价。

5. 已知：两条 20m 宽道路斜交，斜交角 55°，每条道路结构及横断面如图 10-3 所示。
（侧平面规格 80×20×12.5）

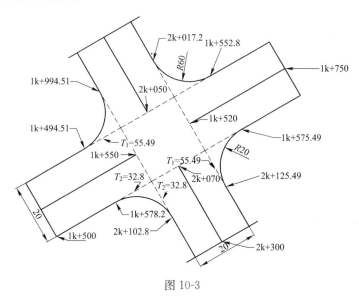

图 10-3

（1）试计算各分部分项工程量。

（2）计算各分部分项工程量清单计价表。

（3）计算该项目的措施项目计价表。

施工方案

1）沥青路面及黑色碎石均采用厂拌机铺筑。

2）二灰碎石采用厂拌机现场人机配合铺筑。

3）灰土采用拖拉机拌和现场摊铺。

措施项目

1）临时设施费取 1.5%。

2）沥青路面施工中摊铺机进出场费及振动压路机进出场费。

3）1m³ 反铲挖掘机进出场费。

4）质量检验费取 0.3%。

5）环境保护费取 1.6%。

解：工程量计算

(1) 车道计算

① S4cm 沥青混凝土＝9335.04＋2A＋2B＝9335.04＋785.44＋320.43＝10440.91

$$\because 2A=2\times23\times23\times\left(\tan\frac{125°}{2}-0.00873\times135°\right)=1058\times(1.921-1.1786)$$

$$=1058\times0.7424=785.44\text{m}^2$$

$$2B=2\times63\times63\times\left(\tan\frac{55°}{2}-0.00873\times55\right)=7938\times(0.5206-0.4802)=7938\times0.0404$$

$$=320.43\text{m}^2$$

$$S=(14-0.2\times2)\times700-(13.6\times13.6)=9520-184.96=9335.04\text{m}^2$$

② S6cm 沥青混凝土层＝S7cm 黑色碎石＝10960.84m²

③ S25cm 二灰碎石层＝9973.3＋748.34＋315.12＝11036.76m²

$$2A'=2\times(23-0.55)\times(23-0.55)\times0.7424=2\times22.45\times22.45\times0.7424=748.34\text{m}^2$$

$$2B'=2\times(63-0.55)\times(63-0.55)\times0.0404=315.12\text{m}^2$$

$$S'=(14+0.125\times2+0.15\times2)\times700-14.55\times14.55=10185-211.70=9973.3$$

④ S30cm8% 石灰土＝10308.5＋715.38＋310.09＝11333.97m²

$$2A''=2\times(23-0.55-0.25\times2)\times21.95\times0.7424=715.38\text{m}^2$$

$$2B''=2\times(63-0.55-0.25\times2)\times61.95\times0.0404=310.09\text{m}^2$$

$$S''=(14+0.25+0.3+0.25\times2)\times700-15.05\times15.05=10535-226.5=10308.5\text{m}^2$$

(2) 人行道计算

先应分别计算切线长 $T_1=23\tan\frac{125°}{2}=23\times1.921=44.18\text{m}$

$$T_2=63\tan\frac{55°}{2}=63\times0.5206=32.80\text{m}$$

直线段：3－0.125＝2.875m

① [(1518.2－1500)＋(1750－1575.49)＋(1750－1552.8)]×(3－0.125)＝(18.2＋174.51＋197.2)×2.875＝389.91×2.875＝1120.99

② [(2300－2102.8)＋(2300－2125.49)＋(2017.2－1850)＋(1994.51－1850)]×2.875＝(197.2＋174.51＋167.2＋144.51)×2.875＝683.42×2.875＝1964.83

弯道段：$2A'''=0.7854\times(23^2-20^2)=0.7854\times(529-400)=0.7854\times129=101.32$

$$2B'''=0.7854\times(63^2-60^2)=0.7854\times(3969-3600)=0.7854\times369=289.81$$

∴人行道＝1120.99＋1964.83＋101.32＋289.81＝3476.95m²

$$S\text{彩道}=3476.95\text{m}^2$$

$$S2cm\text{砂浆层}=3476.95\text{m}^2$$

$$S10cm\ C20\text{混凝土}=3476.95\text{m}^2$$

$$S25cm8\%\text{石灰粉}=3476.95\text{m}^2$$

平侧面各为 $\because L_1=\dfrac{3.14\times125\times23}{180}=50.153$, $L_2=\dfrac{3.14\times55\times63}{180}=60.445$

分部分项工程量清单综合单价分析表

表 10-4

（一）车行道

序号	项目编码	项目名称/项目内容	单位	数量	综合单价组成					综合单价
					人工费	材料费	机械费	管理费	利润	小计	
1	040203002	4cm沥青混凝土面层	m²	100440.91							290870.17
	(2-311)	3cm沥青混凝土面层	100m²	104.4091	(50.74)	(1856.65)	(88.94)	(48.9)	(20.96)	(2066.23)	215733.21
	(2-312)×2	0.5cm沥青混凝土面层	100m²	104.4091						(359.82×2)	75136.96
2	040203002	6cm沥青混凝土下层	m²	10440.91							408327.28
	(2-305)	6cm沥青混凝土下层	100m²	104.4091						(3910.84)	
3	040203003	7cm黑色碎石层	m²	10440.91							339507.07
	(2-285)	7cm黑色碎石层	100m²	104.4091						(3251.7)	
4	040202006	25cm二灰碎石层	m²	10440.91							45529.96
	(2-185)	20cm二灰碎石层	100m²	104.4091						(193.68)	21375.997
	(2-186)×6	1cm二灰碎石层	100m²	104.4091						(11.16×5)	6158.51
	(2-193)	灰土层顶面养生	100m²	104.4091						(23.56)	2600.26
	(2-398)	消解石灰	t	692.23						(22.24)	15395.20
5	040202002	30cm含灰8%石灰土	m²	11333.97							163324.84
	(2-65)	2cm拖拉机拌合8%石灰土	100m²	113.3397						(868.54)	98440.06
	(2-69)×10	10cm拖拉机拌合9%石灰土	100m²	113.3397						(36.49×10)	41357.66
	(2-1)	路床检验	100m²	500.96						(109.28)	12385.76
	(2-398)	消解石灰	t							(22.24)	11141.35

注：1. （ ）内为计价表内数据；

2. 按江苏省市政工程计价表（2004）不调整。

分部分项工程量清单综合单价分析表　　表 10-5

(二)行人道

序号	项目编码	项目名称/工程内容	单位	数量	综合单价组成						合计	综合单价
					人工费	材料费	机械费	管理费	利润	小计		
1	040204001	25×25×6 彩道板	m²	3476.95							216675.17	62.33 元/m²
	(2-356)	25×25×7 彩道板	100m²	34.7695	334.39	(3686.47)		(117.04)	(50.16)	(4188.06)	145616.75	
	(2-358)	C20 垫层	101m²	34.7695	(468.0)	(1307.81)	(16.59)	(169.59)	(72.69)	(2034.7)	71058.43	
2	040202003	25cm8%灰土层	m²	3476.95							17369.75	5.00 元 m²
	(2-88)	20cm8%灰土层	100m²	34.7695	(37.44)	(14.88)	(134.96)	(60.34)	(25.86)	(273.48)	9508.76	
	(2-89)×5	5cm8%灰土层	100m²	34.7695	(0.47×5)	(0.73×5)	(0.89×5)	(0.48×5)	(0.2×5)	(2.77×5)	481.56	
	(2-193)	灰土顶层养生	100m²	34.7695	(1.64)	(4.14)	(11.31)	(4.53)	(1.94)	(23.56)	819.17	
	(2-1)	路床检验	100m²	34.7695	(8.42)		(64.43)	(25.5)	(10.93)	(109.28)	3799.61	
	(2-398)	消解石灰	t	124.13	(3.74)	(2.95)	(9.12)	(4.5)	(1.93)	(22.24)	2760.65	
3		平(侧)面铺设	m	6101.08							161358.92	26.45 元/m
	(2-381)×2	平面铺设	100m	61.0108	(119.35×2)	(65.64×2)		(41.77×2)	(17.9×2)	(244.65×2)	29852.58	
	(2-379)×2	侧面铺设	100m	61.0108	(226.28×2)	(93.33×2)		(79.2×2)	(33.94×2)	(432.75×2)	52804.85	
	(2-378)	平侧面基础	100m	61.0108	(306.54)	(804.64)	(17.01)	(113.24)	(48.53)	(1289.96)	78701.49	

注：1.（ ）内为计价表内数据；
2. 按江苏省市政工程计价表(2004)不调整。

分部分项工程量清单综合单价分析表　　表 10-6

(一)车行道

序号	项目编码	项目名称/工程内容	单位	数量	综合单价组成						综合单价
					人工费	材料费	机械费	管理费	利润	小计	
1	040203002	4cm 沥青混凝土面层	m²	10440.91							290870.17
	(2-311)	3cm 沥青混凝土面层	100m²	104.4091	(50.74)	(1856.65)	(88.94)	(48.9)	(20.96)	(2006.23)	215733.21
	(2-312)×2	0.5cm 沥青混凝土面层	100m²	104.4091						(359.82×2)	75136.96

续表

(一) 行人道

序号	项目编码	项目名称/工程内容	单位	数量	综合单价组成						综合单价
					人工费	材料费	机械费	管理费	利润	小计	
2	040203002	6cm沥青混凝土下层	m²	10440.91							408327.28
	(2-305)	6cm沥青混凝土下层	100m²	104.4091						(3910.84)	
3	040203003	7cm黑色碎石层	m²	10440.91							339507.07
	(2-285)	7cm黑色碎石层	100m²	104.4091						(3251.7)	
4	040202006	25cm二灰碎石层	m²	10440.91							45529.96
	(2-185)	20cm二灰碎石层	100m²	104.4091							21375.997
	(2-186)×6	1cm二灰碎石层	100m²	104.4091						(193.68)	6158.51
	(2-193)	灰土层顶面养生	100m²	104.4091						(11.16×5)	(2600.26)
	(2-398)	消解石灰	t	692.23						(23.56)	15395.20
5	040202002	30cm 含灰 8%石灰土	m²	11333.97						(22.24)	163324.84
	(2-65)	20cm拖拉机拌合 8%石灰土	100m²	113.3397						(868.54)	98440.06
	(2-69)×10	1cm拖拉机拌合 9%石灰土	100m²	113.3397						(36.49×10)	41357.66
	(2-1)	路床检验	100m²	500.96						(109.28)	12385.76
	(2-398)	消解石灰	t							(22.24)	11141.35

注: 1. ( )内为计价表内数据;

2. 按江苏省市政工程计价表(2004)不调整。

$$\therefore \quad L = \frac{\pi\alpha R}{180} = (389.91 + 683.42) + 2 \times (50.153 + 60.445)$$

$$= 1073.33 + 2 \times 110.598 = 1073.33 + 221.20 = 1294.53 \times 4 = 5178.4$$

石灰计算：

① 30cm 含 8% 灰土：$[2.72 + (0.17 \times 10)] = (2.72 + 1.7) \times 113.3397 = 500.96t$

② 二灰碎石 $[41.82 \times 10\% + 2.09 \times 10\% \times 10] = (4.182 + 2.09) \times 110.3676 = 692.23t$

③ 人行道 25cm 灰土 $[2.72 + 0.17 \times 5] = (2.72 + 0.85) \times 34.7695 = 124.13t$

（3）计价表见表 10-4～表 10-6。

6. 如图 10-4 所示为混凝土路板块划分图，路宽为 18m，长为 1000m，混凝土厚 22cm，每块板尺寸为 5m×4.5m，请计算：

（1）纵缝、胀缝、横缝长度？

（2）若胀缝每 250m 设一道缝宽 20mm，并要求用 $\phi28(G = 4.834kg/m)L = 60cm$ 的传力杆，计算传力杆钢筋用量。（@为 300cm）

（3）若纵缝采用 $\phi16(G = 1.58kg/m)L = 500cm$ 拉杆，@ 为 50cm，计算拉杆钢筋用量。

（4）计算该段路面的分部分项工程量清单。（集中拌合非泵送混凝土）

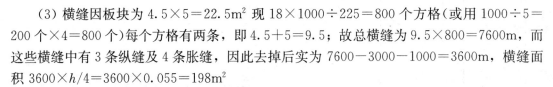

图 10-4

解：（1）纵缝 3 条 $3 \times 1000 = 3000m$

面积 $3000 \times 0.22 = 660m^2$

（2）胀缝 250m 一处，即 $1000/250 = 4$ 条

$$4 \times 250 \times 0.22 = 220m^2$$

（3）横缝因板块为 $4.5 \times 5 = 22.5m^2$ 现 $18 \times 1000 \div 225 = 800$ 个方格（或用 $1000 \div 5 = 200$ 个 $\times 4 = 800$ 个）每个方格有两条，即 $4.5 + 5 = 9.5$；故总横缝为 $9.5 \times 800 = 7600m$，而这些横缝中有 3 条纵缝及 4 条胀缝，因此去掉后实为 $7600 - 3000 - 1000 = 3600m$，横缝面积 $3600 \times h/4 = 3600 \times 0.055 = 198m^2$

（4）传力杆计算

每条胀缝上有 $250 \div 0.3 + 1 = 833 + 1 = 834$ 根

四条胀缝上有 $4 \times 834 = 3336$ 根传力杆

传力杆总长为 $\phi28$；$L\phi28 = 0.6 \times 3336 = 2001.6m$

总重为 $G\phi28 = 2001.6 \times 4.834kg/m = 9675.73kg$

（5）拉杆计算

每条纵缝上有 $1000m \div 0.5 = 2000 + 1 = 2001$ 根

3 条纵缝上 $2001 \times 3 = 6003$ 根拉杆。因此拉杆总长 $L\phi16 = 6003 \times 0.5 = 3001.5m$，又 $\because \phi16$ 的重量为 $1.58kg/m$，$\therefore G\phi16 = 3001.5 \times 1.58 = 4742.37kg$

$$\Sigma = 4742.37 + 9675.73 = 14418.1kg$$

（6）混凝土路面面积

$$18 \times 1000 = 18000 \text{m}^2$$

（7）混凝土路面刻痕 18000m²

（8）混凝土路面养生 18000m²

第四节 桥涵工程习题

1. 如图 10-5 某两跨梁桥，跨径为 10m＋12m，两侧桥台均采用双排 ϕ800mm 的钻孔灌注桩 12 根。桩距为 1.5m，排距为 1.2m。中间采用单排 ϕ1000mm 钻孔灌注桩 6 根，桩距为 1.5m。梁底标高均为 −25.0m，桩顶标高为 0.00m，河底标高为 −5.0，灌注桩用钢筋 34t，试计算：

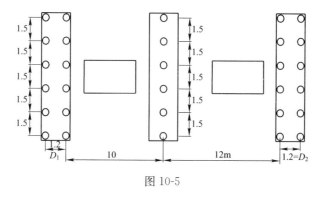

图 10-5

（1）计算钻孔灌注桩施工时搭拆工作支架平台的面积。

（2）计算每只桥台与桥墩的桩基础工程的分部分项工程量清单计价。

解： 1）根据桥涵工程分册 P194 中的计算规则

$F = N_1 F_1 + N_2 F_2$，这时 $N_1 = 2$；而 $F_1 = (A + 6.5) \times (6.5 + D)$，通道数为 $N_2 = 1$

A 是桥台每排的第一根桩中心到最后一根桩中心距离，现 $A = 1.5 \times 5 = 7.5$

D 为最外侧两排桩之间距离 即 $D_1 = 1.2\text{m}$ $D_2 = 1.2\text{m}$

所以第一跨 $F_1 = (7.5 + 6.5)(6.5 + 1.2) = 14 \times 7.7 = 107.8 \text{m}^2$

第一跨的 $L_1 = 10 + 1.2 = 11.2\text{m}$、$L_2 = 12 + 1.2 = 13.2\text{m}$

$$F_2 = 6.5 \times [L - (6.5 + D)] = 6.5 \times [11.2 - (6.5 + 1.2)] = 22.75\text{m}$$

所以第一跨 $= N_1 F_1 + N_2 F_2 = 2 \times 107.8 + 1 \times 22.75 = 215.6 + 22.75 = 238.35\text{m}^2$

第二跨 $= N_1' F_1' + N_2' F_2' = (2 \times 107.8) + 6.5 \times [13.2 - (6.5 + 1.2)]$

$$= 215.6 + [6.5 \times (13.2 - 7.7)]$$

$$= 215.6 + (6.5 \times 5.5) = 215.6 + 35.75 = 251.35\text{m}^2$$

所以搭拆工作支架平台为 238.35 + 251.35 = 489.7m²

2）桩基工程量计算

（1）钻孔护筒

因河底线至工作支架平台为 0 − (−5) = 5m + 0.5 = 5.5m，而护筒低 1m 处，因此护筒应为 5.5 + 1 = 6.5。现桥墩有 6 只 ϕ1000mm 的护筒，桥台有 24 只 ϕ800mm 的护筒，因此

分部分项工程量清单综合单价分析表

表 10-7

序号	项目编码	项目名称／工程内容	单位	数量	综合单价组成				小计	综合单价
					人工费	材料费	机械费	管理费	利润		
1	040301007001	机械钻孔灌注桩	m	765							446388.58
	(3-566)	搭拆桩基工作支架平台	100m²	4.897						2173.64	10644.32
	(3-121)	埋设刚护筒	10m	19.5						1714.87	33439.97
	(3-144)	机械钻孔	10m	76.5						2242.87	171541.31
	(3-220)	泥浆制作	10m³	128.273						141.3	18124.19
	(3-221)	泥浆外运 5km	10m³	427.58						922.36	39438.27
	(3-224)换	C30 灌注桩	10m³	43.95						3736.53	164220.49
	(3-596)	凿除灌注桩笼	10m³	1.677						796.68	1336.03
		小变应试验费	m	765						10	7650
2	040701002001	钻孔桩钢筋	t	34							147291.4
	(3-260)		t	34						4332.1	147291.4

$\phi800mm$ 有 $24\times6.5=156m$ $\phi1000mm$ 有 $6\times6.5=39m$。

（2）回旋钻机钻孔量为至桩底深度到护筒顶标高

$\phi800mm$ 的为：24 根×$(25+0.5)=24\times25.5=612m$

$\phi1000mm$ 的为：6 根×$25.5=153m$

（3）泥浆数量

$\phi800mm$ 的为：$3.14\times0.4\times0.4\times612\times3=922.41m^3$ $\left.\right\}1282.73m^3$

$\phi1000mm$ 的为：$3.14\times0.5\times0.5\times153\times3=360.32$

（4）泥浆外运（5km）：$1283.73\div3423.58m^3$

（5）灌注桩混凝土 C30——按水下混凝土工程量桩长加 1m 乘以断面积

$\phi800mm$ 的为：$3.14\times0.4\times0.4\times26\times24$ 根$=313.49m^3$ $\left.\right\}435.95m^3$

$\phi1000mm$ 的为：$3.14\times0.5\times0.5\times26\times6$ 根$=122.46$ m^3

（6）凿除桩顶混凝土：$(3.14\times0.5\times0.5\times6\times1)+(3.14\times0.4\times0.4\times24\times1)=4.71+12.06=16.77m^3$

（7）凿除桩顶混凝土外运 10km 为 $16.77m^3$

（8）灌注桩钢筋 34t

3）分部分项工程量清单计价（表 10-7）

2. 某桥在支架上打方桩计 36 根，桩截面积为 $0.5m\times0.5m$，设计桩顶标高为 1m，施工期间最高水位为 5m．

试计算：（1）该项目送桩工程量。

（2）该项目分部分项工程清单。

3. 某桥轻型桥台采用 C25 现浇混凝土，现场拌制，试求

（1）按《江苏省市政计价表》（2004）确定其基价。

（2）若改用商品混凝土其又为多少基价？

解：（1）根据桥涵工程 P103 查得 C20 的轻型桥台混凝土子目为(3-299)，现为 C25 因此需要用(3-299)换 C20 时，(3-299)基价为 2914.77 元/100 m^3。

C25 时为(3-299)换算基价为：

当采用水泥 32.5 级，碎石最大粒径为 40mm，当水泥为 32.5 级时为 $2914.77+(22.4-19.9)=2917.27$ 元/100m^3。

当采用水泥 42.5 级，碎石最大粒径为 40mm，当水泥为 42.5 级时为 $2914.77+24.8=2939.57$ 元/100m^3。

（2）根据桥涵工程(3-299)子目时基价为 2914.77 元/100m^3，又根据《江苏省市政计价表》（2004）总说明："泵送混凝土时定额工数量扣 15%，定额混凝土搅拌机数量全扣，定额水平垂直运输机械数量扣 50%。"

$[(486.72\times15\%)+(281.86-47.98-96.52\times50\%+1317.43\times50\%)]\times1.42+1823.3$

$=[73.01+(281.86-47.98-22.63-68.72)]\times1.42+1823.38$

$=215.54\times1.42+1823.38=306.07+1823.38$

$=2129.45$ 元/100m^3

再加上当采用 32.5 级水泥，碎石最大粒径 40mm 时，为 $2129.56+2.5=$

2132.06 元/100m³。

4. 已知挡土墙自台后两侧各长 20m，每 10m 设二毡三油沉降缝一道。常水位以上每 5m 长设塑料管泄水孔一处(管长 1m)，后设砂石反滤层，厚度 10cm 内，每处 1m³，墙面勾凸缝。假设混凝土预制块为甲供，价格为 280 元/m³，挡墙尺寸及所用材料见图 10-6(尺寸以 cm 计)，压顶为泵浆送混凝土，不计土方、围堰、排水用费。请按《江苏省市政计价表》(2004)计算桥台后 40m 挡墙的总费用(不调差价，但费用按 2009 年规定)。(2005 年江苏省市政造价员考题)

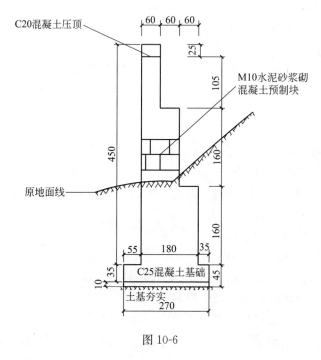

图 10-6

解：(1) 工程量计算

挡墙 C25 混凝土基础(0.35＋0.45)/2×2.7×40＝43.2m³

挡墙 C25 混凝土基础木模 0.4×2.7×4＋0.4×0.4×40×2 边＝4.32＋32＝36.32m³

挡墙底土基夯实 2.7×20×20＝108m³

M10 浆砌混凝土预制块挡墙：

[(0.6×1.05)＋(1.2×1.6)＋(1.8×1.6)]×40＝(0.63＋1.92＋2.88)×40

＝5.43×40＝217.2m³

挡墙勾凸缝　4.5×40＝180m²

安装塑料泄水孔(20÷50)×2 边×1＝80m

安装沉降缝 20×5.43＝108.6m²

砌墙 h＝4.5＞1.5m 可搭设脚手架 202×4.5×2＝198m³

C20 现浇压顶混凝土 0.6×0.2×40＝4.8m³

C20 现浇压顶混凝土木模(0.25＋0.25)×40＋(0.6×0.25×4)＝20＋0.6＝20.6m³

(2) 各类表格见表 10-8～表 10-12。

分部分项工程量清单综合单价分析表

表 10-8

序号	项目编码	项目名称 / 工程内容	单位	数量	综合单价组成						综合单价	合计
					人工费	材料费	机械费	管理费	利润	小计		
1	040305001	挡墙C25混凝土基础	m³								260.371	10414.84
	(3−290)换		10m³	4.32							2398.11	10359.84
	1-58	土基夯实	100m²	1.08						50.93		55.00
2	040305003	挡墙墙身	m	40							416.33	16653.04
	3-2443	M10砌墙身预制块	10m³	2.172							6222.58	13515.44
	1-720	墙身勾凸缝	100m²	1.8					647.57			1165.63
	(3−543×2)+(3−544×3)	安装沉降缝	10m²	1.086					197.84			214.85
	3-536	安装塑料水管	10m	8.0					219.64			1757.12
3	040305004	现浇挡墙C20压顶	m	40							29.862	
	1-709	C20现浇混凝土压顶	10m³	0.48					2488.51			1194.48

分部分项工程量清单计价表 表 10-9

序号	项目编码	项目名称/特征	单位	数量	金额(元) 综合单价	金额(元) 合价	备注
1	040305001	挡墙 C25 混凝土基础	m	40	260.371	10414.84	
2	040305003	挡墙墙身	m	40	416.326	16653.04	
3	040305004	挡墙 C25 压顶	m	40	29.862	1194.48	

措施项目费分析表 表 10-10

序号	项目编码	措施项目名称	单位	数量	金额(元) 人工费	材料费	机械费	管理费	利润	小计	合价
1	1-710	现浇混凝土压顶灌板	100m²	0.206						3290.4	677.82
2	3-291	基础模板	10m²	3.632						214.5	779.06
3	1-630	双排钢管脚手架	100m²	1.98						574.85	1138.203

单位工程费用汇总表 表 10-11

序号	汇总内容	金额(元)
1	分部分项工程	28262.36
2	措施项目	2595.08
2.1	安全文明施工费	524.58
3	其他项目	
3.1	暂列金额	0.00
3.2	专业工程暂估价	0.00
3.3	计月工	0.00
3.4	总承包服务费	0.00
4	规费	709.72
5	税金	1085.91
6	合计=1+2+3+4+5	33177.65

规费与税金项目清单与计价表(按造价(2009)107 号文规定) 表 10-12

序号	名称	计算基础	费率	金额
1	规费	[1.1]~[1.4]		709.72
1.1	工程排污费	分部分项工程费+措施项目费+其他费	0	0
1.2	建筑安全监督管理费	分部分项工程费+措施项目费+其他费	0.19	58.6291
1.3	社会保障费	分部分项工程费+措施项目费+其他费	1.8	555.43
1.4	住房公积金	分部分项工程费+措施项目费+其他费	0.31	95.66
2	税金	分部分项工程费+措施项目费+其他费+规费	3.44	1085.91
	合 计			

第五节　市政管网工程习题

1. 某雨水管道平面图如下。管道采用钢筋混凝土管，承插式橡胶圈接口，基础采用钢筋混凝土条形基础。且已知 Y1、Y2 、Y3、Y4、Y5、Y6 均为 $\phi700$ 定型窨井，其中 Y1、Y2、Y3 、Y5 为流槽式，Y4 为落底式井。

试算：(1)计算该雨水管道的清单工程量。(2)计算该雨水管道窨井清单工程量

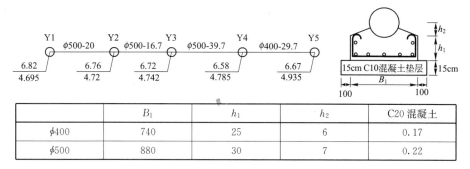

	B_1	h_1	h_2	C20 混凝土
$\phi400$	740	25	6	0.17
$\phi500$	880	30	7	0.22

图 10-7

解：(一)管道工程 $L_{清}\ \phi500=20+16.7+39.7=76.5\text{m}$

$$L\phi400_{清}=29.7\text{m}$$

$$L\phi500_{清单计价}=76.5-4\times0.4=76.5-1.6=74.9\text{m}$$

$$L\phi400_{清单计价}=29.7-0.4=29.3\text{m}$$

注：(1) 管道铺设中心不包括管道基础钢筋制安，其应按江苏省市政计价表桥涵工程册第 5 章钢筋工程另列清单项目基础混凝土模板制安、拆，其应列入施工技术措施项目计算。

(2) 管道铺设清单为：垫层，管道管座，管道铺设，管道接口。

(二)窨井即检查井工程量—从上图知：

Y1 井井深=6.82-4.695=2.125m
Y2 井井深=6.67-4.72=2.04m
Y3 井井深=6.72-4.742=1.978m
Y4 井井深=6.67-4.935=1.73m
平均=1.968m

根据江苏省排水标准图乙型井的流槽式井底至基础底为 15cm 厚 C15 混凝土基础厚度＋15cm 厚碎石垫层因此 Y1、Y2、Y3、Y5 四座流槽式井的平均深度为 1.97＋0.05(管壁厚)＋0.3＝2.34m

Y4 井井深=6.58-4.785=2.4m 又根据江苏省排水标准图乙型窨井跌水式的跌距为0.4m 因此井深为

$$2.4+0.4+0.35=3.15\text{m}$$

从而得到该段雨水管道的清单工程量为

(1) $\phi700$ 砖砌乙型窨井(流槽式)清单工程量为 4 座井深平均深度为 2.4m 可套用子目为［(6-676)＋(6-678)×2］

(2) $\phi700$ 砖砌乙型窨井(跌水式)清单工程量为 1 座井深平均深度为 3.15m 可套用子目为［(6-675)＋(6-678)×6］

注：(1)窨井清单项目包括：井垫层，井底混凝土，井身砌筑，井深内粉刷，井内爬梯制安，过梁

制安，不包括外粉刷。若设计要求外粉刷应套用子目(6-82)计算金额。

(2) 窨井清单项目不包括井底，井圈盖；过梁中涉及钢筋及模板应另计。当井深大于 1.5m 时砌筑所需井字架工程根据排 水工程分册 P496～P499 可套用相关子目。

2. 某排水管道采用国家标准设计，长度为 200m，管内径 $\phi600\text{mm}$，为混凝土管(2m 每节，单价 122 元/m，人机配合下管)。管与管座为 120°，C15 混凝土基础。基础下设 10cm 厚粗砂垫层。管间采用平接式钢筋网水泥砂浆接口，D1250mm 砖砌圆形污水检查井 4 座(在管线之间等距离布置，检查井投影面积超出管底道基础投影面积为 1m^3/座)。已知土方需回填至原地面。管道基础及所占空间体积为 0.67m^3/m，检查井所占的空间体积为 8m^3/座。

试求：(1) 依据本题所列条件及图示计算该排水管道工程清单工程量及清单计价工程量?

(2) 请参照《江苏省市政工程计价表》(2004)计算其已知的分部分项工程量清单计价(费率同样按 04 年标准)。(本题为江苏省市政造价员 2009 年考题)

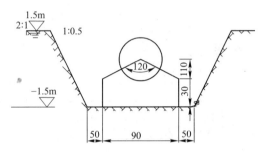

图 10-8 管道截面图

解： 1) 分部分项清单工程量和清单计价工程量的计算

(1) 土方

① 管道：
$$V_{清单}=0.9\times3\times200=540\text{m}^3$$
$$V_{计价}=0.5\times(1.9+1.9+3\times0.5\times2)\times3\times200=3.4\times3\times200=2040\text{m}^3$$

② 检查井：因一座井投影面积为 1m^2，现有 4 座，则 $V_{清}=4\times1=4\text{m}^2$
$$V_{清}=4\times3=12\text{m}^3$$

因此
$$V_{清单}=540+12=552\text{m}^3$$
$$V_{清单计价}=2040+12=2052\text{m}^3$$

(2) 回填土方$=2052-0.67\times200-8\times4=2052-134-32=1886\text{m}^3$

(3) 余放处理(10km)$=2052-1886=166\text{m}^3$。

(4) 管道铺设
$$L_{1清单}\phi600=200\text{m}$$
$$L\phi600_{清单计价}=200-0.95\times4=200-3.8=196.2\text{m}。$$

(5) 管道基础 196.2m 基础(120°)可套用(6-4)。

(6) 管道基础中砂垫层(厚 10cm)
$$V_{清}=200\times0.9\times0.1=18\text{m}^3$$

(7) 管道直径 600 为 2m 一节，采用平接式钢筋网水泥砂浆接口，这时 200/2−1=100−1=99 个。

根据第六册《排水工程》P72 钢筋网水泥砂浆接口可按子目(6-239)。

(8) 检查井 $\phi1250\text{mm}$ $h=3\text{m}$。

(9) 模板 $\phi600$ 管为$(03+0.1)\times2\times196=156.88\text{m}^2$。

井底模板： $3.14\times0.625\times0.625\times0.15\times4_{只}=0.74\text{m}^2$。

(10) 支架 4m 内 4 个。

(11) 沟槽排水 200m。

2) 各类表格见表 10-13～表 10-15。

表 10-13

分部分项工程量清单综合单价分析表

序号	项目编码	项目名称/工程内容	单位	数量	综合单价组成						综合单价	合计
					人工费	材料费	机械费	管理费	利润	小计		
1	040101002	挖沟槽Ⅲ类土方	m³	552							19	10490.34
	(1-234)	反铲1m³挖掘机挖沟槽	1000m³	1.847						2563.67		4735.10
	(1-9)×1.5	Ⅲ类土方不装车	100m³	2.052						1869.8×1.5		5755.24
2	040501002	Φ600管道铺设	m	200							80.68	16136.64
	(6-1083)	砂垫层	10m³	1.8						1471.12		2648.02
	(6-4)	管道基础(120°)	100m	1.962						4676.78		9175.84
	(6-114)	机械配合下管Φ600	100m	1.962							1409.94	2766.3
	(6-239)	钢筋网水泥砂浆接口	10个	9.9						156.21		1546.48
3	040504001	管井砌筑	座	4							1322.08	5288.32
	(6-676)	砌筑乙型管井(h=2m)	座	4						1082.28		4329.12
	(6-678)×5	增0.2管井	座	4						47.96×5		959.2
4	040103001	回填土	m³	1886							5.66	10679.29
	(1-366)	填土夯实	1000 m³	18.86						566.24		10679.29
5	040103001	余土废弃置	m³	166							20.2	3353.27
	(1-236)	1m³反铲挖掘机挖土装车	1000m³	0.166						3490.64		579.45
	(1-294)	8t反斗汽车运土运距10km	1000m³	0.166						16709.76		2773.82

分部分项工程量清单计价表　　　　　　表 10-14

序号	项目编码	项目名称/特征	单位	数量	综合单价	合价	备注
					金额/元		
1	040101002	挖沟槽Ⅲ类土方	m³	552	19.0	10490.34	
2	040501002	φ600 管铺设	m	200	80.68	16136.164	
3	040504001	窨井砌筑	座	4	1322.08	5288.32	
4	040103001	沟槽回填土	m³	1886	5.66	10679.29	
5	040103001	余土弃置	m³	166	20.2	3353.27	

措施项目清单计价表　　　　　　表 10-15

序号	定额编号	措施项目名称	单位	数量	人工费	材料费	机械费	管理费	利润	小计	合价
							金额/元				
1		混凝土，钢筋混凝土支架	项	1							4770.29
	(6-1515)	混凝土座管木模	100m²	1.57						3027.53	4753.22
	(6-1520)	井底平基木模	100m²	0.0074						2379.29	17.07
2		脚手架	项	1							323.88
	(6-1558)	木制井子架(4m 内)	座	4						80.97	323.88
3	(1-842)	沟槽排水	10m	20						89.22	1784.4

第六节　其　他

1. 工程造价管理包括(　　)。(本题为单选题)

(A) 投资管理　　　　　　　　　　　(B) 价格管理

(C) 宏观管理　　　　　　　　　　　(D) 微观管理

2. 在项目建设中追求利润高的是(　　)。(本题为单选题)

(A) 业主　　　　　　　　　　　　　(B) 设计

(C) 监理　　　　　　　　　　　　　(D) 承包商

3. 在建设中希望工程质量好，成本低，工期短的有(　　)。(本题为多选题)

(A) 业主　　　　　　　　　　　　　(B) 设计

(C) 监理　　　　　　　　　　　　　(D) 承包商

(E) 政府

4. 计价规范是建设部第 107 号令，它具有强制性，实用性，竞争性，通用性特点。它包括正文和附录两大部分，二者具有同等法律效力。(本题为填空题)

5. 清单工程量是指招标人按照计价规范附录，统一的项目编码、项目名称、计量单位和工程量计算规则进行编制，表现拟建工程的分部分项工程项目、措施项目、其他项目名称和相应数量的明细清单。(　　)(本题为判断题)

6. 工程量清单计价是指投标人完成招标人提供的工程量清单所需的全部费用。包括：分部分项工程费、措施项目费、其他项目费和规费、税金。其计价采用综合单价计价。

（　　）（本题为判断题）

7. 某道路长为 2500m，宽为 25m，结构层为 10cm 沥青混凝土＋35cm 水泥稳定碎石＋30cm(含灰量为 8％)灰土＋土基。按照市政工程类别划分为（　　）。（本题为单选题）

（A）Ⅰ类　　　　　　　（B）Ⅱ类　　　　　　　（C）Ⅲ类

8. 无锡市高墩桥跨径为 8m＋25m＋10m，而桥面为预应力连续桥面，其为（　　）。（本题为单选题）

（A）Ⅰ类　　　　　　　（B）Ⅱ类　　　　　　　（C）Ⅲ类

9. 某下水道总长为 130m，其中 $\phi45$ 为 30m，$\phi85$ 为 60m，$\phi100$ 为 40m，其为（　　）。（本题为单选题）

（A）Ⅰ类　　　　　　　（B）Ⅱ类　　　　　　　（C）Ⅲ类

10. 在市政工程清单计价中暂列金额是由（　　）编号为暂列金额的。（本题为单选题）

（A）招标人　　　　　（B）投标人　　　　　（C）政府

11. 计量单位的对象取得越小，说明工程分解结构层次越多，得到的工程估计也就越准确。（　　）（本题为判断题）

12. 工程计量的前提是计量对象的划分。（　　）（本题为判断题）

13. 施工方案不同会导致完成工程量相同。（　　）（本题为判断题）

14. 工程量计算方法有统筹法，重复计算法，列表法。（本题为填空题）

15. 用于工程量清单编制和计价的量是（　　）。（本题为单选题）

（A）清单工程量　　　　　　　　　　（B）清单计价工程量

（C）施工超挖工程量　　　　　　　　（D）检测试验工程量

16. 用于工程量清单计价时综合单价分析的量是（　　）。（本题为单选题）

（A）清单工程量　　　　　　　　　　（B）清单计价工程量

（C）施工超挖工程量　　　　　　　　（D）检测试验工程量

17. 底宽 7m 内，底长大于底宽 3 倍以上按基坑计算。（　　）（本题为判断题）

18. 厚度在 30cm 以内就地挖、填土的按挖土方计算。（　　）（本题为判断题）

19. 暗土挖方指土质隧道、地铁中盾构法挖土。（　　）（本题为判断题）

20. 挖一般土方编码为（　　）。（本题为单选题）

（A）040101　　　　　（B）040102　　　　　（C）040103

21. 如遇到原有道路拆除的，道路挖方是不包括拆除量，应另列清单项目。（　　）（本题为判断题）

22. 机械挖土如需人工辅助开挖时，机械挖量为 90％，人工挖量为 10％计算之。（　　）（本题为判断题）

23. 现浇混凝土清单项目的工程内容包括混凝土制作，运输，浇筑内容。（　　）（本题为判断题）

24. 桥涵护岸工程中所有脚手架、支架、模板均划归措施项目。（　　）（本题为判断题）

25. 计价规范中现浇混凝土编码为（　　）。（本题为单选题）

（A）040301　　　　　　　　　　　　（B）040302

（C）040303　　　　　　　　　　　　（D）040304

26. 市政排水工程主要内容为（　　）。（本题为多选题）

(A) 管道 　　　　　　　　　　　(B) 各类排水井

(C) 出水口 　　　　　　　　　　　(D) 污水泵站

27. 定额是(　　)的统一体。(本题为多选题)

(A) 人 　　　　　　　　　　　(B) 材

(C) 物 　　　　　　　　　　　(D) 机

(E) 质 　　　　　　　　　　　(F) 量

28. 定额除了规定有数量标准外，还规定出它的(　　)。(本题为多选题)

(A) 工作内容 　　　　　　　　　　　(B) 质量标准

(C) 生产方法 　　　　　　　　　　　(D) 安全要求

(E) 适用范围 　　　　　　　　　　　(F) 索赔程序

29. 劳动定额有(　　)基本形式。(本题为多选题)

(A) 时间定额 　　　　　　　　　　　(B) 产量定额

(C) 工序定额 　　　　　　　　　　　(D) 施工定额

30. 江苏省 2004 年市政工程计价表中的人工单价现为(　　)元。(本题为单选题)

(A) 30 　　　　　　　　　　　(B) 33

(C) 37 　　　　　　　　　　　(D) 44

31. 钢筋工程中预应力筋的计价表已将张拉台座列出，发生时按实计算(　　)。(本题为判断题)

32. 计价表中未列锚具数量。(　　)(本题为判断题)

33. 计价表中的模板已按木模及工具式钢模计列，模板因实际使用不同可换算。(　　)(本题为判断题)

34. 标底是由建设单位经批准自行编制或委托有编标底资格的中介机构编制，也称预期造价，是建设单位对招标工程所需费用的测定和控制(　　)。(本题为判断题)

35. 索赔程序是意向通知、证据资料准备、索赔报告编写、提交索赔报告、参加索赔问题解决。(　　)(本题为判断题)

36. 措施项目清单为不可调整清单。(　　)(本题为判断题)

37. 分部分项工程量清单为不可调整的闭口清单。(　　)(本题为判断题)

38. 市政工程工程量清单计价表中可调整清单是(　　)。(本题为单选题)

(A) 分部分项工程量清单 　　　　　　　　　　　(B) 措施项目清单

(C) 其他项目清单

39. 实行工程量清单计价后的意义。(本题为简答题)

40. 标底价格编制原则。(本题为简答题)

41. 请根据表 10-16 进行表中项目名称和单位计算后填入①计价表编写；②换算公式；③换算后的综合计价空格内。(2009 年江苏省造价市政造价员考题)(本题为计算填空题)

表 10-16

序号	项目名称	单位	计价表编号	换算公式	换算后的综合计价
1	拆除 4.6m 深砖砌检查井	10m³	(1−605)×1.31	596.36×1.31	781.661
2	支撑下人工挖沟槽二类土，深度 4m 以内，两侧抛土	100m³	(1−5)	1277.77×1.43＝1827.211	1827.11

序号	项目名称	单位	计价表编号	换算公式	换算后的综合计价
3	现浇桥梁承台混凝土（混凝土为预拌泵送）	10m³	（3—292）	2566.6－（370.5×1.57＋214.74）×1.42	1678.56
4	人工拌合10%基层厚25cm	100m³	（2—53）+（2—58）×5	1231.34＋56.62×5	1514.44
5	陆上送桩（S≤0.16m²）送桩长8m	10m³	（3—92）	$V=0.16×8=1.28(m^3)$ 5972.37×0.128×（2+0.75）	2102.27

参 考 文 献

［1］ 中华人民共和国建设部《建设工程工程量清单计价规范》GB 50500—2008.

［2］ 江苏省市政工程计价表(2004)(第一到第八册)，江苏省建设工程费用定额(苏造价 2009-107 号文件).

［3］ 李泉，陈冬梅. 市政工程工程量清单计价［M］. 南京：东南大学出版社，2004.

［4］ 王年春. 市政工程工程量清单计价编制实例［M］. 郑州：黄河水利出版社，2008.

［5］ 江苏省造价员考试试卷(2005 年、2007 年、2009 年).

［6］ 江苏省施工机械台班 2007 年单价表.

［7］ 本书编委会. 市政工程计价应用与案例［M］. 北京：中国建筑工业出版社，2004.

［8］ 宋丽华. 市政工程识图与工程量清单计价一本通［M］. 北京：中国建材工业出版社，2009.